基金资助：国家社会科学基金（18BZS024）
海南大学国家社科基金重大项目培育课题（2020—2021）

NANHAI GENGLUBU
SHUZI RENWEN YANJIU LUNGAO

# 南海更路簿
## 数字人文研究论稿

李文化　李彩霞　陈　虹　等著

中山大學出版社
SUN YAT-SEN UNIVERSITY PRESS
·广州·

**图书在版编目（CIP）数据**

南海更路簿数字人文研究论稿/李文化等著．—广州：中山大学出版社，2022.6

ISBN 978-7-306-07459-1

Ⅰ.①南…　Ⅱ.①李…　Ⅲ.①数字技术—应用—南海诸岛—人文科学—研究　Ⅳ.①P722.7

中国版本图书馆 CIP 数据核字（2022）第 037047 号

审图号：GS 琼（2022）001 号

**出 版 人：王天琪**
策划编辑：嵇春霞
责任编辑：姜星宇
封面设计：林绵华
责任校对：井思源
责任技编：靳晓虹
出版发行：中山大学出版社
电　　话：编辑部 020-84110283，84113349，84111997，84110779，84110776
　　　　　发行部 020-84111998，84111981，84111160
地　　址：广州市新港西路 135 号
邮　　编：510275　　　　　传　　真：020-84036565
网　　址：http：//www.zsup.com.cn　　E-mail：zdcbs@mail.sysu.edu.cn
印 刷 者：佛山市浩文彩色印刷有限公司
规　　格：787 mm×1092 mm　1/16　16.75 印张　300 千字
版次印次：2022 年 6 月第 1 版　2022 年 6 月第 1 次印刷
定　　价：76.00 元

# 序言

李文化

笔者本科读的是“无用”的数学专业，对数学一直有着割舍不掉的痴迷。大学毕业后首先做了几年高等数学教师，后主动申请转行从事计算机教学、科研与开发等工作，其间拿了个计算机硕士学位，也感觉数学的逻辑与计算思维始终在工作与学习中发挥着重要作用。但随着后续竞岗到学校网络中心，从事校园网络建设、管理与服务工作十多年，慢慢地与数学渐行渐远。2015年年末，根据学校的工作安排，到了学校图书馆，原以为要彻底与数学“绝缘”了，却又发生了一件意想不到的事，让我找回曾经的“痴迷”。

到图书馆报到月余，笔者无意中“闯入”12月14日在图书馆召开的周伟民、唐玲玲教授的《南海天书》[①] 新书发布会现场，首次听说南海“更路簿”这个词。南海“更路簿”是海南渔民世世代代在长期的远洋南海诸岛进行捕捞、航运和其他生产活动实践中，用智慧、鲜血和生命，在征服南海的过程中，几百年来摸索、积累形成的一种记载南海航海路线、岛礁名称及水流、天象等航海知识的手抄本小册子，是风帆时代海南渔民远赴南海生产必备的“生命护航器”。更路簿等史料是在海南渔民长期使用、传承、发展过程中衍生出的灿烂海洋文化，是人类海洋文明史上的一个奇迹，是证明我国对南海诸岛及其相关海域享有主权和海洋权益的有力证据，对维护我国南海海洋权益，“一带一路”文化建设都具有重大意义。2008年6月，更路簿入选第一批国家级非物质文化遗产保护目录，由于其使用地方方言，且内容复杂、晦涩难懂，因此也被称为“南海天书”。

《南海天书》是八十多岁的周、唐二老花了近二十年功夫才完成的一部宏著。在新书发布会上，海南大学法学院名誉院长、原国际海洋法庭法官高之国教授，阐述了更路簿对于我国南海维权的重要意义，以及国家对更路簿研

---

① 周伟民、唐玲玲：《南海天书——海南渔民“更路簿”文化诠释》，昆仑出版社，2015。

究与发掘的重视。他希望有更多学者从多视角，特别是从自然科学视角对更路簿进行研究。正是高老师的一席话，让笔者有了跃跃欲试的念头，并从此与更路簿“结缘”。

从2016年上半年开始，笔者花了一年左右的时间，对南海更路簿的历史文化进行全面、深入的了解与学习；利用下班时间到图书馆南楼的周唐工作室请教问题（二老一般是在下班时间到馆工作），提出“更路数字化”的大胆设想，得到周老的肯定和鼓励。经过进一步的推演与检验，将主要思想与验证结果于2016年年末在计算机专业期刊上发表，这是笔者的第一篇更路簿研究论文。周伟民教授获知后，邀请笔者撰写一本著作列入他所主编的“更路簿丛书”中。2017年上半年，在对《南海天书》中列出的21册更路簿3000余条更路进行数字化的基础上，基本完成《南海“更路簿”数字化诠释》[①] 初稿。在整理书稿的过程中，根据自己的数学惯性思维，发现传统人文视角下的更路簿解读，有一些交待不完整或不清晰的地方，因此进行了更为深入的研究，创建了系列更路计算模型，并依此“计算”出某些文献不能令人信服的结论。如对“更路簿”的“更”，笔者根据大量数据统计与分析结果提出“每更约合12.5海里”的新解，得到周伟民、阎根齐、李彩霞等专家学者的肯定，故而完成了第二篇论文，其成为笔者到目前为止引用率最高的更路簿论文。受此鼓舞，笔者又依据类似方法，大胆地对《南海天书》等著作中一些令人费解的解读提出质疑，据此撰写多篇“辨析”论文，相关结论均得到了周伟民教授和相关老船长、老渔民的认可。

笔者最开始用数理方法研究更路簿，更多是出于兴趣，意想不到的是，短短两三年（指2016—2019年）的研究，竟然得到了同行的高度关注和认可。而真正感觉到这项工作有着更深层意义，是在2019年参加第五届“中美高校图书馆合作发展论坛”交流后——才意识到自己不小心“误入”了目前正热门的“数字人文”研究领域。

数字人文（digital humanities）也称人文计算，它是一个将现代信息技术应用于传统人文研究与教学的新型跨学科研究领域，它的产生、发展与数字技术的发展及其在人文社科领域的广泛应用是分不开的。目前，已有海量图书、报刊、拓片等文献资料被数字化，供大众通过网络获取和使用。面对海

---

① 李文化：《南海“更路簿”数字化诠释》，海南出版社，2019。

量的数字化人文资料，人文学者急需相应的工具和平台对这些数字化资料进行组织、管理、检索和利用。数字人文正是这些数字资源被应用于人文社科研究的过程。[①] 为了提高人文社科领域知识的共享水平，越来越多的机构（如图书馆、博物馆和科研院所）启动数字人文研究工作，大量人文主题网站、专题数据库被建立并向大众开放。

作为一个典型的交叉领域，数字人文研究团队常常既包括传统人文领域学者，也包括应用数学、计算机、多媒体以及网络技术专家。在各领域人员的协作下，诸如数据库、文本挖掘、数字化、可视化等多种信息技术开始在人文领域得到广泛应用。

笔者自2019年意识到“数字人文”将会在海南与南海历史文化（包括南海更路簿在内）研究方面发挥极为重要的作用，并开始投入更多精力到更路簿及相关问题的研究中，至今约五年时间，我们团队已完成数字人文视角下的论文近20篇，水平不敢说有多高，但研究成效得到了同行的赞赏。得益于“数字人文”的研究优势，解决了数起疑难问题，比较典型的案例有“鸟头”位置的确定[②]、《南海天书》20余处极度存疑更路的误释辨析（见本书相关内文）、证实《南海天书》著述的“冯泽明簿”并不存在[③]、确认郑庆杨所持王诗桃更路簿暂未找到（见本书王诗桃簿辨析文稿）等。这些成果说明“数字人文”方法在更路簿某些问题的研究方面具有其独特的优势。

随着研究的深入，笔者用数字人文方法在更路簿研究方面进行了更多实践，例如：发现苏标武家有两本特殊的更路簿，经严密数值计算才知晓其记录的航向角不是“真北向航向角”而是“子午线航向角”；海口演丰镇林诗仍老船长捐赠给海南大学图书馆的百年《癸亥年更流部》记有完整的东南亚更路航线，经更路计算模型验算，其更路地名科学、合理、可信；用数字人文方法对《郑和航海图》暹罗湾针路及地名进行数值分析，发现部分学者的解读不能自圆其说，进而提出不同观点以供讨论；以《癸亥年更流部》部分更路记载的更数采用一种特殊的数码符号为线索，发现晚清民国时期海南民

① 王晓光：《“数字人文”的产生、发展与前沿——方法创新与哲学社会科学发展》，武汉大学出版社，2010。

② 见李文化著《南海“更路簿”数字化诠释》后记（第479－480页）相关表述。该问题曾长期困扰多位更路簿研究学者，目前的数字人文研究结论得到广泛认可。

③ 李文化：《南海“更路簿”数字化诠释》，海南出版社，2019，第132－133页。

间曾广泛使用“苏州码子”；等等。由此，笔者深刻感受到系统的数学训练和严密的逻辑思维在人文社会科学的研究中同样可以发挥重要作用，意识到海南与南海历史文化的多学科交叉融合研究的必要性与重要性。鉴于此，笔者与在此方面已有一定数字人文研究意识的李彩霞、张争胜等学者商量，想在海南与南海数字人文研究方面做一些抛砖引玉的工作。

本书收集整理了笔者团队近几年用数字人文方法完成的南海更路簿代表性研究成果13篇，以及李彩霞用定量与定性分析相结合研究更路地名的文稿3篇，张争胜教授指导的基于地理信息的更路簿研究文稿1篇。这些文稿均有很明显的数字人文思维印迹，是数字人文研究的典型案例。相关作者的学科背景有很强的交叉性，如李彩霞是人文学科的博士，张争胜是地理信息方面的专家，陈虹更熟悉海南地方文化，而笔者只是在数学与计算机方面有一定基础，这些正是数字人文团队所需要的。另有其他学者也有相关论稿，但因篇幅等原因，此次未能收录，有些遗憾。

此书稿本意是为海南与南海历史文化研究提出一些创新思路以供大家讨论，但受笔者水平所限，特别是在目前数字人文研究理论与方法还不是非常成熟的情况下，书中观点与方法或有不妥甚或谬误之处，敬请批评指正。

李文化

2021年8月于东坡湖畔

# 目录

# “更路”数字化及其应用[①]

李文化　陈　虹　陈讨海　李　伟

海南岛渔民在历史上独创的南海“更路簿”，又称更路径、水路径、水路簿等，有的是手抄本，有的是口口相传，是历代渔民闯海智慧的结晶。[②] 目前国内已发现至少25个不同簿册，每个簿册含几十至几百条“更路”不等。

在处理南海问题的过程中，更路簿作为中国维护南海主权的重要历史证物和法理依据，其历史价值、研究价值、收藏价值不言而喻。但更路簿这本“天书”对大多数读者而言很难读懂，一方面是因为更路簿是海南渔民用自己常见物品以海南本土方言命名的俗名（即“渔民俗称”，或称土地名），不为众人所知；另一方面是因为其内容艰深难懂，特别是“更”与“针位”。

更路簿的“更路”记载着南海诸岛的名称、航向等详细信息，一般有起点、讫点、针位（或角度）和更数（或里程）四个要素，如“自琶注至三圈，驶壬丙，四更收”就是一条典型的路径，意思为“从‘琶注’（起点）开往‘三圈’（讫点），罗盘指针指向‘壬丙’（针位），航程‘四更’（更数）左右”。

## 1　“更路”数字化

### 1.1　起、讫点位置的数字化

首先，将每条更路的起、讫点名称（基本上为海南渔民所取俗名——渔民俗称）与《中国南海诸岛标准地名表暨位置略图》中的“渔民俗称”进行比对，找到对应的标准名称及地理位置——经纬度，如上例渔民所称的“琶注”“三圈”，对应的标准名称为“永兴岛”“浪花礁”，其地理位置的（东）

---

① 本文原发表于《电脑知识与技术》2016年第12卷第30期。

② 周伟民、唐玲玲：《南海天书——海南渔民“更路簿”文化诠释》，昆仑出版社，2015。

经（北）纬度分别为“112°20′，16°50′”（后所涉及经纬度依此形式，非特殊说明，均默认为东经、北纬）与“112°26′—112°36′，16°01′—16°05′”。然后，将起、讫点位置从“度分”格式转化为带小数的“度”。方法是将“分”值除以60，作为转换后数值的小数部分，如果是一个范围值，则取平均值。

## 1.2　航向的数字化

“更路”的“针位（或角度）”是用来指导航向的，即用“针位（或角度）”指导罗盘指针的方位来确定航向。所以“针位（或角度）”是更路簿的另一个核心内容。

### 1.2.1　针位与方位及其数字化

（1）针位

单针：如果航行针指向罗盘上相对的两字，一般称为“正针”或“单针”。如“自大潭门驶乾巽至七连，十五更收”的“乾巽”就是“单针”航向，罗盘指针指向相对的“乾”“巽”二字（图1）。

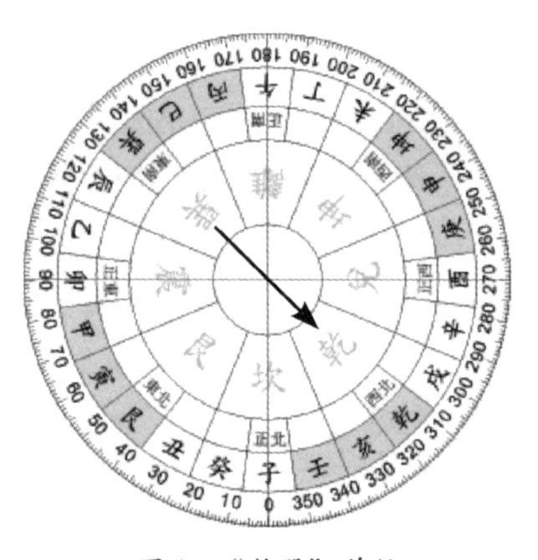

图1　“乾巽”单针

缝针：如果航行针处于两个单针之间，一般用相邻的两字或相对相邻的四字表示，称为“缝针”。如“……驶乾巽兼辰戌……”中的航行针处在“乾巽”与“辰戌”之间，用的是“缝针”；还有一种带几“线”的缝针，如“……用乾巽加三线辰戌……”。

（2）方位

用“针位”作航向，“乾巽”与“巽乾”本应是两个相反的方向，但少有更路簿将两者进行区分，即存在正反向不明确的情况。部分“更路（径）”通过增加“方位”来辅助判断正反向，如苏承芬祖传本“自猫兴上三圈，用癸丁丁未，平三更半收。对南”，针位“癸丁丁未”有南北两个方向，但用“对南”确定了“针位”是指向“丁未”方向。

（3）针位与方位数字化

“针位”数字化。首先将针位方向转化为角度，从“子午”开始，然后是“癸丁”，一直到“壬丙”再到“午子”，每个方位增加15°，分别为0°、

15°、……345°、360°。如果为“缝针”，一种是在第一个“单针”基础上增加7.5°，如“乾巽兼辰戌”针位对应的角度是127.5°；另一种是“线”的缝针，每线增加3°，如“……用乾巽加三线辰戌……”表示在“乾巽”针位基础上向“辰戌”针位偏9°，即129°。

“方位”数字化。与“针位”数字化类似，正北、正东、正南、正西分别为0°、90°、180°、270°；东北、东南、西南、西北分别为45°、135°、225°、315°。如果更路指明“对某某”方位，可根据具体情况确定航向是否需要加或减180°进行调整。

“自猫兴上三圈，用癸丁丁未，平三更半收。对南”针位“癸丁丁未”数字化对应“对南”22.5°和“对北”202.5°两个方向，由于有“对南”180°的辅助，可以确定是202.5°。

### 1.2.2 角度数字化

部分“更路（径）”直接采用“角度”指导航向，如苏承芬祖传本的“东沙水路簿”中“由大潭至铜鼓咀，用45度对，三十二海里”就是用角度辅助航向。因角度本身就是数值表达，可直接进行数字化。

## 1.3 “更（或里程）”数字化

绝大部分“更路”都用“更”来表达路径的航行里程，但也有部分更路直接用“里程”数代替“更”数，如苏承芬祖传本的“中沙水簿”有60余条更路只有里程数而没有更数。不管是“更”还是“里程”，由于其本身就是数值内容，故可直接取而用之。

# 2 更路数据库建设

## 2.1 基础数据库建设

（1）群岛数据表结构及数据实例

表1中表头各栏分别为字段名、数据类型及字段宽度，加粗为主键值，即为表结构，内容为数据实例，下同。

表1　群岛数据表结构及数据实例

| 群岛代码（C，4） | 群岛名称（C，8） | 群岛别名（C，40） | 东经1（C，7） | 东经2（C，7） | 北纬1（C，7） | 北纬2（C，7） |
| --- | --- | --- | --- | --- | --- | --- |
| DS | 东沙 | 月牙岛，大东沙 | 115°54′ | 116°57′ | 20°33′ | 21°10′ |
| NS | 南沙 | — | 109°33′ | 117°50′ | 3°40′ | 11°55′ |
| XS | 西沙 | 千里长沙 | 110° | 113° | 15°40′ | 17°10′ |

（2）南海诸岛标准名、渔民俗称数据表结构及数据实例

表2中东经1、东经2分别为岛屿的左右经度，北纬1、北纬2分别为岛屿的上下纬度，东经度、北纬度分别为对应两个值的平均值，并转换为以度为单位，即以“分/60”为小数位。

表2　南海诸岛标准名表结构及数据实例

| 岛屿代码（C，6） | 岛屿名称（C，20） | 所属群岛（C，6） | 东经1（C，7） | 东经2（C，7） | 北纬1（C，7） | 北纬2（C，7） | 东经度（N，7，3） | 北纬度（N，7，3） |
| --- | --- | --- | --- | --- | --- | --- | --- | --- |
| DSJ | 东沙礁 | DS | 116°45′ | 116°55′ | 20°35′ | 20°47′ | 116.833 | 20.683 |
| DSD | 东沙岛 | DS | 116°43′ | 116°43′ | 20°42′ | 20°42′ | 116.717 | 20.700 |
| CHD | 琛航岛 | XS | 111°43′ | 111°43′ | 16°27′ | 16°27′ | 111.717 | 16.450 |

在南海诸岛标准名数据表的基础上，可创建渔民俗称与标准名称的对应表，即每一个渔民俗称均对应一个标准名称，如渔民俗称“三脚”对应标准名称“琛航岛”。

（3）航向表结构及数据实例

表3完全按照航向数字化标准完成。

表3　航向表结构及数据实例

| 方向（C，4） | 角度（C，5，1） | 别名（C，20） |
| --- | --- | --- |
| 子午 | 0 | 北 |
| 子午癸丁 | 7.5 | 子癸，午丁，癸子，丁午 |
| 癸丁 | 15 | — |
| 癸丁丑未 | 22.5 | 癸丑，丑癸，丁未，未丁 |
| 丑未 | 30 | — |
| 丑未艮坤 | 37.5 | 丑艮，艮丑，未坤，坤未 |
| 艮坤 | 45 | 东北 |

## 2.2 更路数据库

更路簿的簿册数据表主要存储25本更路簿的基本数据，如编号"SCF0"表示《苏承芬祖辈传承抄本更路簿》，"SCF1"表示《苏承芬据航海经验修正本》，"LJB"表示《潭门镇上教村一村卢家炳更路簿》，等等。

更路数据表创建及实例见表4。其中第1—10列数据为创建内容，第11—16列数据为根据第4—5列数据从基础数据库检索而来（检索不到结果的为空），第17列"距离（浬）"和第20列"起讫点方向"根据海上距离和方向计算公式[①]得到，详见表4之注⑦⑧。第21—22列数据根据第6、8列数据从基础数据库检索而来（检索不到结果的为空）。

# 3 更路数字化的科学性与可靠性

导入苏承芬修正本记录的里程数，并对根据起、讫点渔民俗称可以定位诸岛标准名的103条数字更路进行统计分析，记载里程数与计算里程数比值（大∶小）在1.1（即相差10%）以内的有49条（占48%），比值在1.3以内的有76条（占74%），比值在2.0（即相差1倍）以上的只有9条（占8.7%）。其中，"白峙仔至大圈尾，用乾巽辰戌平，对135里（浬）"这条更路的比值高达11.69，显然不正常。经查证，是原作者的笔误，实为"13里"。另有多条路径因为计算里程数与记载里程数值均偏小，所以从数理角度看，有较大的比值偏差是可以理解的。另外，苏承芬祖传本有31条更路将针位改为角度，将这些值与数字化更路的起讫点计算角度比对，平均偏差为3.5%，已非常接近。由此可见，更路的理论里程计算与角度计算都是非常可靠和可信的。

① 江衍煊：《航行中两点间距离和航向的计算》，《福建电脑》2008年第7期，第199－120页。

**表 4　更路数据表创建及实例**

| 1 | 2 | 3 | 4 | 5 | 6 | 7 | 8 | 9 | 10 | 11 | 12 | 13 | 14 | 15 | 16 | 17 | 18 | 19 | 20 | 21 | 22 | |
|---|---|---|---|---|---|---|---|---|---|---|---|---|---|---|---|---|---|---|---|---|---|---|
| 更路簿编号（C，4） | 更路编号（C，4） | 更路（C，50） | 起点俗称（C，20） | 讫点俗称（C，20） | 针位（C，8） | 更数（N，6，1） | 记载航向（C，4） | 记载浬程*（N，4） | 记载角度（N，4） | 起点标准名（C，20） | 起点经度（N，7，3） | 起点纬度（N，7，3） | 讫点标准名（C，20） | 讫点经度（N，7，3） | 讫点纬度（N，7，3） | 距离（浬）（N，7，2） | 航速（浬/更）（N，6，2） | 与 12 浬/更偏差（N，6，3） | 起讫点方向（N，5，1） | 针位航向（N，5，1） | 航向角度（N，3） | 备注 |
| LJB | NS005 | 自铁屿南使裤归，乙辛辰戌，二更收。对东南 | 铁屿南 | 裤归 | 乙辛辰戌 | 2 | 东南 | | | 中业岛 | 114.28 | 11.10 | 库归礁 | 114.58 | 10.75 | 27.47 | 13.73 | 14.4% | 139.9 | 112.5 | 135 | ① |
| SCF0 | NS072 | 自石公厘去五百二，用丁未，二更半收。对西南 | 石公厘 | 五百二 | 丁未 | 2.5 | 西南 | | | 弹丸礁 | 113.83 | 7.38 | 皇路礁 | 113.58 | 6.95 | 29.98 | 11.99 | −0.1% | 209.8 | 22.5 | 225 | ② |
| SCF0 | NS078 | 自六门去簸箕，用巳亥，四更收。对东南 | 六门 | 簸箕 | 巳亥 | 4 | 东南 | | | 六门礁 | 113.97 | 8.80 | 簸箕礁 | 114.13 | 8.10 | 43.18 | 10.79 | −10% | 166.8 | 150 | 135 | ③ |
| SCF0 | XS014 | 自猫兴上三圈，用癸丁丁未，平三更半收。对南 | 猫兴 | 三圈 | 癸丁丑未 | 3.5 | 南 | | | 东岛 | 112.73 | 16.67 | 浪花礁 | 112.50 | 16.05 | 39.39 | 11.25 | −6.2% | 199.9 | 22.5 | 180 | ④ |
| SCF0 | DS001 | 由大潭至铜鼓咀，用 45 度对，32 海里。 | 大潭 | 铜鼓咀 | | | | 32 | 45 | 潭门港 | 110.63 | 19.24 | 铜鼓角 | 111.06 | 19.65 | 34.30 | | | 44.5 | 67.5 | | ⑤ |
| | ⑥ | | | | | | | | | | | | | | | ⑦ | | | ⑧ | | | |

* “浬”为渔民记录时的表述，本表保留。

①起讫点计算角度与针位航向偏差 27.4°，与 180°角比偏差 15.22%。

②针位方向 22.5°与记载航向“对西南”不符，应增加 180°，即 202.5°；与起讫点计算角度偏差 7.3°，与 180°角比偏差 4.1%。

③起讫点计算角度与针位航向偏差 16.8°，与 180°角比偏差 9.3%。

④针位方向 22.5°与记载航向“对南”不符，应增加 180°，即 202.5°；与起讫点计算角度 199.9°偏差 2.6°，与 180°角比偏差 1.4%。

⑤部分更路有角度没有针位，有里程没有更数，此更路起讫点角度与记载角度偏差 0.5°（0.2%），计算里程数与记载里程数偏差 2.3 海里（5.1%）。

⑥东沙部分用 DS 开头，南沙（北海）部分用 NS 开头，西沙（东海）部分用 XS 开头，中沙部分用 ZS 开头，等等。

⑦“距离”是根据海上距离计算公式“$D = R \times \arccos[\sin y_1 \cdot \sin y_2 + \cos y_1 \cdot \cos y_2 \cdot \cos(x_1 - x_2)] / 1.852$”计算而来，其中 $R$ 为地球半径，取 6371 km。起点经、纬度分别为 $x_1$ 和 $y_1$，讫点经、纬度分别为 $x_2$ 和 $y_2$，均为正值，且计算 sin、cos 值时应先将经、纬度换算成弧度，并将“公里”（除以 1.852）转换为“海里（浬）”。

⑧“起讫点方向”是根据海上两点间最短距离方向计算公式“$T = \arctan\left[\cos y_1 \times \frac{x_2 - x_1}{y_2 - y_1}\right]$”计算得来。（距离与方向计算公式后有优化，参见《南海“更路簿”数字化诠释》）

# 4　数字更路应用研究方向

## 4.1　更路里程数计算及与更数的比值分析

在完成更路的数字化工作后，就可计算出每条更路的球面“直线”距离及其与对应路径的更数比值。对卢家炳本、苏承芬祖传本、陈泽明本近300余条更路进行数字化并计算“距离/更”比值，发现平均值非常接近“12海里/更”，考虑到实际行程应稍大于最短距离，故每“更”的实际航程应略大于12海里。这与众多学者提出的每“更”60里或40里或10海里的说法有很大差异，值得进一步研究。

## 4.2　同一更路不同版本之间的差异性研究

数字更路便于发现同一路径（起、讫点相同）在不同版本之间的更数、针位等差异情况。如“二圈去大圈”这条更路，在王诗桃本中是“一更收”，但在李魁茂本是“半更”，在陈泽明本是“一更半”，在陈永芹本是“二更”，更数差异达到3倍之多。而根据球面距离公式计算，这条更路的理论行程为20.6海里，如果按每更12海里的均值推算，“二更”或“一更半”较为合理。

据初步统计，卢家炳本与苏承芬祖传本共有70余条更路相同，虽大部分内容差异不明显，但仍有部分更路的更数、针位、记载里程或角度差异较大，需要进一步研究其原因。其中还初步发现，同一更路的针位（或角度）与起讫点计算角度越吻合，则起讫点计算里程与更数比值越接近均值（约12海里/更）。从理论上分析，这是比较合理的。

## 4.3　岛屿渔民俗称的查漏补全

笔者仅在对卢家炳本、苏承芬祖传本和陈泽明本等更数簿的数字化工作中就已发现150多个《南海诸岛标准地名表》中未记载的渔民俗称（含近音字、笔画相近字等）；另发现部分更路中出现的渔民俗称与标准地名表中的渔民俗称有细微差异，如俗称中有大量“乙辛”，但在标准地名表中只有“东头乙辛”和“西头乙辛”。如不借助数字化，则很难识别。

## 4.4 基于数字更路的可视化研究

数字更路可视化可以直观地在海图上直接呈现指定的一条或多条更路，可根据需要显示或隐藏起讫点位置、航向、更数、里程等数据。数字化为可视化提供基础，借助可视化手段可解决更路簿艰深难懂的问题。

## 4.5 数字更路更容易发现问题

在更路数字化过程中，借助数值分析方法已发现周伟民著作中“135 里”之误、“一‘更’合 60 海里”之误，以及多个更路的更数被误译为“角度”的情况，相信在更路的数字化工作中将会发现更多值得深入研究的问题，也将为更路簿的深入研究提供可靠的数据资源和研究方法。

# 基于数字“更路”的“更”义诠释[①]

李文化　夏代云　吉家凡

自从国际社会对南海问题广泛关注以来，“更路簿”作为中国在南海的重要历史证物，其研究价值、收藏价值不言而喻。但更路簿对大多数读者而言很难读懂，一方面是因为更路簿中海南渔民用海南方言命名的俗称地名或土地名不为众人所知，另一方面是因为其内容艰深难懂，特别是对“更”的理解。

## 1　“更路”数字化

对于更路簿的“更路”研究，目前以从人文社科角度对其的定性分析为主，夏代云等在相关著作[②]中开始借助起、讫点岛礁地理位置对部分更路进行量化分析。为了更为精确、系统地研究更路簿的“更路”，笔者在2016年提出“更路”全面系统的数字化方法。[③] 一是将每条更路的起、讫点名称与《中国南海诸岛标准地名表》中“标准名称”进行比对，找到其对应的标准名称及其地理位置即经纬度，并将起、讫点位置从“度分”格式转化为带小数的“度”表示。二是将针位转化为角度，其中“单针”从“子针”开始，顺时针排列，依次为“癸、丑……”，一直到“壬”，分别为0°、15°……345°，相邻两个“单针”针位之间的间隔为15°；而“缝针”一般是在相邻两个“单针”角度值基础上加减7.5°，如“子癸、癸丑……”分别是7.5°、22.5°……“缝针”的出现使得针位之间的间隔区分度进一步细化，相邻的单针与缝针之间的间隔可以加密到7.5°，进一步提高了渔船航向的精确度。海南渔民更路簿中还大量使用“对针”，它是罗盘中在同一条直径上的两个相对

---

① 本文原发表于《南海学刊》2018年第1期。

② 夏代云：《卢业发、吴淑茂、黄家礼〈更路簿〉研究》，海洋出版社，2016。

③ 李文化、陈虹、陈讨海等：《“更路”数字化及其应用》，《电脑知识与技术》2016年第12卷第30期，第235－237页。

针位，如“子针”与“午针”即为一对称作“子午”的对针，其对应角度可以指两个单针中的任意一个，具体指哪个角度，有经验的渔民了然于心。缝针也有相应的“对针”，如缝针“壬子”对缝针“丙午”的对针之一就可以是“子午壬丙”。另外，海南渔民更路簿还出现了“线针”，每线为1.5°，进一步提高了针位航向的精确度。三是将“更数”数字化，其中“半更”是0.5更，“更半”是1.5更。四是依据江衍煊提出的基大圆航线模型的球面两点距离和航向的近似算法[①]计算更路起、讫点的“最短”航程（距离）和对应的起始航向角度。需要说明的是，基于大圆航线模型的航向角并不是一成不变的，所以起始航向角只是一个航向参照值，不过在南海低纬度区域航行时，这个航向角变化不大，详情可参见本书《“更路”数字化及其应用》一文。

表1所列就是卢业发本（卢家炳本）、苏承芬祖传本、王诗桃本中的几条更路的数字化情况，其中第10列为从起点到讫点的起始航向角度，第12列为计算距离。其中经度为正，表示东经；纬度为正，表示北纬。

**表1　更路数字化及路径里程与更数比值示例**

| 1 | 2 | 3 | 4 | 5 | 6 | 7 | 8 | 9 | 10 | 11 | 12 | 13 |
|---|---|---|---|---|---|---|---|---|---|---|---|---|
| 更路簿 | 更路条目 | 起点标准名 | 起点经度（°） | 起点纬度（°） | 讫点标准名 | 讫点经度（°） | 讫点纬度（°） | 更数 | 起讫点方向（°） | 针位航向（°） | 距离（海里） | 距离/更数 |
| 卢家炳本 | 自铁峙南使裤归，乙辛辰戌，二更收。对东南 | 中业岛 | 114.28 | 11.10 | 库归礁 | 114.58 | 10.75 | 2 | 139.9 | 112.5 | 27.47 | 13.73 |
| 苏承芬祖传本 | 自石公厘去五百二，用丁未，二更半收。对西南 | 弹丸礁 | 113.83 | 7.38 | 皇路礁 | 113.58 | 6.95 | 2.5 | 209.8 | 202.5 | 29.98 | 11.99 |
| 王诗桃本 | 自三圈过北海，用巳亥，廿八更至双峙。 | 浪花礁 | 112.52 | 16.05 | 双子群礁 | 114.37 | 11.43 | 28 | 158.8 | 150.0 | 297.90 | 10.64 |

## 2　古代航海“更”的含义及辨析

古代航海中的“更”的含义到底是什么？学者们普遍认为有三个方面：

① 江衍煊：《航行中两点的距离与航向计算》，《福建电脑》2008年第7期，第119－120页。

一是表时间（计时功能）；二是表距离（计程功能）；三是表航速（一更时间内航行的距离）。不管是表时间、表距离还是表航速，在数值上都有多种不同的说法。

## 2.1 表时间

“更”作计时比较容易理解，因为它与历史悠久的民间报时工具——更鼓相关。但作为航海计时工具的“一更”到底表示多长时间，有几种不同说法。

（1）将一天一夜分为十更，“一更”等于2.4小时

古籍中“一昼夜为十更”的记载较多。郑若曾说“一日一夜定为十更，以焚香几枝为度”①；陈寿祺记述“舟人渡洋，不辨里程，一日夜以十更为准”②；清代李元春《台湾志略》卷一记载“每一日夜共十更，每更舟行可四十余里”③；周伟民、唐玲玲教授在《南海天书——海南渔民“更路簿”文化诠释》一书中提到“约定俗成，一昼夜分为10更”。④

（2）将“一更”定为2小时或5小时

蒙全洲的口述材料中表述“一更是二小时”，“帆船一更算五小时，机帆船一更算两小时”。⑤夏代云在对海南老船长和老渔民的调查过程中了解到他们把“时辰”理解为“更”，普遍将一天分为十二更，一更合两小时。⑥

（3）“一更”只是个估约时间

彭正楷的口述材料中有“四五十年前出海航行要点香，以香枝算更，一更要点好几枝香”的说法⑦；《台湾志略》记载有“海洋行舟，以筒漏实细沙悬之，沙从筒眼渗出，复承以筒；上筒沙尽，下筒沙满为一更”⑧。

---

①〔明〕郑若曾：《江南经略》卷八上，收入《文渊阁四库全书》，台湾商务印书馆，1986，第444页。

②〔清〕陈寿祺：《（道光）福建通志·海防》，华文书局，1968，第1718页。

③〔清〕李元春：《台湾志略》，载孔昭明主编《台湾文献史料丛刊》第2辑，台湾大通书局，1984，第13页。

④ 周伟民、唐玲玲：《南海天书——海南渔民“更路簿”文化诠释》，海洋出版社，2015。

⑤ 广东省地名委员会编《南海诸岛地名资料汇编》第一编，广东省地图出版社，1987。

⑥ 夏代云：《卢业发、吴淑茂、黄家礼〈更路簿〉研究》，海洋出版社，2016，第2页。

⑦ 孙光圻：《中国古代航海史》，海洋出版社，2005，第410页。

⑧〔清〕李元春：《台湾志略》，载孔昭明主编《台湾文献史料丛刊》第2辑，台湾大通书局，1984，第13页。

## 2.2 表距离

朱鉴秋在《海上计程单位与深度单位》中认为“我国古代以‘更’作为海上计程单位。约指当时船舶在一‘更’时间内航行的水程”①。张燮在《东西洋考·舟师考》中认为“欲度道里远近多少，准一昼夜风利所至为十更，约行几更，可到某处”②，这里的“更”用于“度”里程远近。明代黄省曾著《西洋朝贡典录·占城国》中说“海行之法，六十里为一更”。周志明认为“更”进入航海世界后，合时间和速度而成为一个航程单位，并描述了“古人通过‘木片测速法’将航速具体化，从而实现以更计程的‘定更之法’”③。范中义、王振华认为“‘更’在‘更路’中不是计时单位，而是计程单位”。“‘更’作为计程单位，所代表的里程，古代航海书籍中有明确的记载，即一更约为六十里。”④

## 2.3 表航速（一更时间内航行的距离）

有学者认为，古代航海中“更”表示“一更时间内航船按标准航速通过的里程”，就是航速单位。如孙光圻认为“作为海上计程的‘更’者，不是一个单纯的计时单位，而是指一更时间内，船舶的标准航速下通过的里程”⑤，南炳文、何孝荣有相似的说法⑥。徐玉虎认为“海航航速，虽以‘更’为计算单元，但其里数诸家说法不一”⑦。陈希育在《中国帆船与海外贸易》一书中认为“更”有三种含义：“第一种表示时间，一昼夜等分为10更；第二种表示速度，即一更时间里船速是多少里；第三种表示里程，这是从速度引申来的。”⑧

古代航海书籍中以“更”作为航速单位的例子并不多，黄叔璥《台海使

---

① 朱鉴秋：《海上计程单位和深度单位》，《航海》1981年第1期，第10页。

② 〔明〕张燮：《东西洋考》卷九《舟师考》，中华书局，1981，第170页。

③ 周志明：《中国古代“行船更数”考》，《古代文明》2009年第2期，第93－97页、第114页。

④ 范中义、王振华：《对我国古代航海史料中“更”的几点认识》，《海交史研究》1984年第6期，第68－73页。

⑤ 孙光圻：《中国古代航海史》，海洋出版社，2005，第410页。

⑥ 南炳文、何孝荣：《明代文化研究》，人民出版社，2006，第134页。

⑦ 徐玉虎：《郑和时代航海术语与名词之诠释》，载姚明德、何芳川主编《郑和下西洋研究文选（1905—2005）》，海洋出版社，2005，第540页。

⑧ 陈希育：《中国帆船与海外贸易》，厦门大学出版社，1991，第166页。

槎录》卷一《赤嵌笔谈·水程》中详细描述了“木片测速法”：“以木片于船首投海中，人从船首速行至尾，木片与人行齐至，则更数方准。若人行至船尾而木片未至，则为不上更；或木片反先人至船尾，则为过更，皆不合更也。”① 这里的“更”为标准航速，“合更”“上更”表示行船的航速符合标准航速，“不上更”则是航速低于标准航速，“过更”为航速高于标准航速。陈良弼的《水师辑要》、王在晋的《海防纂要》等古籍也持相同说法。

“更”作为标准航速，到底是多少呢？不同文献和记录有诸多说法。如清代释大汕记有“去大越七更路，七更约七百里也”②，即约100里/更；李元春《台湾志略》卷一记载“每更舟行四十余里”；蒙全洲表述“一更可航行一迈（笔者注：10海里）”；彭正楷表述“以顺风计，一更10浬（海里）”。陈伦炯则在《海图闻见录》说“每更约水程六十里，风大而顺，则倍累之；潮顶风逆，则减退之”③，即标准航速为60里，但受风和海流的影响较大，因此，每更的航行距离并不一致，这个标准航速也只是一个估约值。

## 2.4 更路簿中的“更”既是计时单位也是计程单位

古代航海计时用“更”，表述航速符合标准航速用“合更”，航行距离也用“更”，因此在不同的航海文献和记录中，甚至在同一文献中，“更”有多种不同的意义也就不奇怪了。

更路簿是海南渔民长期海洋作业中的经验总结，是典型的航海文化，其中的“更”到底指时间、航速，还是距离呢？

更路簿作为渔民航海作业的“导航”手册，其记载的“更路”是指从起点岛礁（港口）至讫点岛礁（港口）的航路，“针位”指导渔民在该航路上的航海方向，都是相对比较明确的位置或数值。而更数所指，如果指此航路的航行时间或航速，显然是一个非常不确定的值，因为渔船在海上的航行速度受风向、风速、洋流、船只载重等诸多因素的影响，不同时期、不同船只从位置A至位置B的航行时间、航速乃至航向肯定是不相同的。而只有作为起点与讫点之间的距离才会是一个相对稳定的数值，所以更数被视作计程单位才比较合理，这一点与更路簿传承者和众多海南老船长的说法比较一致。

---

① 〔清〕黄叔璥：《台海使槎录（1）》，中华书局，1985，第13页。

② 〔清〕大汕和尚：《大汕和尚集》，中山大学出版社，2007，第404页。

③ 〔清〕陈伦炯撰，李长傅校注，陈代光整理《〈海国闻见录〉校注》，中州古籍出版社，1985，第50页。

这与夏代云[①]、逄文昱[②]、何卫国[③]等认为更路簿的“更”是计时单位，看似不同，其实并不矛盾，因为他们认为更路簿的更数是该航路在标准航速下的行程时间，并可根据标准航速推算出航程距离，所以，更路簿的“更”既表计时又表距离。周伟民在相关著作中亦持相似观点。

另外，苏承芬在“祖传更路簿”（下称“祖传本”）的基础上，根据个人航海经验的总结，对祖传本进行补充、修改，形成了《苏承芬据航海经验修正本》（下称“修正本”），即同一条更路，苏承芬在修正本中将“更数”改为“里程数”。据统计，苏承芬修正本有100余条更路将更数改为里程数。看来海南渔民在新的技术条件下自行将不易理解的“更”折算成了航程。

## 3 更路里程计算与更数分析

更路簿的每条路径肯定是有距离的，但绝大多更路以“更”而非当今人们更常用的“海里”或“里”作为计量单位，那么，这个“更数”与现代计量单位“海里”有何关系？

### 3.1 “一更合10海里”之说

前面梳理的文献资料中有很多“一更合10海里”之说，笔者从海南渔民更路簿传承人——卢家炳和王诗桃后人的口述中了解到类似说法。夏代云在海南渔民口述历史调查中也得到渔民的证实，不过她认为这是“更”作为计时单位（一天12更、一更2小时）折算出来的风帆渔船在一更航时内的航程（约合10海里）。[④] 这与部分文献记载的和部分学者认为的“一昼夜10更”稍有不同，如果按夏代云的观点和时间折算方法，一更（一天10更）似乎也可以折合成12海里。

---

① 夏代云：《卢业发、吴淑茂、黄家礼〈更路簿〉研究》，海洋出版社，2016，第2页。

② 逄文昱：《试说〈更路簿〉的“更”》，《海南大学学报》（人文社会科学版）2016年第4期，第7－12页。

③ 何国卫：《试析〈更路簿〉上的“更”》，《海南大学学报》（人文社会科学版）2016年第4期，第1－6页。

④ 同第一条。

## 3.2 “一更合12.5海里”之说

作为计程单位的“更”是船舶在“一更”时间内按标准航速航行的水程，如前所引用的文献云“六十里为一更”或“每更舟行四十余里”，一更的距离以60里和40里两种说法为主。我们知道，“清代至新中国成立前1里相当于现在的0.576公里”①，1海里=1.852公里，因此可以计算出：60里=34.56公里=18.66海里；40里=23.04公里=12.44海里。

对于这两种说法，朱鉴秋根据《顺风相送·行船更数法》及《指南正法·定航行更数》中“每一更二点半约有一站，每站计六十里”的记叙，对“更”“点”“站”的概念进行分析，认为“一更60里”的说法是对“每站六十里”的误读。他重新计算并进行验证，认为“一更应合四十里”“四十旧里等于一二·四海里，即古代一更合现在一二·四海里”，“鉴于古代航海史料所记更数一般为整更数”，“为换算方便起见，一更合一二·四海里在实际应用时可取一更合一二·五海里”，“以往一般认为‘一更合六十里’，与实际是不太符合的”。②

## 3.3 更路的距离与对应更数的比值

表1第12列“距离（海里）”就是按现代航海学最短距离公式计算得到的，第13列是两点之间的球面距离与更数的比值。

按笔者提出的方法完成卢家炳本、苏承芬祖传本、王诗桃本等8册更路簿的更路数字化后，筛选出有更数记载且可查到起、讫点渔民俗称对应的岛礁标准名的更路，即可计算出平均每更约合里程数的更路共有1065条，每册更路簿平均每更里程数为11.72～12.99海里，平均值为11.92海里。其中，苏德柳的“自铜金去第三，用甲庚，二更收对西南”和王诗桃的“自铜金去第三，用甲庚，二更西南”这两条更路的计算距离为7.51海里，平均每更合3.75海里，与渔民普遍认为的每更合10海里的说法相差过大，笔者将其定义为“高度存疑更路”。遴选出计算距离（考虑岛礁面积较大因素的校正值）与更数比值跟海南渔民普遍认为的“一更合10海里”差异不超过一倍的更

---

① 杨生民：《中国里的长度演变考》，《中国经济史研究》2005年第1期，第143页。

② 朱鉴秋：《我国古代海上计程单位“更”的长度考证》，载朱东润、李俊民、罗竹风主编《中华文史论丛》一九八〇年第三辑（总第十五辑），上海古籍出版社，1980，第202-204页。

路，共有1063条。这些更路平均每更对应的里程数为11.94海里，两者均接近12海里/更（详见表2）。由于渔民在实际航海过程中不可能完全走直线，因此在任意一条更路上的实际航行距离必定超过理论计算里程。也就是说，这8册更路簿的全部更路平均每更实际约合里程数会超过12海里，与朱鉴秋认为的“12.5海里/更”非常接近，与海南渔民认为的“一更合10海里”误差也不大。

表2　苏德柳本等8册更路簿平均每更合里程数统计

| 序号 | 更路簿所有者 | 可数字化更路条目数 | | | 可计算航速的更路平均每更里程数 | | 遴选更路平均每更里程数 | |
|---|---|---|---|---|---|---|---|---|
| | | 西沙 | 南沙 | 小计 | 平均值（海里） | 有效条 | 平均值（海里） | 有效条 |
| 1 | 苏德柳 | 29 | 116 | 145 | 11.75 | 145 | 11.84 | 144 |
| 2 | 苏承芬（祖传本） | 29 | 115 | 144 | 11.72 | 144 | 11.72 | 144 |
| 3 | 王诗桃 | 61 | 183 | 244 | 12.20 | 227 | 12.26 | 226 |
| 4 | 郑庆能 | 12 | — | 12 | 11.00 | 12 | 11.00 | 12 |
| 5 | 许洪福 | — | 225 | 225 | 11.94 | 199 | 11.94 | 199 |
| 6 | 郁玉清 | 35 | 65 | 100 | 12.99 | 95 | 12.99 | 95 |
| 7 | 陈永芹 | 16 | 75 | 91 | 11.86 | 91 | 11.86 | 91 |
| 8 | 林鸿锦 | 59 | 104 | 163 | 11.91 | 152 | 11.91 | 152 |

## 3.4　苏承芬祖传本部分更路对比分析

表3列出了李彩霞以苏承芬祖传本为例随机选取的西沙和南沙的15条更路进行距离与更数比值测算的数据①，其中“GE图测距离”为李彩霞用Google Earth软件进行测算的距离，其他数据是根据笔者提出的更路数字化模型计算得到的，其中的“最大误差里程”是根据岛礁大小估算的可能误差距离。显然，岛礁范围过大，测算距离的误差也会比较大。表3倒数第二列的“距离误差”为“计算里程”与“GE图测距离”的差值。可以看出，这个差

① 李彩霞：《从航海更路簿向渔业更路簿的演变——兼论南海更路簿的分类与分期》，《海南热带海洋学院学报》2017年第1期，第1-9页。

值绝大部分都比较小（12 条小于 1.3 海里），差值较大的三条更路（距离误差分别为 6.2 海里、5.0 海里、2.1 海里）都没有超过相应更路上岛礁范围过大引起的最大误差里程（分别为 10.93 海里、5.96 海里、2.77 海里）。

李彩霞依靠 Google Earth 软件测算出苏承芬祖传本 15 条更路后，认为“西沙航线中一更是 12.2 海里，南沙航线中一更是 12.6 海里，平均为 12.4 海里”；笔者根据模型得到的计算航速平均值为“12.7 海里/更”，与笔者根据 8 册更路簿所作数字化分析结论基本吻合。

表 3　苏承芬祖传本 15 条更路航速测算比较

| 起点俗称 | 讫点俗称 | 更数 | 起点标准名 | 起点经度(°) | 起点纬度(°) | 讫点标准名 | 讫点经度(°) | 讫点纬度(°) | 计算里程(海里) | 最大误差里程(海里) | GE 图测距离(海里) | 距离误差(海里) | GE 图测航速(海里/更) |
|---|---|---|---|---|---|---|---|---|---|---|---|---|---|
| 二圈 | 大圈 | 1 | 玉琢礁 | 112.03 | 16.34 | 华光礁 | 111.69 | 16.22 | 20.63 | 10.93 | 14.4 | 6.2 | 14.40 |
| 大圈 | 半路 | 3 | 华光礁 | 111.69 | 16.22 | 中建岛 | 111.20 | 15.78 | 38.50 | 5.96 | 43.5 | 5.0 | 14.50 |
| 红草 | 五风 | 4 | 西月岛 | 115.03 | 11.08 | 五方礁 | 115.75 | 10.49 | 55.21 | 2.77 | 53.1 | 2.1 | 13.28 |
| 六门 | 铜章 | 4 | 六门礁 | 113.98 | 8.80 | 南海礁 | 113.93 | 7.97 | 50.12 | 4.02 | 48.8 | 1.3 | 10.53 |
| 双门 | 双挑 | 4 | 美济礁 | 115.54 | 9.90 | 信义礁 | 115.93 | 9.34 | 40.76 | 3.36 | 42.1 | 1.3 | 12.20 |
| 双门 | 断节 | 2 | 美济礁 | 115.54 | 9.90 | 仁爱礁 | 115.88 | 9.73 | 22.35 | 4.86 | 21.2 | 1.1 | 11.78 |
| 三圈 | 半路 | 6.5 | 浪花礁 | 112.52 | 16.05 | 中建岛 | 111.20 | 15.78 | 77.69 | 4.72 | 76.6 | 1.1 | 10.60 |
| 黄山马 | 南乙峙 | 1 | 太平岛 | 114.37 | 10.38 | 鸿庥岛 | 114.37 | 10.18 | 12.01 | 0 | 13.0 | 1.0 | 13.00 |
| 白峙仔 | 半路 | 3 | 盘石屿 | 111.79 | 16.06 | 中建岛 | 111.20 | 15.78 | 37.94 | 2.26 | 37.1 | 0.8 | 12.37 |
| 双门 | 鸟串 | 2 | 美济礁 | 115.54 | 9.90 | 仙娥礁 | 115.45 | 9.40 | 30.51 | 3.99 | 31.0 | 0.5 | 13.40 |
| 秤钩 | 六门 | 5 | 景宏岛 | 114.33 | 9.87 | 六门礁 | 113.98 | 8.80 | 67.47 | 2.36 | 67.0 | 0.5 | 15.50 |
| 大圈 | 白峙仔 | 1 | 华光礁 | 111.69 | 16.22 | 盘石屿 | 111.79 | 16.06 | 11.12 | 6.86 | 11.5 | 0.4 | 11.50 |
| 三圈 | 白峙仔 | 5 | 浪花礁 | 112.52 | 16.05 | 盘石屿 | 111.79 | 16.06 | 41.83 | 7.21 | 42.1 | 0.3 | 8.42 |
| 尾峙 | 半路 | 3.5 | 金银岛 | 111.52 | 16.45 | 中建岛 | 111.20 | 15.78 | 44.00 | 0 | 44.2 | 0.2 | 12.63 |
| 铁峙 | 铜金 | 2 | 中业岛 | 114.28 | 11.02 | 杨信沙洲 | 114.48 | 10.65 | 24.88 | 0 | 24.9 | 0.0 | 12.45 |

## 3.5　苏承芬修正本更路里程数与祖传本更数的比较

苏承芬修正本起、讫点位置基本明确（即可得到计算里程）且记载有里程数的更路共有 127 条，其中记载里程数与计算里程数误差小于 10% 的更路约占80%。同时，在其他更路簿中能找到有更数（即可计算每更平均合里程数）的同航程更路43条，对这43条同航程更路进行分析可以发现：

第一，这些更路的记载里程与计算里程误差基本都非常小（个别误差较大的更路如SCF1-XS060是由岛礁面积较大而航程较短引起的），平均误差约为7.38%，如果将岛礁面积较大的因素考虑进去，平均误差可能更小。

第二，与这些更路的起、讫点（包括反向）相同的其他更路簿，有更数记载的同航路更路平均每更合里程数大部分在10～15海里之间（个别误差稍大的更路如SCF1-XS060也是由岛礁面积较大而航程较短引起的），平均每更合里程数约为12.11海里，详见表4，与“12.5海里/更”相差仅为3.1%。

**表4　苏承芬修正本记载里程与计算里程偏差小且在其他更路中有记载的更路**

| 序号 | 更路编号 | 起点 | 讫点 | 记载里程（海里） | 计算距离（海里） | 记载与计算误差（海里） | 里程误差率（%） | 其他更路簿同更路每更平均里程（海里） |
|---|---|---|---|---|---|---|---|---|
| 1 | SCF1-XS049 | 永兴岛 | 浪花礁 | 48 | 48.2 | -0.2 | 0.41 | 11.82 |
| 2 | SCF1-XS082 | 燕窝岛 | 珊瑚岛 | 143 | 143.6 | -0.6 | 0.42 | 10.26 |
| 3 | SCF1-XS093 | 燕窝岛 | 金银岛 | 145 | 146.1 | -1.1 | 0.77 | 9.74 |
| 4 | SCF1-XS075 | 燕窝岛 | 中建岛 | 180 | 178.5 | 1.5 | 0.83 | 9.92 |
| 5 | SCF1-XS100 | 盘石屿 | 华光礁 | 11 | 11.1 | -0.1 | 1.08 | 9.82 |
| 6 | SCF1-XS042 | 潭门港 | 西沙洲 | 165 | 162.9 | 2.1 | 1.30 | 10.86 |
| 7 | SCF1-XS103 | 华光礁 | 中建岛 | 38 | 38.5 | -0.5 | 1.30 | 13.84 |
| 8 | SCF1-XS053 | 永兴岛 | 银屿仔 | 40 | 39.4 | 0.6 | 1.53 | 11.25 |
| 9 | SCF1-XS050 | 永兴岛 | 玉琢礁 | 35 | 34.4 | 0.6 | 1.60 | 11.64 |
| 10 | SCF1-XS047 | 东岛 | 晋卿门 | 60 | 59.0 | 1.0 | 1.67 | 12.20 |
| 11 | SCF1-XS091 | 铜鼓角 | 七连屿 | 175 | 178.0 | -3.0 | 1.67 | 9.89 |
| 12 | SCF1-XS089 | 清澜港 | 七连屿 | 175 | 178.6 | -3.6 | 2.03 | 11.41 |
| 13 | SCF1-XS105 | 金银岛 | 中建岛 | 43 | 44.0 | -1.0 | 2.27 | 13.26 |
| 14 | SCF1-XS045 | 东岛 | 浪花礁 | 40 | 39.1 | 0.9 | 2.33 | 12.42 |
| 15 | SCF1-XS043 | 潭门港 | 北礁 | 135 | 138.6 | -3.6 | 2.59 | 10.70 |
| 16 | SCF1-XS054 | 东岛 | 浪花礁 | 38 | 39.1 | -1.1 | 2.74 | 12.42 |
| 17 | SCF1-XS051 | 永兴岛 | 全富岛 | 40 | 41.2 | -1.2 | 2.84 | 11.76 |
| 18 | SCF1-XS041 | 潭门港 | 东岛 | 190 | 195.6 | -5.6 | 2.87 | 11.13 |

续表4

| 序号 | 更路编号 | 起点 | 讫点 | 记载里程（海里） | 计算距离（海里） | 记载与计算误差（海里） | 里程误差率（%） | 其他更路簿同更路每更平均里程（海里） |
|---|---|---|---|---|---|---|---|---|
| 19 | SCF1-XS076 | 西沙洲 | 北礁 | 40 | 41.6 | -1.6 | 3.80 | 11.87 |
| 20 | SCF1-XS090 | 铜鼓角 | 北礁 | 150 | 156.0 | -6.0 | 3.83 | 10.40 |
| 21 | SCF1-XS068 | 浪花礁 | 北礁 | 89 | 85.3 | 3.7 | 4.18 | 14.21 |
| 22 | SCF1-XS048 | 永兴岛 | 北礁 | 48 | 50.2 | -2.2 | 4.31 | 12.99 |
| 23 | SCF1-XS052 | 永兴岛 | 华光礁 | 50 | 52.3 | -2.3 | 4.40 | 12.11 |
| 24 | SCF1-XS069 | 浪花礁 | 北礁 | 90 | 85.3 | 4.7 | 5.24 | 14.21 |
| 25 | SCF1-XS071 | 金银岛 | 北礁 | 36 | 38.0 | -2.0 | 5.36 | 12.00 |
| 26 | SCF1-XS094 | 燕窝岛 | 北礁 | 105 | 111.8 | -6.8 | 6.10 | 10.89 |
| 27 | SCF1-XS106 | 盘石屿 | 中建岛 | 35 | 37.9 | -2.9 | 7.75 | 11.87 |
| 28 | SCF1-XS059 | 玉琢礁 | 盘石屿 | 20 | 21.7 | -1.7 | 7.79 | 14.75 |
| 29 | SCF1-XS057 | 南沙洲 | 东岛 | 25 | 27.2 | -2.2 | 8.22 | 13.62 |
| 30 | SCF1-XS083 | 燕窝岛 | 永兴岛 | 140 | 152.9 | -12.9 | 8.45 | 9.56 |
| 31 | SCF1-XS095 | 华光礁 | 中建岛 | 35 | 38.5 | -3.5 | 9.09 | 13.84 |
| 32 | SCF1-XS072 | 金银岛 | 中建岛 | 40 | 44.0 | -4.0 | 9.09 | 13.26 |
| 33 | SCF1-XS040 | 浪花礁 | 玉琢礁 | 30 | 33.3 | -3.3 | 9.96 | 12.78 |
| 34 | SCF1-XS061 | 玉琢礁 | 浪花礁 | 30 | 33.3 | -3.3 | 9.96 | 12.78 |
| 35 | SCF1-XS064 | 华光礁 | 盘石屿 | 10 | 11.1 | -1.1 | 10.07 | 9.82 |
| 36 | SCF1-XS046 | 东岛 | 玉琢礁 | 40 | 45.2 | -5.2 | 11.50 | 12.01 |
| 37 | SCF1-XS066 | 金银岛 | 华光礁 | 15 | 17.3 | -2.3 | 13.09 | 14.39 |
| 38 | SCF1-XS062 | 晋卿岛 | 玉琢礁 | 15 | 17.3 | -2.3 | 13.39 | 12.17 |
| 39 | SCF1-XS099 | 盘石屿 | 华光礁 | 13 | 11.1 | 1.9 | 14.46 | 9.82 |
| 40 | SCF1-XS067 | 浪花礁 | 华光礁 | 40 | 48.6 | -8.6 | 17.73 | 15.60 |
| 41 | SCF1-XS073 | 华光礁 | 中建岛 | 30 | 38.5 | -8.5 | 22.08 | 13.84 |
| 42 | SCF1-XS074 | 华光礁 | 盘石屿 | 15 | 11.1 | 3.9 | 25.87 | 9.82 |
| 43 | SCF1-XS060 | 玉琢礁 | 华光礁 | 10 | 20.6 | -10.6 | 51.53 | 17.81 |
| 平均值 | | | | | | | 7.38 | 12.11 |

# 4 更路簿之“更”义再诠释

可以看出，一方面，有众多学者都认为更路簿之更数主要表里程，可以理解为计程单位，并有“一更”合10海里、12.5海里、40里、60里、100里等多种说法；另一方面，有8册更路簿中大量更路的起、讫点之间的里程数与更数比值约为“12.0”，考虑到实际行程距离会稍大于理论计算距离，这些更路簿的“一更”合12.5海里更符合实际情况。苏承芬修正本43条更路的记载里程数与计算里程数误差非常小，而且这些更路在其他更路簿中对应的每更约合里程数平均值为“12.11海里”，也与“12.5海里”非常接近。综合以上各方面情况，本文研究的8册更路簿中，“一更”约合12.5海里的说法似乎更具说服力。当然，这并不是说更路簿传承者或老船长们“每更合10海里”之说错了，而只是说明“每更合12.5海里”更为精确，这也为广大学者的后续研究提供了更准确的测算依据。

“更”原本是一个计时单位，但在航海实践中可以根据船的航速折算成距离，即航程=航时×航速。计时表达距离的用法在日常生活中也是很常用的。如“从某地到某地有多远?”常有人回答“约3小时车程”，就是用时间近似地表达距离，这里面其实隐含了车速这个数值。

对于每条更路的更数，首先可以理解为：两点之间的航程=更数×12.5海里/更。如果以古代航海中的计时单位“更”为现代2.5小时计，则也可以理解为以每2.5小时（一更）行驶12.5海里的航速，大约需要“更数×2.5小时”的时间，才能抵达目的地。

同时，根据杨生民对中国“里”的长度演变考证[①]，笔者认为，前面提到的“一更合六十里”“海行之法，六十里为一更”的说法在明代也是合理的。因为按杨的考证，1旧里（明制）=0.416公里，则60旧里（明制）=13.47海里，与12.5海里相差（约7.8%）不大，即明代“六十里”、清代“四十里”与现代“12.5海里”差异均不明显，并且考虑到海上行程受昼夜、风向、风速、洋流等因素影响，及“风帆船依靠风力推动，有时需要走‘之’字形路线”[②] 等原因，这样的误差仍在合理范围之内。

---

① 杨生民：《中国里的长度演变考》，《中国经济史研究》2005年第1期，第143页。
② 何国卫：《别具特色的中国船帆》，《中国船检》2018年第1期，第100－103页。

# 南海更路簿针位航向极度存疑“更路”辨析[①]

李文化　陈　虹　夏代云　吉家凡　陈讨海

近年来，各级各类机构对海南渔民更路簿的研究形成了一股热潮，目的就是全方位地挖掘更路簿的文化内涵与史料价值，特别是希望做实更路簿南海维权的证据价值。

国际上对证据的采信是有严格要求的。英美证据法规定了哪些证据具有可采性，只有那些具备可采性的证据，才可以在法庭上呈现。至于证据是否具有证明价值或具有多大的证据价值，那属于裁判者自由判断的事项，裁判者只要根据他的经验、一般知识就可以作出裁判，如果认为证人提供了错误的证言，陪审团可以自行将该证据排除于裁判根据之外。[②] 大陆法中证据的证明力又称为“证据价值”或“证据效力”，是指一项证据经过法庭调查程序之后，依据何种标准来评判其证据价值或者采信其证据效力的问题。按照大陆法中的“自由心证”或者“自由判断证明力”原则，证据的证明力大小、强弱要由裁判者根据自己的理性（逻辑）、经验和良心进行自由判断，法律不做任何限制性的规定。按照公认的观点，这是对中世纪欧洲大陆实行的“形式证据制度”或“法定证据制度”的取代，将法官从那些非理性的证明力规则重压之下解放出来。[③]

因此，作为证据资料，首先要经得起理性（逻辑）自证，特别是能经得起自然科学方法的论证。如果自己不进行严密的科学论证，在国际法庭上提交的证据漏洞百出、自相矛盾，不仅会不堪一击，甚至可能被对方利用。在现实生活中，充分利用对方提供的证据为本方辩护的成功案例非常多，而利用经验与常识就能让“证言”方无话可说的案例就更多了。例如，某人为证实自己不在场，提供了 24 小时内“坐火车从北京到海南再回到北京”的“证

---

① 本文原题为《南海〈更路簿〉针位航向极度存疑“更路”辨析》，发表于《海南大学学报》（人文社会科学版）2019 年第 2 期。

② 陈瑞华：《关于证据法基本概念的一些思考》，《中国刑事法杂志》2013 年第 3 期，第 57－68 页。

③ ［法］贝尔纳·布洛克：《法国刑事诉讼法》，中国政法大学出版社，2008，第 79 页。

据”，但在当前的火车运行速度之下，显然是不可能的。如果我们将更路簿作为南海维权的重要史料来使用，是否存在类似不能自圆其说的逻辑问题呢？目前来看，相关更路簿文献是存在这种问题的。

## 1 更路簿数字化基本情况

南海更路簿的大多数“更路”均含有起点、讫点、更数和针位四大要素。这四大要素都可以被量化，其中起、讫点用地球经纬度量化，根据经纬度可以计算岛礁之间的距离，针位可以用角度量化，更数本身就是数值化的量。借助地理学、航海学有关知识和相关技术，结合更路簿有关文献，笔者用更路数字化方法①完成了周伟民、唐玲玲教授的著作《南海天书——海南渔民“更路簿”文化诠释》（以下简称《南海天书》）② 中苏德柳本、苏承芬祖传本、苏承芬修正本等21册更路簿3000余条更路的数字化，对每条更路进行了编号，借助计算机技术，绘制完成472条航路（不区分正反向，只要起点与讫点相同的更路均视为同一条航路）的更路图、1069条航线（起点与讫点相同，且针位航向也相同的更路均被视为同一条航线）的更路图（图1），全部更路涉及近170个岛礁（港口）。③

通过对21册更路簿的统计分析，笔者发现南海更路簿中起、讫点基本明确并有更数记载的更路有3033条，理论更路针位角度与理论最短航程航向角度平均偏差12.12°，最短航程平均每更约合12海里，但由于船舶在实际航行过程中不可能完全以直线行驶，故提出“每更约合12.5海里”的观点。④

《南海天书》对绝大部分更路的解读是符合更路簿整体情况的，但仍有部分解读与常理不符，甚至有少量解读完全不能令人信服。其中，最有代表性的是《南海天书》对苏承芬修正本中的“白峙仔至大圈尾，用乾巽辰戌平对，135海里”的诠释⑤，其与笔者推导的南海岛礁最短航程公式的计算结果（约

---

① 李文化、陈虹、陈讨海等：《“更路”数字化及其应用》，《电脑知识与技术》2016年第12卷第30期，第235－237页。

② 周伟民、唐玲玲：《南海天书——海南渔民“更路簿”文化诠释》，昆仑出版社，2015，第8页。

③ 李文化：《南海“更路簿”数字化诠释》，海南出版社，2019，第66页。

④ 李文化、夏代云、陈虹等：《基于数字“更路”的“更”义诠释》，《南海学刊》2018年第1期，第20－27页。

⑤ 周伟民、唐玲玲：《南海天书——海南渔民“更路簿”文化诠释》，昆仑出版社，2015，第326页。

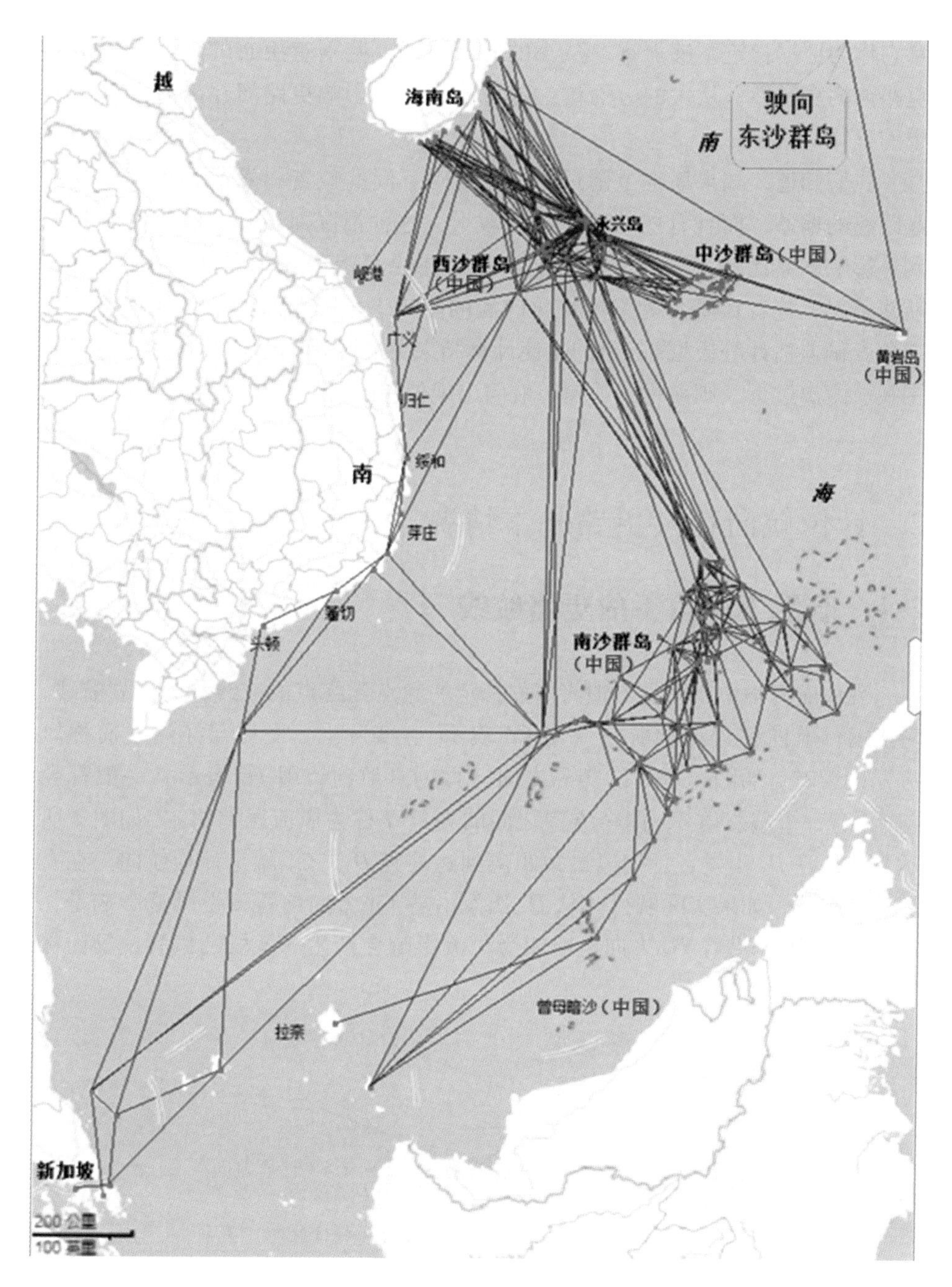


图 1　1069 条航线（摘自《南海“更路簿”数字化诠释》）

为 11.12 ± 6.9 海里）严重不符。后查找更路簿原稿，发现实际记载距离为“13 海里”，与理论计算值完全吻合。出现这种解读不符常理的情况，如果再拿它作为证据肯定不够严谨。从小的方面讲，一些别有用心的人会质疑相关更路簿的真实性；从大的方面讲，这可能会严重影响更路簿在南海主权维护中的整体价值。

我们知道，如果岛礁范围过大，在岛礁不同的位置出发或到达就可能引起距离的偏差，而且有些偏差还会比较大，这种情况对航程、航速及航向的测算影响就会比较大。为了尽可能真实地还原海南渔民更路簿的南海航路、航线情况，笔者在研究更路簿文化内涵的基础上，提出航速估计纠正值、航向角度偏差估计等模型①，目的是使计算结果更加客观、更有说服力。岛礁范围大、距离过近，则航程、航速、航向出现偏差的可能性就越大。

# 2　针位航向存疑更路基本情况

## 2.1　航海学视角下的更路航线

现代航海学中，海员习惯将事先拟定的起点到终点的航线称为计划航线，对应前行航向称为计划航向（用 $CA$ 表示）。实际上，受风与洋流（简称风流）的影响，船舶航行时的实际方向（称为真航向，用 $TC$ 表示）一般都会与 $CA$ 有一个偏差角 $\alpha$，两个方向之间的夹角 $\alpha$ 称为风流压差角。② 如图 2 所示，从岛礁 $D_1$ 出发，计划以最短距离到达岛礁 $D_2$，$CA$ 就是计划航向。在有风流情况下，如果实际航行时从 $D_1$ 出发沿着 $CA$ 方向前行，受风流影响是无法到达 $D_2$ 的；沿着 $TC$ 方向，船舶受风流影响会产生 $MN$ 段的偏移，反而被“纠正”到 $CA$ 线上。

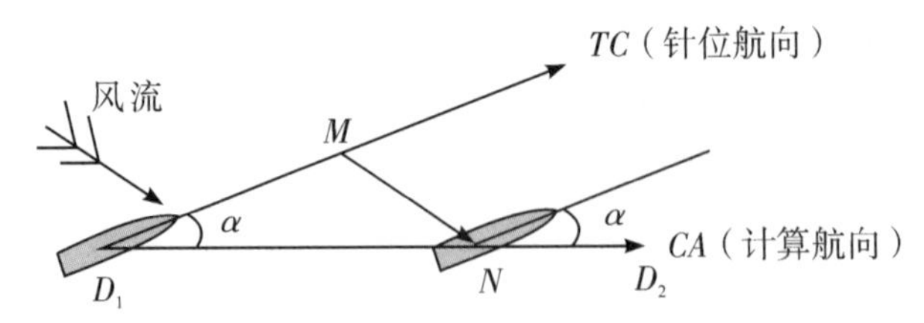


图 2　计划航向（计算航向）与真航向（针位航向）关系

风帆时代，渔船航行的动力主要为风力，普遍认为洋流流速一般不超过

① 李文化：《南海“更路簿”数字化诠释》，海南出版社，2019，第 42－47 页。

② 王志明、陈利雄、白响恩：《航海导论》，上海交通大学出版社，2018，第 132－134 页。

2.8 公里/小时[①]，特别是南海海域，流速一般在 0.2～0.4 m/s 即 0.39～0.78 海里/小时[②]。显然，当风流压差角 $\alpha$ 过大时，风对船舶的主要作用力为漂移力而不是前进力，此时风向不利于船舶出行。

在更路簿记载的更路中，海南渔民基于对风、流等航海气象和水文要素的了解，预先将风流压差形成的影响（偏移量）修正到航向中并记录下来，这就是更路中的针位航向，相当于真航向，即船头的实际指向，船舶只要依此航行就能最终到达所计划的目的地。[③] 而依据起、讫点经纬度推算的“最短距离”航线所对应的航向称为计算航向，其与真北向的夹角称为计算航向角。如图 2 所示，更路中的针位航向就是真航向 $TC$，而计算航向就是计划航向 $CA$。

## 2.2　圆弧切线模型法

如图 3 所示，设圆 $O$ 上有两点 $A$、$B$，由平面几何知识可知，圆 $O$ 在点 $A$ 处的切线与圆弧$\overset{\frown}{AB}$相切，即圆 $O$ 在 $A$ 点的切线与圆弧$\overset{\frown}{AB}$是“重合”的。如果将 $A$ 处的切线看成是渔船从 $A$ 处到 $B$ 处的起始航向，弦$\overline{AB}$看成是从 $A$ 处到 $B$ 处的最短距离航线，则圆弧$\overset{\frown}{AB}$可以最大程度反映出带针位的更路航线实情：两者的起点、起点航向、终点完全一致；起点切线与弦$\overline{AB}$之间的夹角 $\alpha$（弧度 = 角度 × π/180）和海船在 $A$ 点出发时的针位角与理论最短航向角之间的差值一致。不妨称这种能体现针位航向的航线绘制方法为“圆弧切线模型法”，它并不代表渔船实际的航行路线，而是一种能最大程度展现更路实况的航线绘制方法。

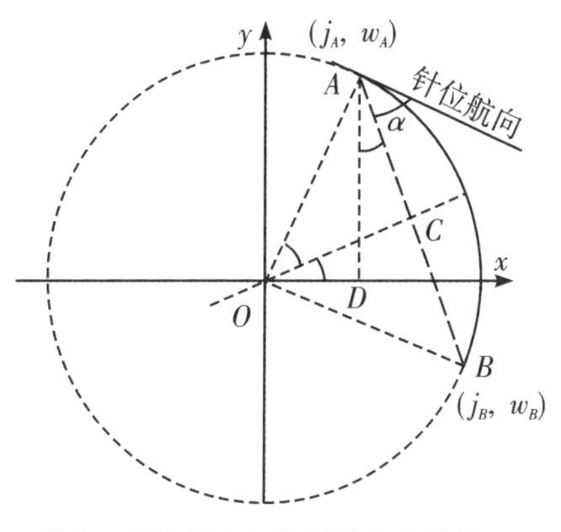

图 3　针位航向与计划航向示意图

---

① 《中国大百科全书》总编辑委员会：《中国大百科全书》，中国大百科全书出版社，2009。

② 甘子钧、蔡树群：《南海罗斯贝变形半径的地理及季节变化》，《热带海洋学报》，2001 年第 1 期，第 1－8 页。

③ 苏作靖、孙光圻：《更：基于航海学的中国古代海上行程单位新考》，见第四届南海更路簿与海洋文化学术研讨会《更路簿论文集》（阎根齐主编），2018，第 49 页。（内部印发）

表 1　圆弧切线模型下角度偏差引起航程偏差

| 针位与计算角偏差（°） | 对应弧长与弦长相差比 | | 针位与计算角偏差（°） | 针位弧长与航线弦长相差比 | |
|---|---|---|---|---|---|
| | 差值/弧长（%） | 差值/弦长（%） | | 差值/弧长（%） | 差值/弦长（%） |
| 1 | 0.01 | 0.01 | 40 | 7.93 | 8.61 |
| 4 | 0.08 | 0.08 | 45 | 9.97 | 11.07 |
| 10 | 0.51 | 0.51 | 50 | 12.22 | 13.92 |
| 12.12 | 0.74 | 0.75 | 60 | 17.30 | 20.92 |
| 15 | 1.14 | 1.15 | 65 | 20.11 | 25.17 |
| 20 | 2.02 | 2.06 | 70 | 23.09 | 30.01 |
| 30 | 4.51 | 4.72 | 80 | 29.47 | 41.78 |

我们知道，圆心角对应的弦长与弧长的比值是（$\sin\alpha$）/$\alpha$，表 1 列出了不同角弧长与弦长的比值情况。可以看出，20°以下的角度偏差引起的航程偏差比较小，基本在 2% 以下；45°的偏差引起的航程偏差在 10% 左右，海南渔民在没有掌握现代航海技术的情况下，更路簿记录的航程偏差在这个范围内是可以接受的；而大于 70°的偏差引起的较大航程偏差（平均达 25% 以上），属于极显著差异。

## 2.3　针位航向存疑更路

21 册更路簿的 3000 余条更路，最短航程的计划航向角与记载针位平均偏差为 12.12°，对应圆的弧长与弦长偏差不到 1%（表 1），算是非常小的误差了。苏承芬修正本记载了航行角度，同时有明确起、讫点位置的更路共有 90 条，这些更路最短航程对应的航向角度（计划航向）与记载航行角度（真航向）平均相差 3.9°，角度偏差非常小，即风流压差角极小，说明风流对渔船的航向影响比较小。按“圆弧切线模型法”测算，这样的角度误差对应的圆弧航程与直线航程误差在 0.08% 左右（即表 1 首列所示 4°对应的误差），与 21 册更路簿计算航向角与针位航向角整体平均偏差“12.12°”相比，这个偏差非常小，说明苏承芬修正本记载的更路数据更加精确。因此，在苏承芬修正本中，如果记载航向角与理论最短航程航向角偏差超过 12.12°就是“异常”的更路，这样的更路共有 3 条（表 2）。从表 2 可以看出，SCF1－XS029、

表 2　苏承芬修正本记载角度与计算航向角度偏差超过 12.12°的更路

| 更路编号 | 更路条目 | 起点俗称 | 讫点俗称 | 主针位 | 记载距离（海里） | 记载角度（°） | 起点标准名 | 讫点标准名 | 平均里程（海里） | 最大误差里程（海里） | 计算航向（°） | 针位航向（°） | 计算航向与针位差（°） | 记载角与计算航向偏差（°） | 针位与记载角偏差（°） | 岛礁过大可能引起角度偏差（°） |
|---|---|---|---|---|---|---|---|---|---|---|---|---|---|---|---|---|
| SCF1－XS029 | 二圈头往三圈，用东南，103 度。 | 二圈 | 三圈 | 巽乾 | — | 103 | 玉琢礁 | 浪花礁 | 33.32 | 8.0 | 121.7 | 315 | 13.3 | 18.7 | 32.0 | 6～16 |
| SCF1－XS136 | 羚羊礁至大圈头，用 137 度对，反向 317 度对。 | 羚羊礁 | 大圈头 | — | — | 137 | 羚羊礁 | 华光礁 | 16.26 | 4.6 | 157.4 | — | — | 20.4 | — | 14～26 |
| SCF1－XS054 | 东岛往浪花礁，用丁未平对，108 度，38 里。 | 东岛 | 浪花礁 | 丁未 | 38 | 108 | 东岛 | 浪花礁 | 39.07 | 2.4 | 198.6 | 202.5 | 3.9 | 90.6 | 94.5 | 3～7 |

SCF1－XS136① 这两条更路的记载角度与理论最短距离航向角的偏差相对较大（分别为 18.7°和 20.4°），这可能与岛礁范围过大（玉琢礁 111°57′～112°06′，16°19′～16°22′；浪花礁 112°26′～112°36′，16°01′～16°05′；华光礁 111°34′～111°49′，16°09′～16°17′）、起讫点距离过近（分别只有 33.32 海里和 16.26 海里）有关，引起的角度偏差最大可达到 16°和 26°，属正常情况。而 SCF1－XS054 更路在《南海天书》著述的记载角度为“108°”②，这个角度与该更路的针位“丁未”对应角度 202.5°相差 94.5°，与理论最短航程对应航向角度 198.6°相差 90.6°，极度异常。查看苏承芬更路簿修正本原稿（图 4），发现有关此更路的记载航向数值涂改严重，确实难以准确辨认。如果将此处与最左边更路的“89 浬”的数值“9”比对，并结合计算航向角 198.6°，则该处为“198 度”的可能性更大。

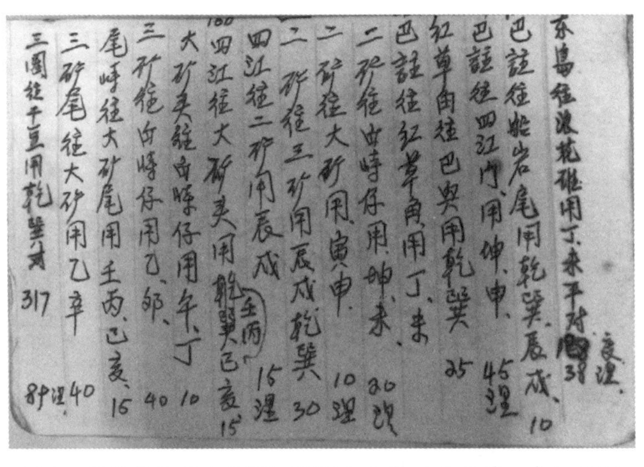

图 4　苏承芬修正本 SCF1－XS054 更路（右边第一条）原稿

如果针位航向与计算航向差值（风流压差角）大于 80°，扣除因岛礁较大引起的可能偏差之后依然大于 70°的更路，几乎算是逆风行驶，实际航程可能比岛礁之间的直线航程要多出 25% 以上的距离（参照表 1 中 70°～80°对应针位弧长与航线弦长相差比），与实际情况相差极大，故归为针位极度异常更路。据统计，《南海天书》所著录 21 册更路簿记载的有针位的更路共 2990 余条，其中针位极度异常的更路有 8 条（表 3）。

---

① 苏承芬修正本（代码为 SCF1）西沙的两条更路编号，由“簿册编码－区域代码＋更路序号”组成。

② 周伟民、唐玲玲：《南海天书——海南渔民“更路簿”文化诠释》，昆仑出版社，2015，第 320 页。

**表3　记载针位与计算航向角度极度异常的“存疑更路”汇总**

| 更路编号 | 更路条目 | 主针位 | 起点标准名 | 讫点标准名 | 速偏修正比(%) | 计算航向(°) | 针位航向(°) | 航向误差(°) | 航向估偏(°) | 校正偏差(°) |
|---|---|---|---|---|---|---|---|---|---|---|
| XHF-NS139 | 奈罗角乾巽对二更七 | 乾巽 | 中业岛 | 永登暗沙 | — | 42.2 | 135 | 92.8 | 6.5 | 86.3 |
| MQZ-XS005 | 自猫注去大圈用乾巽四更 | 乾巽 | 永兴岛 | 华光礁 | — | 224.9 | 135 | 89.9 | 7.9 | 82.0 |
| FZM-NS057<br>CZM-NS057 | 自银锅去秤钩线用向辰戌一更收上用乙辛卯酉 | 辰戌 | 安达礁 | 华礁 | 143.8 | 216.3 | 300 | 83.7 | 0 | 83.7 |
| SCF1-XS125 | 大州至双帆石用艮坤寅申对 | 艮坤寅申 | 燕窝岛 | 高尖石 | — | 135.9 | 52.5 | 83.2 | 0 | 83.2 |
| CYQ-NS065 | 自双门上红草用寅字四更 | 寅 | 美济礁 | 西月岛 | 42.1 | 337.1 | 60 | 82.9 | 1.9 | 81.1 |
| WST-NS054 | 自银锅去五风用子午二更正南 | 子午 | 安达礁 | 五方礁 | 107.1 | 82.2 | 180 | 97.8 | 2.7 | 95.1 |
| LGS-NS042 | 自六门去铜铳用子午壬丙四更 | 子午壬丙 | 六门礁 | 东礁 | 38.6 | 270.7 | 352.5 | 81.8 | 3.2 | 78.6 |

“更路编号”栏对应更路簿簿册编码XHF—许洪福、MQZ—蒙全洲、FZM—冯泽明、CZM—陈泽明、CYQ—陈永芹、WST—王诗桃、LGS—李根深。

# 3　记载针位航向极度异常更路释疑与辨析

## 3.1　XHF-NS139“奈罗角乾巽对二更七”更路释疑

此更路只出现了一个岛礁名，与相关文献核实无误①，暂没有找到更路簿原稿，《南海天书》注释“疑为航海时积累的素材”②，如果根据上条更路

① 广东省地名委员会编《南海诸岛地名资料汇编》，广东省地图出版社，1987，第97页。

② 周伟民、唐玲玲：《南海天书——海南渔民“更路簿”文化诠释》，昆仑出版社，2015，第428页。

XHF－NS138“铁峙与双王子午对”，理解为“铁峙与奈罗角乾巽对二更七”，其计算航向与针位记载航向相差 86.3°，极为异常；如果理解为“双王与奈罗角对乾巽对二更七”，则计算航向与针位记载航向相差 109.6°，航速达到 18.25 海里/更，更加异常。

21 册更路簿所载更路之间的关联性比较强，同一航路一般会在多个更路簿中重复出现，经筛查，与奈罗角（永登暗沙）有关且更数为 2.7 左右的更路有 MXX－NS069、LGS－NS069、LHL－NS065、FZM－NS061、CZM－NS060、XHF－NS158 等 6 条，全部为“奈罗角去红草峙用乾巽辰戌三更收，回壬丙巳亥”，此航路的计算航速为 10.05 海里/更，计算航向为 136.9°，针位航向为 127.5°，针位航向与计算航向误差为 9.4°，因岛礁范围过大引起的角度偏差约为 5.5°～7.6°，航速与航向角度均正常。故建议将 XHF－NS139“奈罗角乾巽对二更七”诠释为“奈罗角与红草峙乾巽对二更七”。

## 3.2 FZM－NS057/CZM－NS057 更路“秤钩线”释疑

21 册更路簿中仅有此两条更路航路是“银锅（安达礁）”至“秤钩线（华礁）”（图 5），针位航向与计算航向偏差达到 83.7°，极度异常，计算航速为 39.46 海里/更，是参照航速“12.0 海里/更”的 3 倍以上，纠正偏差依然达到 143.8%，亦极度异常。

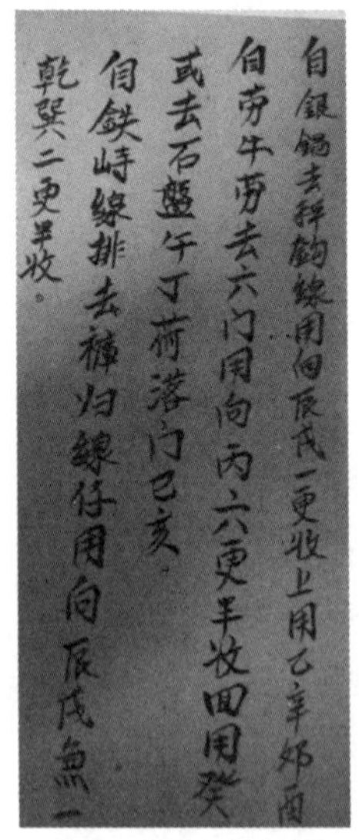
自銀鍋去秤鈎線用向辰戌一更收上用乙辛卯酉
自旁牛旁去六门用向丙六更半收回用癸
武去石盤午丁荷落门巳亥。
自鉄峙線排去棒归線仔用向辰戌魚一
乾巽二更半收。

图 5　CZM－NS057 更路原稿

将陈泽明“自东海过北海更路”的 102 条更路与林鸿锦本相应更路比对，发现除 CZM－NS057“自银锅去秤钩线，用向辰戌，一更收；上用乙辛卯酉”与 LHJ－NS057“自银并去高杯线用向辰戌一更收上用乙辛卯酉”讫点不同外，陈泽明本其余更路几乎与林鸿锦本更路一一对应（顺序、起点、讫点完全相同，更数与针位基本相同）。另发现卢鸿兰本、麦兴铣本等更路簿中与 LHJ－NS057 同航路更路的前后更路和 CZM－NS057 更路的前后更路属于同一航路。选取部分更路列于表 4。

表4　FZM-NS057/CZM-NS057 更路与 LHJ、LHL、MXX 更路簿相关更路对照

| 冯泽明更路簿 | | 陈泽明更路簿 | | 林鸿锦更路簿（对照） | | 卢鸿兰更路簿（对照） | | 麦兴铣更路簿（对照） | |
|---|---|---|---|---|---|---|---|---|---|
| FZM-NS056 | 自第三峙去银并，用向乾巽辰戌，二更收。 | CZM-NS056 | 自第三峙去银并，用向乾巽辰戌，二更收。 | LHJ-NS056 | 自第三岛去银并用向乾巽辰戌二更收 | LHL-NS059 | 自第三峙往银饼用向乾巽辰戌，二更收。 | MXX-NS063 | 自第三峙去银饼沙，用乾巽辰戌二用半。回用巳亥壬丙。 |
| FZM-NS057 | 自银锅去秤钩线，用向辰戌，一更收；上用乙辛卯酉。 | CZM-NS057 | 自银锅去秤钩线，用向辰戌，一更收；上用乙辛卯酉。 | LHJ-NS057 | 自银并去高杯线用向辰戌一更收上用乙辛卯酉 | LHL-NS060 | 自银饼往高不线用向辰戌，一更收。上用乙辛卯酉。 | MXX-NS064 | 自银饼下高环沙仔，用辰戌，上用乙辛卯酉。 |
| FZM-NS058 | 自劳牛劳去六门，用向丙，六更半收；回用癸丁；或去石盘，午丁；荷落门巳亥。 | CZM-NS058 | 自劳牛劳去六门，用向丙，六更半收，回用癸丁，或去石盘，午丁；荷落门，巳亥。 | LHJ-NS058 | 自劳牛劳去六门用向丙六更半收回用癸丁或去石盘午丁符扐门巳亥 | LHL-NS061 | 自劳牛劳往六门用向丙，六更半收。回用癸丁。 | MXX-NS065 | 自劳牛劳去六门，用壬丙巳亥六更半收，回用癸丁，或去石盘用子午癸丁，荷落门用巳亥 |

而对应的 LHJ-NS057 更路为“银锅（安达礁）”到“高杯线（舶兰礁）”，平均航速 7.97 海里，考虑更数较小（说明起、讫点较近）可能引起的偏差，属于正常情况，针位航向与计算航向偏差 0.2°，重合度非常高（表5）。据此，高度怀疑 FZM-NS057/CZM-NS057 更路是“银锅（安达礁）”到“高杯线（舶兰礁）”更路的传抄笔误。

表 5　CZM-NS057 更路与 LHJ-NS057 更路①对比分析

| 更路编号 | 更路条目 | 起点俗称 | 讫点俗称 | 更数 | 起点标准名 | 起点经度(°) | 起点纬度(°) | 讫点标准名 | 讫点经度(°) | 讫点纬度(°) | 平均里程(海里) | 平均航速(海里/更) | 航速偏差(%) | 计算航向(°) | 针位航向(°) | 针位航向差(°) |
|---|---|---|---|---|---|---|---|---|---|---|---|---|---|---|---|---|
| CZM-NS057 | 自银锅去秤钩线用向辰戌一更收上用乙辛卯酉 | 银锅 | 秤钩线 | 1 | 安达礁 | 114.70 | 10.35 | 华礁 | 114.27 | 9.85 | 39.46 | 39.46 | 134.9 | 220.5 | 300 | 79.5 |
| LHJ-NS057 | 自银饼往高杯线用向辰戌一更收上用乙辛卯酉 | 银锅 | 高杯线 | 1 | 安达礁 | 114.70 | 10.35 | 舶兰礁 | 114.58 | 10.42 | 7.97 | 7.97 | — | 300.2 | 300 | 0.2 |

## 3.3　MQZ-XS005 更路"用乾巽"针位释疑

21 册更路簿表述"猫注（永兴岛）"到"大圈（华光礁）"的更路共有 8 条（表6），除 MQZ-XS005 更路②外，其余 7 条更路航向偏差均小于平均航向偏差 12.12°，计算航速与对照航速 12 海里/更也非常接近，均属正常。而 MQZ-XS005 更路除针位与其他更路有明显差异外，其余均相同或接近。为此，笔者选取起点为"永兴岛"或讫点为"华光礁"且更数为 4 或针位为"乾巽"的任意两个条件组合查询，均找不到相近更路。

表 6　21 册更路簿中与"永兴岛"到"华光礁"有关更路一览

| 更路编号 | 更路条目 | 起点俗称 | 讫点俗称 | 针位（角度）(°) | 起点标准名 | 讫点标准名 | 计算距离（海里） | 计算航速（海里/更） | 计算航向(°) | 针位航向(°) | 航向偏差(°) |
|---|---|---|---|---|---|---|---|---|---|---|---|
| SCF1-XS128 | 永兴至大圈 226 度对反向 46 度对 | 永兴 | 大圈 | 226 | 永兴岛 | 华光礁 | 52.3 | — | 224.9 | 226 | 1.1 |
| SCF1-XS142 | 永兴至大圈头用 222 度对反向用 59 度 | 永兴 | 大圈 | 222 |  |  |  | — |  | 222 | 2.9 |

① 广东省地名委员会编《南海诸岛地名资料汇编》，广东省地图出版社，1987，第 105 页。

② 广东省地名委员会编《南海诸岛地名资料汇编》，广东省地图出版社，1987，第 122 页。

续表 6

<table>
<tr><th>更路编号</th><th>更路条目</th><th>起点俗称</th><th>讫点俗称</th><th>针位（角度）（°）</th><th>起点标准名</th><th>讫点标准名</th><th>计算距离（海里）</th><th>计算航速（海里/更）</th><th>计算航向（°）</th><th>针位航向（°）</th><th>航向偏差（°）</th></tr>
<tr><td>SCF1-XS143</td><td>永兴至大圈北边用227 度对反向 47 度</td><td>永兴</td><td>大圈</td><td>227</td><td rowspan="6">永兴岛</td><td rowspan="6">华光礁</td><td rowspan="6">52. 3</td><td>—</td><td rowspan="6">224. 9</td><td>227</td><td>2. 1</td></tr>
<tr><td>MQZ-XS005</td><td>自猫注去大圈用乾巽四更</td><td>猫注</td><td>大圈</td><td>乾巽</td><td>13. 1</td><td>135</td><td>89. 9</td></tr>
<tr><td>SCF1-XS015</td><td>猫注至大圈头用艮坤丑未对</td><td>猫注</td><td>大圈</td><td>坤未</td><td>—</td><td>217. 5</td><td>7. 4</td></tr>
<tr><td>SCF1-XS052</td><td>巴注往大矿用坤未 50</td><td>巴注</td><td>大矿</td><td>坤未</td><td>—</td><td>217. 5</td><td>7. 4</td></tr>
<tr><td>LKM-XS008</td><td>猫注与大圈坤未四更相对</td><td>猫注</td><td>大圈</td><td>坤未</td><td>13. 1</td><td>217. 5</td><td>7. 4</td></tr>
<tr><td>WST-XS005</td><td>猫注去大圈用艮坤四更半收</td><td>猫注</td><td>大圈</td><td>艮坤</td><td>11. 6</td><td>225</td><td>0. 1</td></tr>
</table>

故疑 MQZ-XS005 更路的记载针位“乾巽”为传抄错误，为“坤未”或邻近针位则较为合理。

## 3.4 SCF1-XS125 更路中“双帆石”释疑

《南海天书》将此更路“大州至双帆石”的“双帆石”诠释为“高尖石：北纬 16°35′，东经 112°38′；Diangpan”[①]，则计算航向与针位航向偏差达到 83. 2°，极度异常，计算距离为 175. 7 海里。而如果将其理解为“双帆石，行政隶属陵水县，地理坐标为北纬 18°26′6″，东经 110°8′24″，在香水湾和黎安港视野内均可远眺。双帆石是两块相距百米左右的巨大礁石”[②]，则计算航向与针位航向偏差仅有 1. 4°，计算距离为 25. 26 海里（表 7）。另外，此更路条目前后多是描述与海南岛近海有关的航路，更路距离（记载或计算）均较近（不超过 51 海里），这也与将此更路中“双帆石”解释为陵水附近岛礁相

① 周伟民、唐玲玲：《南海天书——海南渔民“更路簿”文化诠释》，昆仑出版社，2015，第 330 页。

② 《陵水——双帆石》，凤凰网海南，http://hainan.ifeng.com/zt/chufaquhainan/chufaquhainan/detail_2014_08/20/2798 230_0.shtml。

吻合。

而苏承芬修正本另外几条与“双帆”有关的更路如 XS037“双帆至大郎，用丑未兼一线癸丁对”、XS121“双帆仔圈至三圈礁，用坤申对，9 里”、XS038“双帆至八仙卓礁，用午丙对，13 里”及 XS035“猫注至双帆，用乾巽加”中的“双帆”或“双帆仔”在《南海天书》中被释义为“高尖石”，发现计算航向与计算距离均比较正常。也许正是此因，此簿中的“双帆”与“双帆石”是指不同岛礁。故认为《南海天书》对 SCF1－XS125 更路的“双帆石”解释有误，更正为陵水县域内的“双帆石”为妥。

表 7　SCF1－XS125 更路“双帆石”对应标准岛礁名称对照

| 更路编号 | 更路条目 | 起点俗称 | 讫点俗称 | 主针位 | 起点标准名 | 起点经度（°） | 起点纬度（°） | 讫点标准名 | 讫点经度（°） | 讫点纬度（°） | 平均里程（海里） | 计算航向（°） | 针位航向（°） | 针位航向差（°） |
|---|---|---|---|---|---|---|---|---|---|---|---|---|---|---|
| SCF1－XS125 | 大州至双帆石用艮坤寅申对 | 大州 | 双帆石 | 艮坤寅申 | 燕窝岛 | 110.49 | 18.68 | 高尖石 | 112.63 | 16.58 | 175.7 | 135.7 | 52.5 | 83.2 |
| | | | | | | | | 双帆石 | 110.13 | 18.43 | 25.26 | 233.9 | 232.5 | 1.4 |

## 3.5　CYQ－NS065 更路中“双门”释疑

CYQ－NS065“自双门上红草用寅字四更”在《南海天书》中被诠释为“美济礁”至“西月岛”①，则计算航向与针位航向偏差 81.1°，几乎成直角，极为异常，计算航速为 19.28 海里/更，偏离参考航速 42.1%。

经查，21 册更路簿再无同航路更路。将蒙全洲与陈永芹更路簿作对比，发现陈永芹本此更路的前后 7 条更路与蒙全洲本的 MQZ－NS070“自双峙去红草用寅申四更”更路的前后 7 条更路基本一致，而 CYQ－NS065 与 MQZ－NS070 也仅为起点岛礁“双门”与“双峙”的区别（表 8）。

① 周伟民、唐玲玲：《南海天书——海南渔民“更路簿”文化诠释》，昆仑出版社，2015，第 469 页。

表8 陈永芹更路簿 CYQ－NS065① 前后部分更路与蒙全洲更路簿部分更路②对比

| 陈永芹更路簿相关更路 | | 蒙全洲更路簿相关更路 | |
|---|---|---|---|
| …… | | …… | |
| NS064 | 自丑未去第三峙仔用乙辰二更 | NS069 | 自丑未去第三峙仔用乙辛兼辰戌二更 |
| NS065 | 自双门上红草用寅字四更 | NS070 | 自双峙去红草用寅申四更 |
| NS066 | 自捞牛捞去西北角用乾戌二更 | NS071 | 自捞牛捞去西北角用乾巽兼辰戌二更 |
| …… | | …… | |

相比较而言，蒙全洲本的“自双峙去红草用寅申四更”更路指“双子群礁”至“西月岛”航路，计算航速 11.07 海里/更，比较正常，计算航向与针位航向偏差 53.6°，虽然仍较大，但达到了可以理解的范围（表9）。

表9 CYQ－NS065 与 MQZ－NS070 数字更路对比

| 更路编号 | 更路条目 | 主针位 | 起点标准名 | 讫点标准名 | 计算航速（海里/更） | 计算航向（°） | 针位航向（°） | 航向误差（°） | 航向估偏（°） | 校正偏差（°） |
|---|---|---|---|---|---|---|---|---|---|---|
| CYQ－NS065 | 自双门上红草用寅字四更 | 寅 | 美济礁 | 西月岛 | 19.28 | 337.1 | 60 | 82.9 | 1.8 | 81.1 |
| MQZ－NS070 | 自双峙去红草用寅申四更 | 寅申 | 双子群礁 | 西月岛 | 11.07 | 117.6 | 60 | 57.6 | 4.0 | 53.6 |

陈永芹抄本《西南沙更路簿》由厦门大学南洋研究所在 20 世纪七八十年代整理，并首次发表于《南海诸岛地名资料汇编》中。但由于暂找不到相关更路簿原稿及影印件，无从查实具体问题，CYQ－NS065 更路的“双门”疑为“双峙”的传抄笔误，有待进一步证实。

## 3.6 WST－NS054 更路“五风”辨析

王诗桃本 WST－NS054 更路在《南海天书》中被著为“自银锅去五风用

① 广东省地名委员会编《南海诸岛地名资料汇编》，广东省地图出版社，1987，第 101 页，第 122－123 页。

② 广东省地名委员会编《南海诸岛地名资料汇编》，广东省地图出版社，1987，第 122－123 页。

子午二更正南"[①]，并被诠释为"银饼（安达礁）"至"五风（五方礁）"。而"安达礁"至"五方礁"航路的计算航向为82.2°，针位航向为180°，偏差达到97.8°，即使考虑岛礁范围过大引起的偏差，校正后偏差依然达到95.1°，且计算航速达31.29海里/更，偏离参照航速过多，极为异常。

此航路在21册更路簿中未发现其他同航路更路。比较《南海天书》所著王诗桃本WST-NS001至WST-NS075与苏德柳本SDL-NS001至SDL-NS075全部75条更路，发现除了WST-NS054与SDL-NS054"自银饼去牛厄，用癸丁，二更收对西南"[②]有差异外，其余更路起点、讫点、更数、针位、方位基本上都相同。而SDL-NS054更路指"银饼（安达礁）"至"牛厄礁"，该航路的计算航向与针位航向偏差也仅为5.1°，校正偏差仅为0.2°，且平均航速为11.43海里/更，均属正常（表10）。

**表10　WST-NS054与SDL-NS054数字化更路对比**

| 更路编号 | 更路条目 | 主针位 | 起点标准名 | 讫点标准名 | 计算航速（海里/更） | 计算航向（°） | 针位航向（°） | 航向误差（°） | 航向估偏（°） | 校正偏差（°） |
|---|---|---|---|---|---|---|---|---|---|---|
| WST-NS054 | 自银锅去五风用子午二更正南 | 子午 | 安达礁 | 五方礁 | 19.28 | 82.2 | 180 | 97.8 | 2.7 | 95.1 |
| SDL-NS054 | 自银饼去牛厄用癸丁二更收对西南 | 癸丁 | 安达礁 | 牛厄礁 | 11.43 | 189.9 | 195 | 5.1 | 4.9 | 0.2 |

因王诗桃更路簿原本暂未找到，经查王诗桃家另一仿抄本手稿（图6中间更路），其字迹潦草，确实容易将此更路讫点误识为"午风"，进而被解释为"五风（五方礁）"。图6最右列WST-NS056更路的讫点与此更路的讫点非常接近，应该是同一个渔民俗称，但比NS054更路更容易辨认一些，《南海天书》将此更路的讫点诠释为"牛厄"；另外，同簿有几条与"五风"有关的更路（图7），均为"五"而不是"午"。由此，笔者认为，《南海天书》将WST-NS054更路的讫点"牛厄"诠释为"五风"是一种误释，这一观点后得到王诗桃本传承人王书保先生的确认，在此更正。

---

① 周伟民、唐玲玲：《南海天书——海南渔民"更路簿"文化诠释》，昆仑出版社，2015，第369页。

② 广东省地名委员会编《南海诸岛地名资料汇编》，广东省地图出版社，1987，第90页。

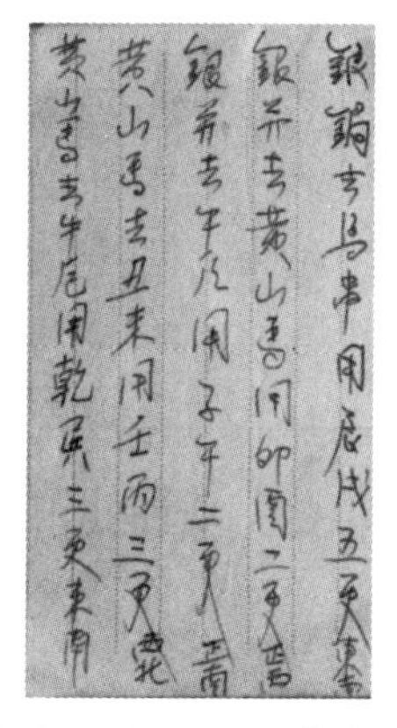

图6 WST-NS052～56 仿本更路

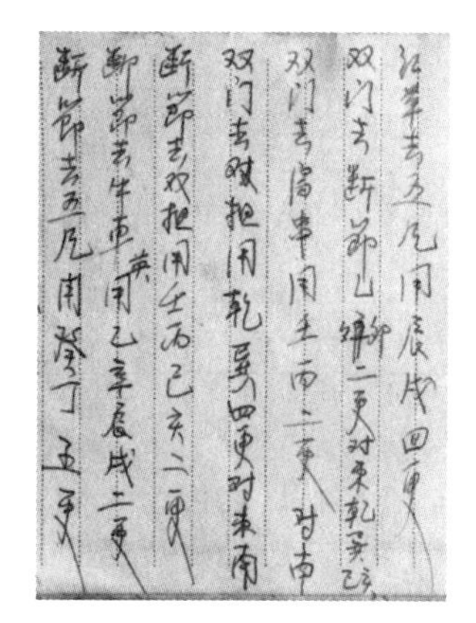

图7 WST-NS014～20 仿本更路

## 3.7 LGS-NS042 更路“铜铳”释疑

《南海天书》著录LGS-NS042更路指“六门（六门礁）”至“铜铳（东礁）”航路，计算航向与针位航向偏差78.6°，几乎成直角，极为异常，计算航速为20.15海里/更，偏离参考航速39%。经查，21册更路簿再无同航路更路，与该簿更路条目出处文献——《南海诸岛地名资料汇编》核对无误。①将李根深更路簿与麦兴铣更路簿对比，可以发现李根深本中此更路的前后10余条更路与麦兴铣本的MXX-NS041“自六门去铜钟，用子午壬丙四更”更路的前后10余条更路基本一致②，而LGS-NS042与MXX-NS041也仅为讫点岛礁“铜铳”与“铜钟”的区别（表11）。

表11　李根深更路簿与麦兴铣更路簿部分更路对比

| 李根深更路簿相关更路 | | 麦兴铣更路簿相关更路（对照） | |
|---|---|---|---|
| …… | | …… | |
| NS041 | 自六门去簸箕用巳亥四更半收回用子午 | NS040 | 自六门去簸箕，用巳亥四更半收，回用子午 |
| NS042 | 自六门去铜铳用子午壬丙四更 | NS041 | 自六门去铜钟，用子午壬丙四更。 |

① 广东省地名委员会编《南海诸岛地名资料汇编》，广东省地图出版社，1987，第120-122页。

② 广东省地名委员会编《南海诸岛地名资料汇编》，广东省地图出版社，1987，第114-120页。

续表 11

| 李根深更路簿相关更路 | | 麦兴铣更路簿相关更路（对照） | |
|---|---|---|---|
| NS043 | 自六门去海口沙用坤兼二线未三更 | NS042 | 自六门去海口沙，用单坤三更。 |
| …… | | …… | |

而麦兴铣的“自六门去铜钟，用子午壬丙四更”更路指“六门礁”至“南海礁”航路，计算航向与针位航向偏差仅为 3.0°，计算航速 12.53 海里/更，均正常（表 12）。

**表 12　LGS-NS042 与 MXX-NS041 数字化更路对比**

| 更路编号 | 更路条目 | 主针位 | 起点标准名 | 讫点标准名 | 计算航速（海里/更） | 计算航向（°） | 针位航向（°） | 航向误差（°） | 航向估偏（°） | 校正偏差（°） |
|---|---|---|---|---|---|---|---|---|---|---|
| LGS-NS042 | 自六门去铜铳用子午壬丙四更 | 子午壬丙 | 六门礁 | 东礁 | 20.15 | 270.7 | 352.5 | 81.8 | 3.2 | 78.6 |
| MXX-NS041 | 自六门去铜钟用子午壬丙四更 | | | 南海礁 | 12.53 | 183.4 | 172.5 | 10.9 | 7.9 | 3.0 |

基于以上分析，LGS-NS042更路的“铜铳”疑为“铜钟”传抄失误，或为整理人员抄写笔误所致。

## 4　结语

更路簿内容丰富，对其需要从不同学科、不同领域以及不同视角做立体化的解读。借助航海学、地理学、信息技术等学科知识，在更路数字化基础上进行定量分析，为部分“存疑更路”的多学科研究提供数理基础，不仅有利于进一步确认部分渔民俗称与标准岛屿名称的对应关系，而且为更路簿的多视角研究提供创新思路，开辟更路簿研究的新方向，将对“更路簿学”的学科建设与发展提供极高的学术价值，为更路簿南海维权提供更可靠的科学依据和法理基础。

笔者对相关文献中出现的更路航速、航程、航向极度异常更路的分析，目前是以数理科学和对比分析为主，部分结论可靠性较强，但仍有部分结论只是提出更正建议，还需要从其他角度进一步证实，有待考古学、文献学等学科介入，才能进一步证实相关猜测；尤其要查证更路簿原稿，避免以讹传讹现象。

另外，根据多个相似更路簿的对比分析方法，不仅可以发现部分更路的笔误可能性，也可为相关更路簿的年代划分提供间接证据。

# 南海更路簿航速极度存疑更路辨析[①]

李文化　陈　虹　夏代云

借助地理学、航海学有关知识和相关技术，结合更路簿有关文献，笔者用更路数字化方法[②]完成了《南海天书》[③] 中列出的苏德柳本、苏承芬本、吴淑茂本等 21 册更路簿 3000 余条更路的数字化，并对每条更路进行了编号，借助计算机技术绘制完成472 条航路（不区分正反向，起点与讫点相同的更路被视为同一条航路）更路图（图 1），全部更路涉及近 170 个岛礁（港口）[④]。

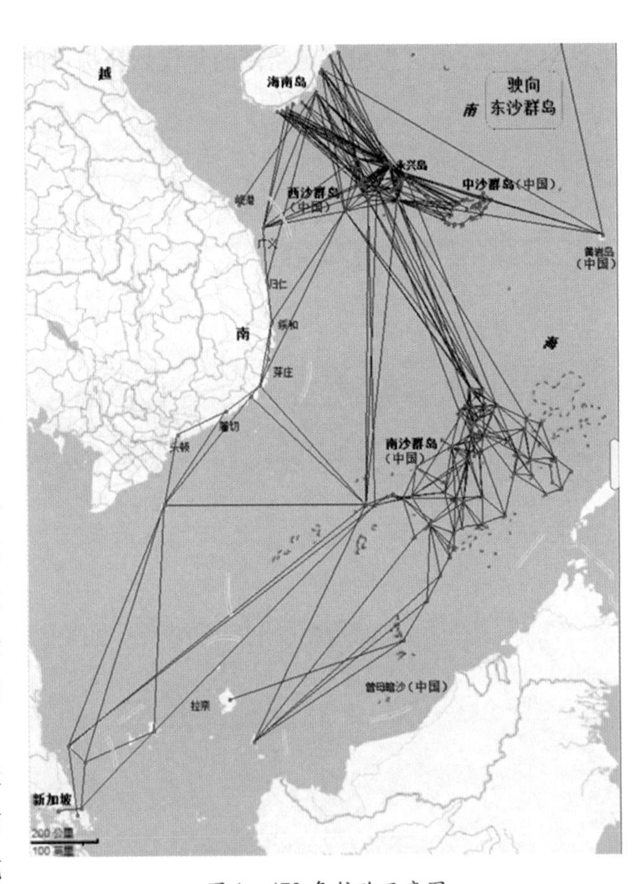


图 1　472 条航路示意图

通过对 21 册更路簿作统计分析，笔者发现南海更路簿基本明确起、讫点并有更数记载的 3033 条更路，理论上最短航程平均每更约合 12 海里，但考虑到海船在实际航行过

① 本文原题为《南海“更路簿”航速极度存疑更路辨析》，发表于《南海学刊》2019 年第 2 期。

② 李文化、陈虹、陈讨海等：《“更路”数字化及其应用》，《电脑知识与技术》2016 年第 12 卷第 30 期。

③ 周伟民、唐玲玲：《南海天书——海南渔民“更路簿”文化诠释》，昆仑出版社，2015。

④ 李文化：《南海“更路簿”数字化诠释》，海南出版社，2019，第 64 页。

程中不可能完全按直线航行，故提出每“更”约合“12.5海里”[①]。

如果岛礁范围过大，从岛礁不同的位置出发或到达就可能引起偏差，而且有些偏差可能还比较大，这种情况对航速估算影响也会比较大。另外，受季风影响，南海海域洋流大约在0.1～0.7海里/小时[②]，即0.04～0.30海里/更，对平均12海里/更的影响约为1.7%～11.7%。综合考虑这些主要因素，提出航速估计纠正值、航向角度偏差估计等模型[③]，目的是使计算结果更加客观，更有说服力。

## 1 南海更路簿航速存疑更路基本情况

21册更路簿3000余条更路，按最短航程估算平均航速约为12海里/更，由于气象、季节、洋流等各种原因，海上行船不可能有非常稳定的航行速度，航速有一些波动实属正常，如李彩霞认为，每更“在10海里至16.2海里之间则大致不错”[④]。但偏离“12海里/更”这个值过多就存在疑问了，特别是在综合考虑岛礁范围过大可能引起的航速偏差之后，依然偏离“12海里/更”过多，则属于存疑更路。根据存疑更路的平均航速异常程度的不同，将其分为极度异常、高度异常、比较异常三个等级。[⑤] 将计算出的平均航速与参照航速“12海里/更”相比较，如果修正后的偏差（考虑岛礁大小与更数的可能误差）超过“12海里/更”100%，即“24海里/更”以上；或低于“12海里/更”50%，即在“6海里/更”以下，归为航速“极度异常更路”，列为重点分析对象。这些更路的异常部分是更数记录笔误所引起，部分是相关文献笔误导致，也有部分是渔民俗称误释引起的，值得深入研究。

---

① 李文化、夏代云、陈虹：《基于数字“更路”的“更”义诠释》，《南海学刊》2018年第1期。

② 郑资约：《南海诸岛地理志略》，商务印书馆，1947，第20－26页。

③ 李文化：《南海“更路簿”数字化诠释》，海南出版社，2019，第42页。

④ 李彩霞：《从航海更路簿向渔业更路簿的演变》，《海南热带海洋学院学报》2017年第1期。

⑤ 李文化：《南海“更路簿”数字化诠释》，海南出版社，2019，第133页。

# 2 航速极度存疑更路基本情况

## 2.1 航海学视角下的更路航线

现代航海学中，习惯将事先拟定的起点到终点的航线称为计划航线，对应前行航向称为计划航向（用 *CA* 表示）。实际上，受风与洋流的影响，船舶航行时的实际方向（称为真航向，用 *TC* 表示）一般都会与 *CA* 有一个偏差角 $\alpha$，两个方向之间的夹角称为风流压差角。

在更路簿记载的更路中，海南渔民基于对风、流等航海气象和水文要素的了解，预先将风流压差形成的影响（偏移量）修正到航向中并记录下来，这就是更路中的针位航向，相当于真航向，即船头的实际指向，船舶只要依此航行就能最终到达计划的目的地。① 而依据起、讫点经纬度推算的“最短距离”航线所对应的航向，称为计算航向，其与真北向的夹角称为计算航向角。更路距离均按计算航向上的航程估算，实际航行距离会稍大于这个“计算距离”。

## 2.2 航速极度存疑更路

在《南海天书》的著述中，共发现 16 条更路航速极度存疑，具体如表 1 所示。如无特别说明，文稿中与角度有关数据均以“°”为单位，与航程有关单位为“海里”，与航速有关的单位为“海里/更”。表中的“更路编号”由“更路簿代码 - 区域代码 + 顺序号”组成，其中 SDL、SCF、SCF1、WST 分别代表苏德柳本、苏承芬祖传本、苏承芬新本、王诗桃本等；DS、XS、NS 代表东沙、西沙、南沙，故“XHF - NS147”表示许洪福本南沙第 147 条更路。

---

① 苏作靖、孙光圻：《更：基于航海学的中国古代海上行程单位新考》，见第四届“南海更路簿与海洋文化学术研讨会《更路簿论文集》（阎根齐主编），2018，第 49 页。

**表1 《南海天书》航速极度异常更路一览**

| 序号 | 更路编号 | 更路条目 | 更数 | 起点标准名 | 讫点标准名 | 计算距离（海里） | 计算航速（海里/更） | 修正航速偏差 |
|---|---|---|---|---|---|---|---|---|
| 1 | XHF-NS147 | 自地节去牛车英用乙卯二更收 | 2 | 南通礁 | 牛车轮礁 | 271.9 | 135.9 | 844.0% |
|  | XHF-NS148 | 自双门去地节用乙卯二更收回辰戌 | 2 | 美济礁 | 南通礁 | 254.3 | 127.2 | 775.6% |
| 2 | WST-NS143 | 自五百二去断节沙用丁未三更收 | 3 | 皇路礁 | 仁爱礁 | 215.2 | 71.72 | 418.5% |
| 3 | SDL-NS051<br>SCF-NS051<br>WST-NS051 | 自铜金去（下）第三用甲庚二更收对西南 | 2 | 杨信沙洲 | 南钥岛 | 7.5 | 3.75 | -60.9% |
| 4 | LGS-NS027 | 自簸箕去铜铳用寅申更半收 | 1.5 | 簸箕礁 | 东礁 | 99.8 | 66.55 | 325.9% |
|  | LGS-NS028 | 自铜铳去光星仔用壬丙一线巳亥二更或去大光星用午子 | 2 | 东礁 | 光星仔礁 | 106.4 | 53.18 | 261.4% |
| 5 | WST-NS075 | 自丹节去贡士线用坤未六更西南 | 6 | 南通礁 | 贡士礁 | 315.9 | 52.65 | 311.3% |
| 6 | SCF1-XS078 | 巴兴往中沙用辰戌九更东南 | 9 | 东岛 | 中沙洲 | 27.2 | 3.00 | -73.6% |
| 7 | FZM-NS057<br>CZM-NS056 | 自银锅去秤钩线用向辰戌一更收上用乙辛卯酉 | 1 | 安达礁 | 华礁 | 39.5 | 39.46 | 134.9% |
| 8 | MQZ-NS047 | 自银饼去高佛用辰戌二更 | 2 | 安达礁 | 舶兰礁 | 8.0 | 3.98 | -58.8% |

续表1

| 序号 | 更路编号 | 更路条目 | 更数 | 起点标准名 | 讫点标准名 | 计算距离（海里） | 计算航速（海里/更） | 修正航速偏差 |
|---|---|---|---|---|---|---|---|---|
| 9 | WST-NS126 | 自三角去双门乙辛辰戌五更收 | 5 | 三角礁 | 美济礁 | 22.9 | 4.58 | -51.8% |
| 10 | WST-NS054 | 自银锅去五风用子午二更正南 | 2 | 安达礁 | 五方礁 | 62.6 | 31.29 | 107.1% |
| 11 | CZM-NS096 | 自东首乙辛去石盘用向未三更收 | 3 | 蓬勃暗沙 | 毕生礁 | 193.4 | 64.47 | 368.0% |

# 3 航速极度存疑更路成因分析与诠释

## 3.1 XHF-NS147与XHF-NS148更路“地节”释名

XHF-NS147“自地节去牛车英用乙卯二更收”，《南海天书》认为“地节”是“丹节（俗名）—南通礁（标准名）”之意①，则计算航速为“135.93海里/更”，极为异常，角度偏差53.7°，也过大；如果将“地节”按“断节（俗名）—仁爱礁（标准名）”解释，则计算航速为“15.98海里/更”，较为正常，航向偏差为6.1°。XHF-NS148“自双门去地节用乙卯二更收回辰戌”更路亦有类似情况：如果将“地节”解释为“丹节（俗名）—南通礁（标准名）”，则计算航速为“127.16海里/更”，属极度异常情况，角度偏差64.9°，亦不正常；而按“断节（俗名）—仁爱礁（标准名）”解释，则计算航速为“11.17海里/更”，角度偏差20.5°，均在正常范围内。（表2）

以上定性分析结果也可以从图2（根据经纬度并参考天地图绘制）得到印证：从“美济礁”或“牛车轮礁”到“南通礁”与到“仁爱礁”相比，不仅距离相差很远，而且航向角度相差也非常大，故“地节”理解为“仁爱礁”更妥。

① 周伟民、唐玲玲：《南海天书——海南渔民“更路簿”文化诠释》，昆仑出版社，2015，第429页。

表 2 “地节”与“断节沙”相关更路标准地名分析

| 更路编号 | 更路条目 | 起点俗称 | 讫点俗称 | 主针位 | 起点标准名 | 起点经度（°） | 起点纬度（°） | 讫点标准名 | 讫点经度（°） | 讫点纬度（°） | 平均里程（海里） | 平均航速（海里/更） | 航速估计偏差（%） | 计算航向（°） | 针位航向（°） | 计算航向与针位差（°） |
|---|---|---|---|---|---|---|---|---|---|---|---|---|---|---|---|---|
| XHF-NS147 | 自地节去牛车英用乙卯二更收 | 丹节 | 牛车英 | 乙卯 | 南通礁 | 113.23 | 6.33 | 牛车轮礁 | 116.40 | 9.60 | 271.87 | 135.93 | 844 | 43.8 | 97.5 | 53.7 |
| XHF-NS147′ | 自地节去牛车英用乙卯二更收 | 断节 | 牛车英 | 乙卯 | 仁爱礁 | 115.88 | 9.73 | 牛车轮礁 | 116.40 | 9.60 | 31.97 | 15.98 | — | 103.6 | 97.5 | 6.1 |
| XHF-NS148 | 自双门去地节用乙卯二更收回辰戌 | 双门 | 丹节 | 乙卯 | 美济礁 | 115.54 | 9.90 | 南通礁 | 113.23 | 6.33 | 254.32 | 127.16 | 776 | 212.6 | 277.5 | 64.9 |
| XHF-NS148′ | 自双门去地节用乙卯二更收回辰戌 | 双门 | 断节 | 乙卯 | 美济礁 | 115.54 | 9.90 | 仁爱礁 | 115.88 | 9.73 | 22.35 | 11.17 | — | 118.0 | 97.5 | 20.5 |
| WST-NS143 | 自五百二去断节沙用丁未三更收 | 五百二 | 断节沙 | 丁未 | 皇路礁 | 113.58 | 6.95 | 仁爱礁 | 115.88 | 9.73 | 215.15 | 71.72 | 419 | 39.2 | 22.5 | 16.7 |
| WST-NS143′ | 自五百二去断节沙用丁未三更收 | 五百二 | 丹节沙 | 丁未 | 皇路礁 | 113.58 | 6.95 | 南通礁 | 113.23 | 6.33 | 42.50 | 14.17 | — | 209.4 | 202.5 | 6.9 |

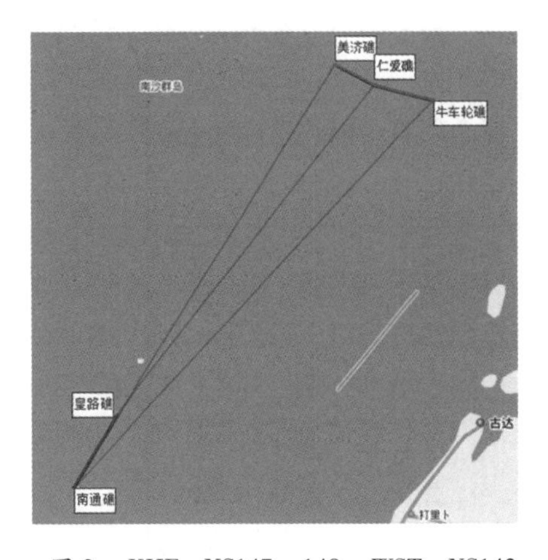


图 2 XHF－NS147、148，WST－NS143 航路示意

图 3 杨信沙洲与南钥岛相对位置示意

## 3.2 WST－NS143 更路“断节沙”释名

WST－NS143“自五百二去断节沙，用丁未，三更收”更路，《南海天书》认为此更路的“断节沙”是“断节—仁爱礁”①，即指“皇路礁”至“仁爱礁”，则计算航速为 71.72 海里/更，极度异常；而将“断节沙”按“丹节—南通礁”理解，则计算航速为 14.17 海里/更，较为正常，针位角度偏差也从 16.7°减少到 6.9°，明显减小，恢复正常。(表 2)

以上定性分析结果也可以从图 2 得到印证：从“皇路礁”到“仁爱礁”与到“南通礁”相比，距离相差甚远，故此更路的“断节沙”对应标准岛礁理解为“南通礁”更妥。

## 3.3 SDL－NS051 等更路的杨信沙洲至南钥岛计算航速异常原因辨析

SDL－NS051“自铜金去第三，用甲庚，二更收。对西南”② 等三条同航路更路的计算航速均为 3.75 海里/更，异常偏低。经天地图查证，两岛礁相距过近（图 3），而且杨信沙洲范围较大。另外，对比王国昌 WGC－NS192、

① 周伟民、唐玲玲：《南海天书——海南渔民“更路簿”文化诠释》，昆仑出版社，2015，第 381 页。

② 广东省地名委员会：《南海诸岛标准地名表》，广东省地图出版社，1987，第 90 页。

彭正楷 PZK-NS188、吴淑茂 WSM-NS091 三条同航路更路（即起点与讫点一致，下同），均为“自铜金下第三驶甲庚一更收对西南”，但其更数为“一更”，计算航速为7.51海里/更，考虑可能的0.5更误差和岛礁范围较大引起的误差，这个航速属于正常。

故 SDL-NS051、SCF-NS051、WST-NS051 更路极有可能存在“更数”记录笔误问题。

## 3.4 LGS-NS027/NS028 更路“铜铳”释名

海南渔民一般称“东礁”（东经112°34′—112°40′，北纬8°48′—8°50′）为“铜铳”。21 册更路簿中有 57 条更路含有“铜铳”，其中，除 LGS-NS027、LGS-NS028 两条更路[①]计算航速（分别为66.55海里/更、53.18海里/更）与参照航速12海里/更偏差极大，计算航向与针位航向相差55.5°，极为异常外，其余55条更路计算航速从9.83海里/更至15.28海里/更，均属正常范围。（表3）

经查，LGS-NS027、LGS-NS028 两条更路在其他更路簿中无同航路更路，但将这两条更路分别与冯泽明 FZM-NS026“自簸箕去铜钟，用向寅申，更半收”及 FZM-NS027“自铜钟去光星仔，用向壬丙，二更收，或有去大光星，用子午”两条更路比对，发现除了“去光星仔”不同外，其余内容极为相似，且两册更路簿在此更路的前后更路基本类同。另查证，LGS-NS028 更路与 MXX-NS027“自铜钟去光星仔，用壬丙线巳亥二更或大光星，用子午”更路内容仅“铜钟”有区别，且前后更路也极为相似。而参照更路 FZM-NS026、FZM-NS027、MXX-NS027 等的计算航速分别为9.83海里/更、10.51海里/更、10.51海里/更，均属正常。试将 LGS-NS027、LGS-NS028 两条更路的“铜铳”按“铜钟—南海礁”解读，则航速与航向均恢复正常。

据了解，海南琼海方言中“铜铳”与“铜钟”发音几乎相同，故 LGS-NS027、LGS-NS028 更路中的“铜铳”为“铜钟”笔误的可能性极大。

---

① 广东省地名委员会：《南海诸岛标准地名表》，广东省地图出版社，1987，第120页。

表 3 LGS-NS027、LGS-NS028 更路“铜铳”分析

| 更路编号 | 更路条目 | 起点俗称 | 讫点俗称 | 主针位 | 更数 | 起点标准名 | 起点经度(°) | 起点纬度(°) | 讫点标准名 | 讫点经度(°) | 讫点纬度(°) | 平均里程(海里) | 平均航速(海里/更) | 航速估计偏差(%) | 计算航向(°) | 针位航向(°) | 计算航向与针位差(°) | 备注 |
|---|---|---|---|---|---|---|---|---|---|---|---|---|---|---|---|---|---|---|
| LGS-NS027 | 自簸箕去铜铳用寅申更半收 | 簸箕 | 铜铳 | 寅申 | 1.5 | 簸箕礁 | 114.13 | 8.10 | 东礁 | 112.62 | 8.82 | 99.82 | 66.55 | 326 | 295.5 | 240.0 | 55.5 | — |
| LGS-NS027′ | | | 铜钟 | | | | | | 南海礁 | 113.93 | 7.97 | 14.75 | 9.83 | — | 237.1 | 240.0 | 2.9 | FZM-NS026 |
| LGS-NS028 | 自铜铳去光星仔用壬丙一线巳亥二更或去大光星用午子 | 铜铳 | 光星仔 | 壬丙 | 2 | 东礁 | 112.62 | 8.82 | 光星仔礁 | 113.93 | 7.62 | 106.36 | 53.18 | 261 | 132.6 | 163.5 | 30.9 | — |
| LGS-NS028′ | | 铜钟 | | | | 南海礁 | 113.93 | 7.97 | | | | 21.02 | 10.5 | — | 178.6 | 163.5 | 15.1 | FZM-NS027 |

## 3.5 WST-NS075 更路释疑

WST-NS075 更路中的“丹节”和“贡士线”通常是指海南渔民对“南通礁”和“贡士礁”的俗称，但“南通礁”和“贡士礁”的最短航程约为315.88 海里，按6 更计，平均航速为52.65 海里/更，极为异常，记载方位与计算航向差为212.3°，更是异常。除此一条外，21 册更路簿再未发现有此航路的更路。

将王诗桃本的 WST-NS071 至 WST-NS090 共30 条更路与苏德柳本、苏承芬祖传本相关更路逐一进行比较，可以发现：除 WST-NS075 这条更路与其他更路簿的对应更路（苏德柳本与苏承芬祖传本对应更路均为“自丹节去墨瓜线，用坤未，六更收。对西南”①，许洪福对应更路为“自丹节去墨瓜沙使未六更收”②）有讫点差异外，其他更路起、讫点完全相同，且排列顺序也一致（但序号连续性不同）。（表4）

**表4　WST-NS071 至 WST-NS090 更路（截取 WST-NS075 条前后）与苏德柳本等更路簿相关更路条目对比**

| 王诗桃更路簿 | | 苏德柳更路簿 | | 苏承芬祖传更路簿 | |
|---|---|---|---|---|---|
| NS073 | 自石公里去五百二，用丁未，二更半。西南。 | NS073 | 自石公里去五百弍，用丁未，二更半收。对西南 | NS072 | 自石公厘去五百二，用丁未，二更半收。对西南 |
| NS074 | 自五百二去丹节线，用丑未兼癸丁，三更。西南。 | NS074 | 自五百弍去丹节线，用未添丁，三更。对西南 | NS073 | 自五百二去丹节线，用未添丁，三更。对西南 |
| NS075 | 自丹节去贡士线，用坤未，六更。西南。 | NS075 | 自丹节去墨瓜线，用坤未，六更收。对西南 | NS074 | 自丹节去墨瓜线，用坤未，六更收。对西南 |
| NS076 | 自秤钩去六门，用癸丁，五更。西南。 | NS077 | 自秤沟（钩）去六门，用单丁，五更收。对西南 | NS076 | 自秤沟去六门，用单丁，五更收。对西南 |
| NS077 | 自荷落门去簸箕，用壬丙，四更。东南。 | NS078 | 自荷扐门去坡箕，用壬丙，四更。对东南 | NS077 | 自荷扐门去簸箕，用壬丙，四更。对东南 |

试将 WST-NS075 的“贡士线”调整为“墨瓜线”，则航速与角度恢复正

① 广东省地名委员会：《南海诸岛标准地名表》，广东省地图出版社，1987，第91 页。
② 广东省地名委员会：《南海诸岛标准地名表》，广东省地图出版社，1987，第96 页。

常（表5）。据有关文献记载，苏德柳本、许洪福本等更路簿发现较早①，而王诗桃家更路簿有部分更路抄录自苏德柳本、彭正楷本等更路簿，而且，王诗桃本人也证实过自家的更路簿确实存在传抄笔误的情况。② 综上分析，WST-NS075 中的“贡士线”疑为苏德柳本或其他家更路簿相关更路（“丹节”去“墨瓜线”）的抄录笔误。

## 3.6 SCF1-XS078 等更路中的“中洲”俗名辨析

《南海天书》将苏承芬修正本 SCF1-XS078“巴兴往中沙，用辰戌，九更，东南”更路中的“中沙”解释为“中沙洲”③，但此解释下的计算航速为3.0 海里/更，与参照航速偏差过大，且针位航向与计算航向差为72.2°，极度异常。如果将“中沙”解释为“中沙群岛”则恢复正常。从图4 亦可以看出，从“三矿—浪花礁”到“中沙洲”与到“中沙群岛”有着距离和航向上的极大差异。另有“SCF1-XS077”更路情况（表6）亦如此。

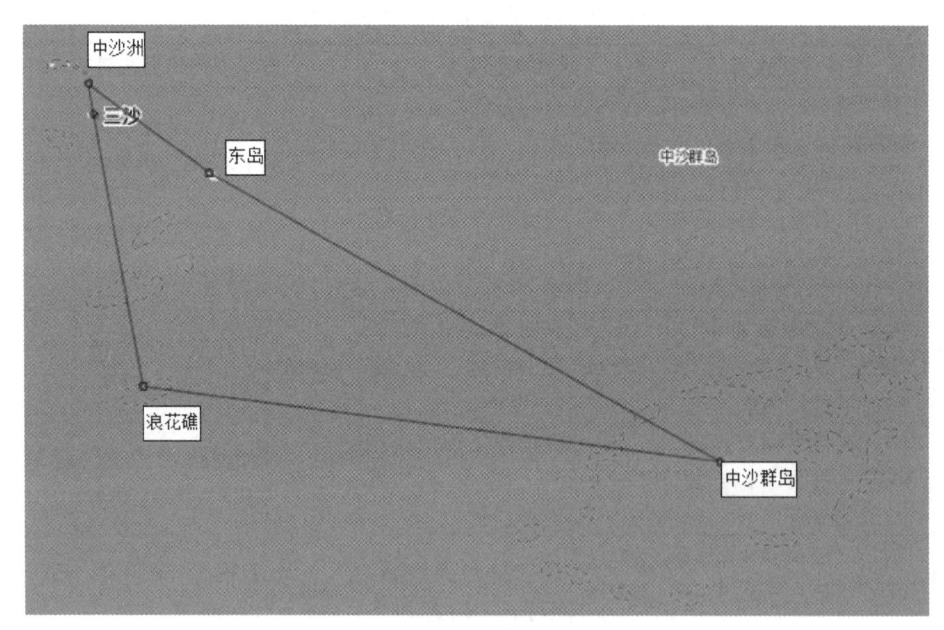


图4 SCF1-XS077、XS078 更路“中沙”辨析示意图

① 郑庆杨：《蓝色的记忆》，天马出版有限公司，2008，第256 页。

② 郑庆杨：《蓝色的记忆》，天马出版有限公司，2008，第356 页。

③ 周伟民、唐玲玲：《南海天书——海南渔民“更路簿”文化诠释》，昆仑出版社，2015，第372 页。

表 5　WST－NS075 更路分析

| 更路编号 | 更路条目 | 起点俗称 | 讫点俗称 | 主针位 | 更数 | 记载方位 | 起点标准名 | 起点经度（°） | 起点纬度（°） | 讫点标准名 | 讫点经度（°） | 讫点纬度（°） | 平均里程（海里） | 平均航速（海里/更） | 航速估计偏差（%） | 计算航向（°） | 针位航向（°） | 计算航向与针位差（°） | 记载方位角（°） | 记载方位与计算航向差（°） |
|---|---|---|---|---|---|---|---|---|---|---|---|---|---|---|---|---|---|---|---|---|
| WST－NS075 | 自丹节去贡士线用坤未六更西南 | 丹节 | 贡士线 | 坤未 | 6 | 西南 | 南通礁 | 113. 23 | 6. 33 | 贡士礁 | 114. 40 | 11. 47 | 315. 88 | 52. 65 | 311 | 12. 7 | 217. 5 | 204. 8 | 225 | 212. 3 |
| WST－NS075′ | 自丹节去（墨瓜线）用坤未六更西南 | 丹节 | 墨瓜线 | 坤未 | 6 | 西南 | 南通礁 | 113. 23 | 6. 33 | 南屏礁 | 112. 63 | 5. 37 | 68. 21 | 11. 37 | — | 211. 7 | 217. 5 | 5. 8 | 225 | 13. 3 |

表6　苏承芬修正本更路中涉及渔民俗称“中沙”的标准名分析

| 更路编号 | 更路条目 | 起点俗称 | 讫点俗称 | 主针位 | 更数 | 起点标准名 | 起点经度（°） | 起点纬度（°） | 讫点标准名 | 讫点经度（°） | 讫点纬度（°） | 平均里程（海里） | 误差里程（海里） | 平均航速（海里/更） | 航速估计偏差（%） | 计算航向（°） | 针位纠正航向（°） | 针位与计算航向差（°） |
|---|---|---|---|---|---|---|---|---|---|---|---|---|---|---|---|---|---|---|
| SCF1-XS077 | 三矿往中沙，用乙辛，七更，东南。 | 三矿 | 中沙 | 乙辛 | 7 | 浪花礁 | 112.52 | 16.05 | 中沙洲 | 112.35 | 16.93 | 53.90 | 2.15 | 7.70 | -29 | 349.7 | 277.5 | 72.2 |
| SCF1-XS077′ | | | | | | | | | 中沙群岛 | 114.31 | 15.83 | 104.3 | 41.7 | 14.90 | — | 97.4 | 97.5 | 0.1 |
| SCF1-XS078 | 巴兴往中沙，用辰戌，九更，东南。 | 巴兴 | 中沙 | 辰戌 | 9 | 东岛 | 112.73 | 16.67 | 中沙洲 | 112.35 | 16.93 | 27.24 | 0.00 | 3.03 | -74 | 306.0 | 307.5 | 1.5 |
| SCF1-XS078′ | | | | | | | | | 中沙群岛 | 114.31 | 15.83 | 103.9 | 34.7 | 11.54 | — | 119.2 | 127.5 | 8.3 |
| SCF1-ZS001 | 永兴至中沙，用乾巽辰戌平对，89里，127度。 | 永兴 | 中沙 | 乾巽辰戌 | — | 永兴岛 | 112.33 | 16.83 | 中沙洲 | 112.35 | 16.93 | 6.08 | 0.00 | 里程误差1364% | | 9.1 | -52.5 | 61.6 |
| SCF1-ZS001′ | | | | | | | | | 中沙群岛 | 114.31 | 15.83 | 128.9 | 34.8 | 里程误差-4% | | 118.1 | 127.5 | 8.9 |

进一步研究发现，《南海天书》将苏承芬修正本的“中沙水路簿”的 SCF1-ZS001“永兴至中沙，用乾巽辰戌平对，89 里，127 度”的“中沙”继续解释为“中沙洲”[①]，记载里程与计算里程之间的误差达到 1364%，角度偏差在 61.6°，极度异常。而如果将这条更路的“中沙”解释为“中沙群岛”，则该更路的记载里程与计算里程误差在 4% 左右（已含因中沙群岛过大而可能引起的误差），角度偏差在 8.9°，进一步证实其被解释为“中沙群岛”更合适。

另根据《南海诸岛标准地名表》[②] 记载，海南渔民习惯上将“中沙洲”称为“红草二”，而几乎未见有称“中沙”的文献记载。

基于以上分析，将苏承芬修正本“中沙”解释为“中沙群岛”更为合适。为进一步确认此更路分析的准确性，笔者专程前往该簿传承人苏承芬老船长家中请教，结论得到其认可。

## 3.7　FZM-NS057、CZM-NS057 更路辨析

21 册更路簿仅有此两条更路表达“银锅—安达礁”至“秤钩线—华礁”航路，计算航速为 39.46 海里/更，是参照航速“12.0 海里/更”的 3 倍以上，纠正偏差依然达到 143.8%，极度异常，针位航向与计算航向偏差达到 83.7°，亦极度异常。

将冯泽明本“自东海过北海更路”中的 102 条更路与林鸿锦本“自东海过北海更路”中的相关更路做比对，可以发现，除 FZM-NS057“自银锅去秤钩线，用向辰戌，一更收；上用乙辛卯酉”与 LHJ-NS057“自银并去高杯线用向辰戌一更收上用乙辛卯酉”的讫点不同外，FZM 其他全部更路都与 LHJ 更路一一对应（顺序、起点、讫点完全相同，更数与针位基本相同）。按航速与针位角度分析，对应的 LHJ-NS057 更路为“安达礁”到“舶兰礁”，平均航速 7.97 海里，考虑更数较小可能引起的偏差属于基本正常情况，另针位航向与计算航向偏差 0.2°，重合度非常高。（表 7、表 8）

① 周伟民、唐玲玲：《南海天书——海南渔民“更路簿”文化诠释》，昆仑出版社，2015，第 324 页。

② 广东省地名委员会：《南海诸岛标准地名表》，广东省地图出版社，1987，第 3 页。

表 7　FZM-NS057（CZM-NS057）更路与 LHJ、MXX 相关更路条目对比

| 冯泽明更路簿 | | 林鸿锦更路簿 | | 麦兴铣更路簿 | |
|---|---|---|---|---|---|
| NS056 | 自第三峙去银并，用向乾巽辰戌，二更收 | NS056 | 自第三岛去银并用向乾巽辰戌二更收 | NS063 | 自第三峙去银饼沙用乾巽辰戌二更半回用巳亥壬丙 |
| NS057① | 自银锅去秤钩线用向辰戌一更收；上用乙辛卯酉 | NS057② | 自银并去高杯线用向辰戌一更收上用乙辛卯酉 | NS064 | 自银饼下高环沙仔用辰戌上用乙辛卯酉 |
| NS058 | 自劳牛劳去六门用向丙六更半收；回用癸丁或去石盘午丁；荷落门巳亥 | NS058 | 自劳牛劳去六门用向丙六更半收回用癸丁或去石盘午丁符扐门巳亥 | NS065 | 自劳牛劳去六门用壬丙巳亥六更半收回用癸丁或去石盘用子午癸丁荷落门用巳亥 |

进一步分析发现，CZM-NS057 更路亦有以上类似情况，故疑 FZM-NS057、CZM-NS057 更路的“银饼去秤钩线”为“银饼去高杯线”航路转抄笔误。

表 8　FZM-NS057 更路与 LHJ-NS057 更路数字化对比分析

| 更路编号 | 更路条目 | 讫点俗称 | 主针位 | 更数 | 起点标准名 | 起点经度（°） | 起点纬度（°） | 讫点标准名 | 讫点经度（°） | 讫点纬度（°） | 平均里程（海里） | 平均航速（海里/更） | 航速偏差（%） | 计算航向（°） | 针位航向（°） | 针位航向差（°） |
|---|---|---|---|---|---|---|---|---|---|---|---|---|---|---|---|---|
| FZM-NS057 | 自银锅去秤钩线用向辰戌一更收上用乙辛卯酉 | 银锅 | 秤钩线 | 1 | 安达礁 | 114.70 | 10.35 | 华礁 | 114.27 | 9.85 | 39.46 | 39.46 | 134.9 | 220.5 | 300 | 79.5 |
| LHJ-NS057 | 自银饼往高杯线用向辰戌一更收上用乙辛卯酉 | 高杯 | 辰戌 | 1 | 安达礁 | 114.70 | 10.35 | 舶兰礁 | 114.58 | 10.42 | 7.97 | 7.97 | — | 300.2 | 300 | 0.2 |

① 周伟民、唐玲玲：《南海天书——海南渔民“更路簿”文化诠释》，昆仑出版社，2015，第689页。

② 广东省地名委员会：《南海诸岛标准地名表》，广东省地图出版社，1987，第105页。

## 3.8 MQZ－NS047 更路释疑

MQZ－NS047 更路“自银饼去高佛用辰戌二更”[①] 通常指安达礁至舶兰礁航路，除计算航速（3.98 海里/更）过低外，计算航向与针位航向相差仅为 0.2°，方向高度重合。经核查，21 册更路簿中另有 8 个簿册记载有安达礁至舶兰礁航路的更路，其中有更数记载的分别是 XHF－NS107、LHJ－NS057、WGC－NS153、PZK－NS150、LHL－NS060、WSM－NS012 等 6 条，但记载的更数均为“1 更”，计算航速为 7.96 海里/更，虽与参照航速仍有一定偏差，但考虑到短距离引起的误差更容易偏大等原因，这 6 条更路属于正常情况。故认为 MQZ－NS047 更路的更数有传抄笔误的嫌疑。

## 3.9 WST－NS126 更路释疑

WST－NS126“自三角去双门，乙辛辰戌，五更收”（图 5）更路指三角礁至美济礁航路，记载更数为 5，平均航速为 4.58 海里/更，极度异常，而在 SDL、XHF、YYQ 等其他更路簿中共发现 18 条同航路更路，记载更数均是 2，平均航速为 11.46 海里/更，均正常。

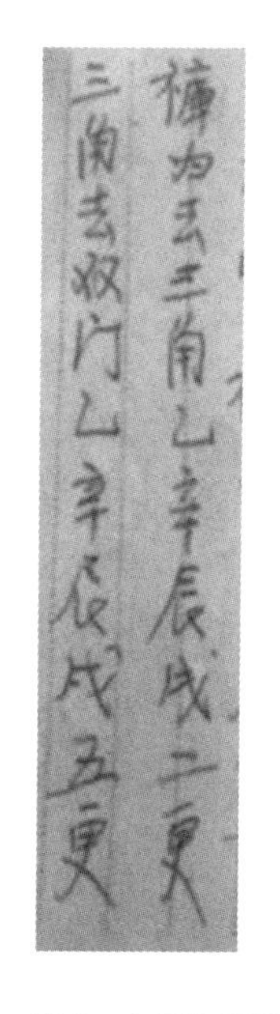

图 5　WST－NS125、126 与 NS013 抄本更路

另外，在王诗桃本中，WST－NS013 更路“自三角去双门，用辰戌，二更。对东南，壬丙巳亥”记载的也是 2 更。因王诗桃原本暂没有找到，但发现疑似王诗桃家更路簿另一抄本的南沙第 125 条更路“自裤归去三角，用乙辛辰戌，二更收”与第 126 条更路的针位相同，其记载更数为 2、平均航速为 26.80 海里/更，亦偏离参照航速过大（归为航速高度异常更路[②]）。而在 SDL、XHF、YYQ 等更路簿中发现有 19 条同航路更路记载更数均为 5 更、平均航速为 10.72 海里/更，比较正常。（表 9）故 WST－NS126 更路航

① 广东省地名委员会：《南海诸岛标准地名表》，广东省地图出版社，1987，第 123 页。

② 李文化：《南海“更路簿”数字化诠释》，海南出版社，2019，第 133 页。

速异常疑是与WST－NS125更路的更数记载错位引起的。

表9　WST－NS125、NS126更路分析

<table>
<tr><th>更路编号</th><th>更路条目</th><th>起点俗称</th><th>讫点俗称</th><th>主针位</th><th>更数</th><th>起点标准名</th><th>起点经度（°）</th><th>起点纬度（°）</th><th>讫点标准名</th><th>讫点经度（°）</th><th>讫点纬度（°）</th><th>平均里程（海里）</th><th>平均航速（海里/更）</th><th>航速估计偏差（%）</th><th>计算航向（°）</th><th>针位航向（°）</th><th>针位与计算航向差（°）</th></tr>
<tr><td>WST－NS126</td><td rowspan="2">自三角去双门乙辛辰戌五更收</td><td rowspan="2">三角</td><td rowspan="2">双门</td><td rowspan="4">乙辛辰戌</td><td>2</td><td rowspan="2">三角礁</td><td rowspan="2">115.29</td><td rowspan="2">10.19</td><td rowspan="2">美济礁</td><td rowspan="2">115.54</td><td rowspan="2">9.90</td><td rowspan="2">22.92</td><td>4.58</td><td>－51.8</td><td rowspan="2">139.8</td><td rowspan="2">112.5</td><td rowspan="2">27.3</td></tr>
<tr><td>WST－NS126′</td><td>5</td><td>11.46</td><td>—</td></tr>
<tr><td>WST－NS125</td><td rowspan="2">自裤归去三角用乙辛辰戌二更收</td><td rowspan="2">裤归</td><td rowspan="2">三角</td><td>2</td><td rowspan="2">库归礁</td><td rowspan="2">114.58</td><td rowspan="2">10.75</td><td rowspan="2">三角礁</td><td rowspan="2">115.29</td><td rowspan="2">10.19</td><td rowspan="2">53.66</td><td>26.80</td><td>78.8</td><td rowspan="2">128.7</td><td rowspan="2">112.5</td><td rowspan="2">16.2</td></tr>
<tr><td>WST－NS125′</td><td>5</td><td>10.72</td><td>—</td></tr>
</table>

## 3.10 《南海天书》WST－NS054更路“五风”辨析

WST－NS054在《南海天书》中被记为“自银锅去五风用子午二更正南”[①]，并被诠释为由安达礁至五方礁，计算航速达31.29海里/更，偏离参照航速过大。基于数字化更路的计算机检索，此航路在21簿中未发现其他同航路更路。进一步比较分析王诗桃本WST－NS001至WST－NS075与苏德柳本SDL－NS001至SDL－NS075全部更路，发现除了WST－NS054与SDL－NS054“自银饼去牛厄，用癸丁，二更收对西南”有差异外，其余更路的起点、讫点、更数、针位、方位都相同。而SDL－NS054更路的平均航速为11.43海里/更，比较正常。故WST－NS054更路“五风”疑为“牛厄”笔误。经核查，该更路在王诗桃更路簿另一抄本稿中如图6所示，理解为“牛厄”是可靠的，证实是《南海天书》的笔误，亦得到该书作者确认，在此更正。

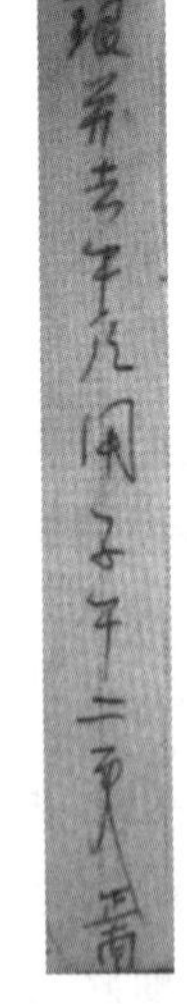

图6　WST－NS054更路

① 周伟民、唐玲玲：《南海天书——海南渔民“更路簿”文化诠释》，昆仑出版社，2015，第369页。

## 3.11 CZM－NS097 更路“石盘”地名释疑

海南渔民一般将“毕生礁”称为“石盘”，CZM－NS097 更路中的“石盘”如果亦按“毕生礁”解释①，则此航路的计算航速为 64.47 海里/更，不仅偏差极大，而且针位航向与计算航向差达到 51.2°，属于极不正常情况，如指“石龙—舰长礁”，则计算航速为 9.69 海里/更，针位航向与计算航向角偏差 0.6°，均恢复正常。（表 10）

**表 10　CZM－NS097 更路“石盘”地名分析**

| 更路条目 | 起点俗称 | 讫点俗称 | 起点标准名 | 起点经度（°） | 起点纬度（°） | 讫点标准名 | 讫点经度（°） | 讫点纬度（°） | 平均里程（海里） | 平均航速（海里/更） | 计算航向（°） | 针位航向（°） | 针位航向差（°） |
|---|---|---|---|---|---|---|---|---|---|---|---|---|---|
| 自东首乙辛去石盘用向未三更收 | 东首乙辛 | 石盘 | 蓬勃暗沙 | 116.92 | 9.45 | 毕生礁 | 113.69 | 8.96 | 193.40 | 64.47 | 261.2 | 210.0 | 51.2 |
| | | 石龙 | | | | 舰长礁 | 116.67 | 9.03 | 29.07 | 9.69 | 210.6 | 210.0 | 0.6 |

另将林鸿锦更路簿与陈泽明更路簿的“由东海去北海更路”进行比对，发现除 LHJ－NS097“自东首乙辛去石龙用向未三更收”② 更路与 CZM－NS097 更路稍有不同外，其余更路几乎相同（有一定的文字差异，但航路基本一致），而这两条更路的区别也只有“石盘”与“石龙”之分。（表 11）

**表 11　CZM－NS096 前后更路与林鸿锦簿相关更路条目对比**

| 陈泽明更路簿 | | 林鸿锦更路簿 | |
|---|---|---|---|
| NS096 | 自否乜线去荷落门用向甲庚二更收 | NS096 | 自否乜线去荷扐门用向甲庚二更收 |
| NS097 | 自东首乙辛去石盘用向未三更收 | NS097 | 自东首乙辛去石龙用向未三更收 |
| NS098 | 自石〈音尤〉去海公用向未三更收 | NS098 | 自石龙去海公用向未三更收 |
| CZM－NS001～095、CZM－NS099～103 与 LHJ－NS001～095、LHJ－NS099～103 的 100 条航路基本一致 | | | |

① 周伟民、唐玲玲：《南海天书——海南渔民“更路簿”文化诠释》，昆仑出版社，2015，第 731 页。

② 广东省地名委员会：《南海诸岛标准地名表》，广东省地图出版社，1987，第 106 页。

故 CZM - NS097 更路中的“石盘”疑为“石龙”笔误。

## 4 结语

更路簿内容丰富，需要从不同学科、不同领域、不同视角做立体化的解读。借助航海学、地理学、信息技术等学科知识，在更路数字化基础上进行定量分析，为部分“存疑更路”的多学科研究提供数理基础，有利于进一步确认部分渔民俗称与标准岛屿名称的对应关系，为更路簿的多视角研究提供创新思路，开辟更路簿新的研究方向，这将对更路簿学的学科建设与发展具有极高的学术价值。

对航速极度异常更路的辨析，以数理科学和对比分析得出结论，可靠性较强，但仍有部分更路只是提出更正建议，还需要借助更多南海史料，如南海诸岛史料汇编[①]等，进行深入考证。

---

① 韩振华：《我国南海诸岛史料汇编》，东方出版社，1988。

# 南海更路簿数字化与可视化[①]

李文化　吉家凡　陈　虹

历史文献记载了我国各个民族的历史文化和社会生产生活情况，具有重要的学术价值和历史文物价值。由于人为因素和自然因素的长期作用，不少历史文献都存在不同程度的损坏，甚至破旧不堪，从而影响了我们对历史文献的利用。而现代信息技术可以将历史文献加工成数字化产品，使读者在不接触到文献实物的情况下，同样能够研究和利用历史文献，有效地解决了历史文献保存和利用之间的矛盾。

## 1　南海更路簿简介

在航海科技不发达、没有完备的海图和导航设备的古代和近代，渔民出海谋生主要靠掌握丰富"航线"的"船老大"的指引。海南"船老大"在总结航海经验的基础上独创出一套"航海指导手册"——更路簿（又称更路径、水路径、水路簿等）。这是一项非常了不起的"航线指南"，有的是手抄本，有的是口口相传，都是历代渔民闯海智慧的结晶。

南海更路簿是海南渔民世代在南海诸岛及海域捕鱼作业的航海指南，它最早出现在元代，盛行于明末、清代和民国时期[②]，自20世纪60年代开始逐渐被现代导航技术替代。但作为海洋文化的承载体，更路簿在证明南海自古就是属于海南渔民的"祖宗海"的文化与历史文献方面的价值极高，其在2008年入选国家非物质文化遗产名录。

每册更路簿一般记载有几十至几百条航海线路，我们称之为"更路"或"更路径"，每条更路记载着南海某条"航线"的信息，一般都有起点、讫

---

① 本文原发表于《数字图书馆论坛》2019年第4期。

② 《〈更路簿〉——耄耋老船长的南海传奇（组图）》，中国新闻网2016年6月20日，http://news.163.com/16/0620/09/BQ0CL93J000146BE.html。

点、针位（角度）和更数（里程）四个要素。其中起点、讫点都是用海南渔民方言表述；针位是指航行方向，一般用罗盘上的 24 个方位组合表示；而“更”最难理解，目前多数学者认为其既表时间又表里程。

如王诗桃本更路簿有“银峙门去猫注，甲庚寅申，三更半收”。更路的意思为“从‘银峙门’（起点，标准名“银屿仔”）开往‘猫注’（讫点，标准名‘永兴岛’），罗盘指针指向‘甲庚寅申’（针位），航程‘三更半’（更数 3.5）”。此更路的罗盘指针指向与最短航程理论航向是基本一致的（详见后文），比较直观的海图示意如图 1 右下“更路航线”所示。

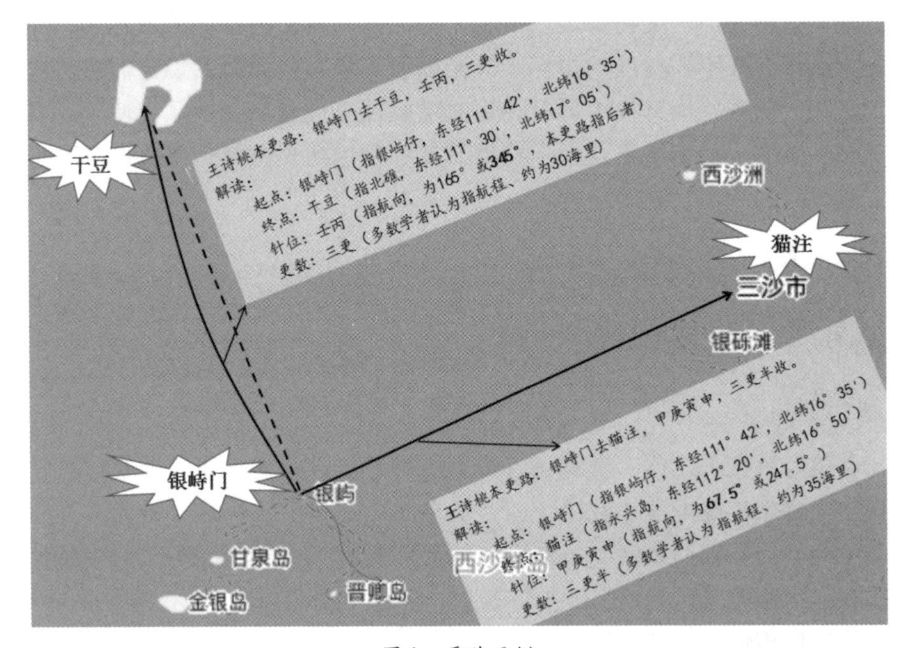


图 1　更路示例

又如王诗桃本更路簿“银峙门去干豆，壬丙，三更收”。更路的意思为“从‘银峙门’（起点，标准名“银屿仔”）开往‘干豆’（讫点，标准名‘北礁’），罗盘指针指向‘壬丙’（针位），航程‘三更’（更数3）”。此更路的罗盘指针指向与最短航程理论航向相差 6°左右（详见后文），比较直观的海图示意如图 1 中部“更路航线”所示。

## 2 国内外更路簿研究概况

周伟民、唐玲玲教授对南海更路簿进行了较为全面的诠释，[①] 夏代云教授对3册有代表性的更路簿进行了更为详细的研究，[②] 阎根齐、刘义杰等学者也有多部相关学术著作，[③] 这些成果代表了近年来国内关于更路簿的研究水平。

由于更路簿的特殊性，目前所见有关更路簿的外文文献作者多为中国学者，而外国学者的文献主要是介绍中国的立场。如2016年《南海仲裁案裁决书》多处提到更路簿；[④] 日本学者 Yoshifumi Tanaka 在对该裁决书进行评论时也提到更路簿；[⑤] Roszko 在相关专著和论文中也提及中国政府已把更路簿作为有争议的群岛应属于中国的重要证据资料。[⑥] 此外，费琅的《昆仑及南海古代航行考》对南海古代航行及地名确认方法进行了考证；[⑦] Yu 讲述了中国南海"U"形线相关问题，对"更路簿"综合研究有重要参考价值。[⑧]

无论从历史学、地名学，还是航海学、海洋学等专业角度来看，南海更路簿都承载着我国渔民特别是海南渔民在南海生产生活的鲜活历史，是我国世代渔民在南海生产生活的历史缩影和文字记载，兼具文物价值、文献价值、理论价值。

当前，更路簿的研究主要在国内学界展开，基本处于"自说自话"的状态。研究范围主要集中在人文社会科学领域，多为阐述更路簿的形成、背景、使用情况、历史价值，或解读更路簿的内容等，创新和突破的力度还远远不够。为此，以李国强、高之国、刘义杰等为代表的众多专家学者呼吁创建

---

① 周伟民、唐玲玲：《南海天书——海南渔民"更路簿"文化诠释》，昆仑出版社，2015。

② 夏代云：《卢业发、吴淑茂、黄家礼〈更路簿〉研究》，海洋出版社，2016。

③ 阎根齐：《论海南渔民〈更路簿〉的调查发现与文化特征》，《中国海洋大学学报（社会科学版）》2018年第4期，第57－63页；Liu Yijie, "A Tentative Analysis on the Overseas Sea Routes Depicted in the Manual of Geng Lu Bu," *China Oceans Law Review*, no. 1 (2017): 70－84。

④ "The South China Sea Arbitration," Award of 12 July, 2016, https://pcacases.com/web/sendAttach/2086, P. 35, 36, 112, 202, 309.

⑤ Yoshifumi Tanaka, "Reflections on historic rights in the south China sea arbitration (merits)," *The International Journal of Marine and Coastal Law* 32, no. 3 (2017): 458－483.

⑥ Edyta Roszko, "Locating China's Maritime Silk Road in the Context of the South China Sea Disputes," in *China's New Silk Road: An Emerging World Order*, ed. Carmen Amado Mendes (London: Routledge, 2018), p. 15.

⑦ 费琅：《昆仑及南海古代航行考》，冯承钧译，中华书局，1986。

⑧ Peter Kien-hong Yu, "The Chinese (Broken) U-shaped Line in the South China Sea: Points, Lines, and Zones," *Contemporary Southeast Asia* 25, no. 3 (2003): 405－430.

“更路簿学”①，让更多交叉学科加入更路簿研究中来。近年来，海南大学非常重视更路簿研究，成立“更路簿研究中心”，加大投入，建议对更路簿进行抢救性收集、整理，得到国家有关部委和海南省的大力支持。

# 3 更路簿数字化保护、传承与研究意义

更路簿用方言记录的丰富海洋航线资料、海洋经验和地名，具有鲜明的特点。一是更路簿艰深晦涩，更路示意图少，非常不直观，不了解航海知识的普通群众很难理解其含义，导致其传播困难；二是更路簿条目多、版本多，地名叫法多样，不同版本中起、讫点相同的更路差异性研究不够深入；三是更路簿保护模式陈旧单一，现存原件多已破败，而且很多保存在民间，既不利于保存，也不利于向世人展示。

更路簿作为中国在南海维权的重要历史证物和法理依据，如何让其易懂、易传、易研？更路簿数字化研究将在如下方面显示出其应有价值。

## 3.1 学术价值

更路簿内容丰富，需要从不同学科、不同领域、不同视角做立体化的解读。更路簿数字化拟借助航海学、地理学、信息技术等学科知识，在更路数字化的基础上进行定量分析，特别是为部分“存疑更路”的多学科研究提供数理基础，有利于进一步确认部分渔民俗称与标准岛屿名称的对应关系，为更路簿的多视角研究提供创新思路，开辟更路簿新的研究方向。这将对“更路簿学”的学科建设与发展提供极有力的学术价值，为“更路簿”南海维权提供更可靠的科学依据和法理基础，同时，促进更路簿在国际学术界的认可、传播和研究，有利于我国南海主权和海洋权益的维护。

## 3.2 应用价值

在更路簿的更路数字化研究基础上，建立全面、系统的更路簿数据库及

① 李国强：《〈更路簿〉研究评述及创建“更路簿学”初探》，《南海学刊》2017 年第 1 期，第 5－8 页。

大型综合网站，包括更路簿高清影印资料库、更路数据库、更路簿和更路可视化系统。一是提供更路簿新型保存形式；二是让更路簿易于理解、易于推广；三是为广大更路簿研究人员提供全面翔实的资料库。

# 4　更路簿数字化研究路径与计划

## 4.1　更路数字化及各种计算模型的推演

更路簿的每条更路记载着名称、位置、航向、距离和时间（路程）等详细信息，一般都有起点、讫点、针位和更数四个要素。将每条更路的起、讫点名称（基本上为海南渔民取的俗名——渔民俗称）与《南海诸岛标准地名表》中“渔民俗称”进行比对，找到对应的标准名称及地理位置——经纬度，然后将起点、讫点位置从“度分”格式转化为带小数的“度”表示。

绝大部分更路都用更数来表达路径的航行距离（时间），但也有部分更路直接用里程（时间）数代替更数，如苏承芬修正本的《中沙水路簿》有60余条更路只有里程数而没有更数。由于更数和里程数本身就是数值内容，故可区分单位直接使用。

更路“针位（方位）”指更路航向，一般用罗盘上的方位名称或其组合来表达。罗盘主要由位于盘中央的磁针（指南针）和一系列同心圆圈组成，圆周分成24等分，每等分为15°，从“子”和“午”两字开始，把“子、壬……丁”和“午、丙……癸”分成对称的两部分，相对的两字“子午”“壬丙”……“癸丁”共有12组，每组表示正反两个方向，共构成24个方向。

“针位”有“单针”“缝针”“对针”等多种表述形式，均可从数字角度进行数字化，而部分带“线”缝针数字化稍复杂，周伟民认为“1线”是“3°”,[①] 夏代云认为“一线大致相当于1.5°”[②]。本文赞同一线为1.5°的说法。

通过推演南海岛礁最短距离与航向计算公式，并设计相应的误差估计模型，本文认为选用Web墨卡托投影模型建立南海更路距离与航向计算模型较为合适，多种方式验证的结果也证明了其可靠性。

---

① 周伟民、唐玲玲：《南海天书——海南渔民“更路簿”文化诠释》，昆仑出版社，2015。
② 夏代云：《卢业发、吴淑茂、黄家礼〈更路簿〉研究》，海洋出版社，2016。

## 4.2 更路簿线上展示系统总体框架

为了更好地实现更路簿数字化保护与传承的目的，建立更路簿数据库、开发能全面展现更路簿面貌的综合性网站或移动门户系统非常有必要，图 2 是更路簿线上展示的总体框架模型。

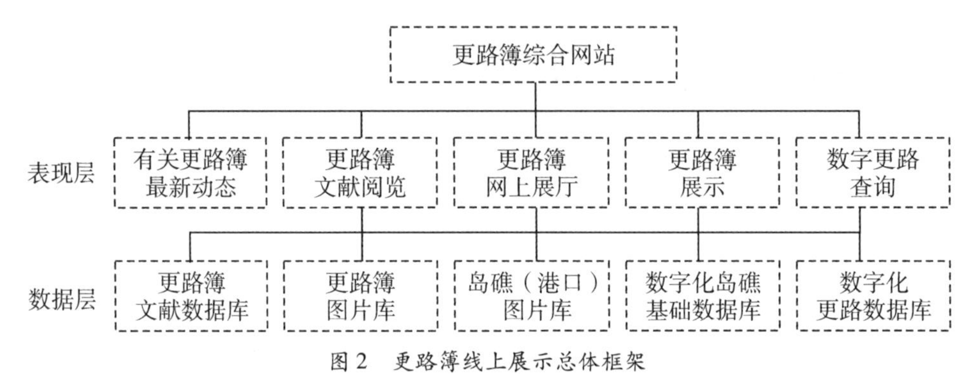


图 2　更路簿线上展示总体框架

## 4.3 主要研究内容

（1）“更路簿”与岛礁图片处理

对已收集到的苏德柳、苏承芬、王诗桃等 20 余册海南渔民更路簿和相关研究课题预计征集的 10 余册更路簿原始本高清影印图片进行数字化处理；对现存更路簿涉及的 170 余座岛礁（港口）的图片进行收集、整理与标准化处理。

（2）数据库建立

在 20 余册更路簿的更路数据库建设基础上，增加高清影印图片数据库，更路簿、针路簿涉及岛礁图片数据库。

（3）更路簿综合网站开发

研发提供文献查询、更路展示、更路簿网上展示等丰富的功能，特别是更路可视化功能（图 3）。

自二圈上猫興用甲庚三便收向東南
自干豆回大潭门用壬丙七更轉回巳亥五
自猫興回大潭门用乾巽十六更半收
自三峙回大潭门乾巽巳亥对十五更收

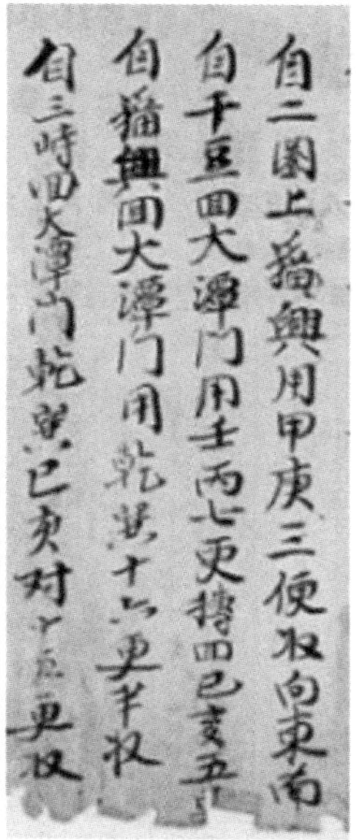

| 更路条目 | 起点俗称 | 讫点俗称 | 主针位 | 更数 | 记载方位 | 起标准名 | 起点经度 | 起点纬度 | 讫标准名 | 讫点经度 | 讫点纬度 | 计算距离 | 计算航速 | 计算航向 | 针位原向 | 针位实向 | 记载方位 |
| --- | --- | --- | --- | --- | --- | --- | --- | --- | --- | --- | --- | --- | --- | --- | --- | --- | --- |
| 自二圈上猫兴用甲庚三更收，向东南 | 二圈 | 猫兴 | 甲庚 | 3 | 东南 | 玉琢礁 | 112.03 | 16.34 | 东岛 | 112.73 | 16.67 | 45.2 | 15.07 | 64.4 | 255 | 75 | 135 |
| 自干豆回大潭门用壬丙七更，转回(用)巳亥五更 | 干豆 | 大潭门 | 壬丙 | 12 | | 北礁 | 111.5 | 17.08 | 潭门港 | 110.63 | 19.24 | 138.59 | 11.55 | 338.9 | 165 | 345 | 0 |
| 自猫兴回大潭门用乾巽十六更半收 | 猫兴 | 大潭门 | 乾巽 | 16.5 | | 东岛 | 112.73 | 16.67 | 潭门港 | 110.63 | 19.24 | 195.61 | 11.85 | 322 | 135 | 315 | 0 |
| 自三峙回大潭门（用）乾巽巳亥对十五更收 | 三峙 | 大潭门 | 乾巽巳亥 | 15 | | 南岛 | 112.33 | 16.95 | 潭门港 | 110.63 | 19.24 | 168.28 | 11.22 | 324.6 | 142.5 | 322.5 | 0 |

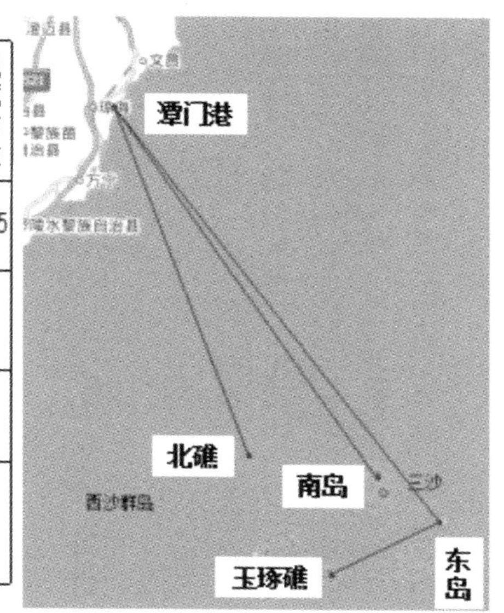

图3 吴淑茂更路簿西沙4条更路—数字更路—更路图可视化示意图

（4）综合研究

包括更路簿数字化针位及其在更路图中的表现形式研究；以做实渔民俗称与标准岛礁的科学论证为目的的地名学、地方文化、航海学、信息学多学科相结合的“存疑更路”综合研究；数字化针位综合分析及其在更路图绘制中的表现形式研究；基于数字更路的针位航向诠释、岛屿俗名诠释等综合研究；基于数字化更路簿的传承性定量分析研究；等等。

# 5 更路簿数字化及综合研究成效

## 5.1 更路数字化

（1）更路数字化模型的建立[①]

更路数字化模型的核心是航线距离与航向计算模型。运用基于更路簿的更路数字化处理与分析模型，首先对卢家炳、苏承芬、陈泽明 3 册更路簿 300 余条更路进行数字化转换，并用该方法精准地发现部分更路簿文献的多处印刷错误和部分值得商榷之处。相关文献作者也因此对更路簿数字化研究方法予以充分肯定。

（2）基于数字更路的统计分析

在原有研究基础上对另外 5 册更路簿约 700 条更路进行数字化，加上之前的 300 余条更路，提出海南渔民更路簿中“每更约合 12.5 海里”的观点。[②]佐证了朱鉴秋先生根据史料记载提出的有关论点，比海南渔民和部分专家学者普遍认为的“一更合 10 海里”更为精确和合理，也与李彩霞用专业地图软件测算的 15 条更路的距离非常吻合。

（3）南海更路图的绘制

继续对另外 13 册更路簿约 2000 条更路进行数字化综合分析，取得系列阶段性成果，并进行了系统总结。[③] 其中，由计算机绘制的南海更路图，以及因更数或针位与更路计算距离或方向差异过大而筛选出的多条“存疑更路”，

---

① 李文化、陈虹、陈讨海等：《“更路”数字化及其应用》，《电脑知识与技术》，2016 年第 12 卷第 30 期，第 235 – 237 页。

② 李文化、夏代云、吉家凡等：《基于数字“更路”的“更”义诠释》，《南海学刊》2018 年第 1 期，第 20 – 27 页。

③ 李文化：《南海“更路簿”数字化诠释》，海南出版社，2019。

非常有研究价值。该专著受到中国海洋法学会会长高之国先生的好评，他认为课题负责人的创新研究方法为更路簿综合性研究提供了一种全新的视角和手段，他在为该著所作序言中指出："首次提出'更路'的数字化方法……；首次利用航海学、地理学和数理知识选取适合南海'更路'航线的最优的航向和航程公式……；在数字'更路'基础首次用计算机绘制出覆盖二十一册'更路簿'、3000 余'更路'、涉及 472 条航路、170 个岛礁与港口的全新南海更路图。"（图 5）

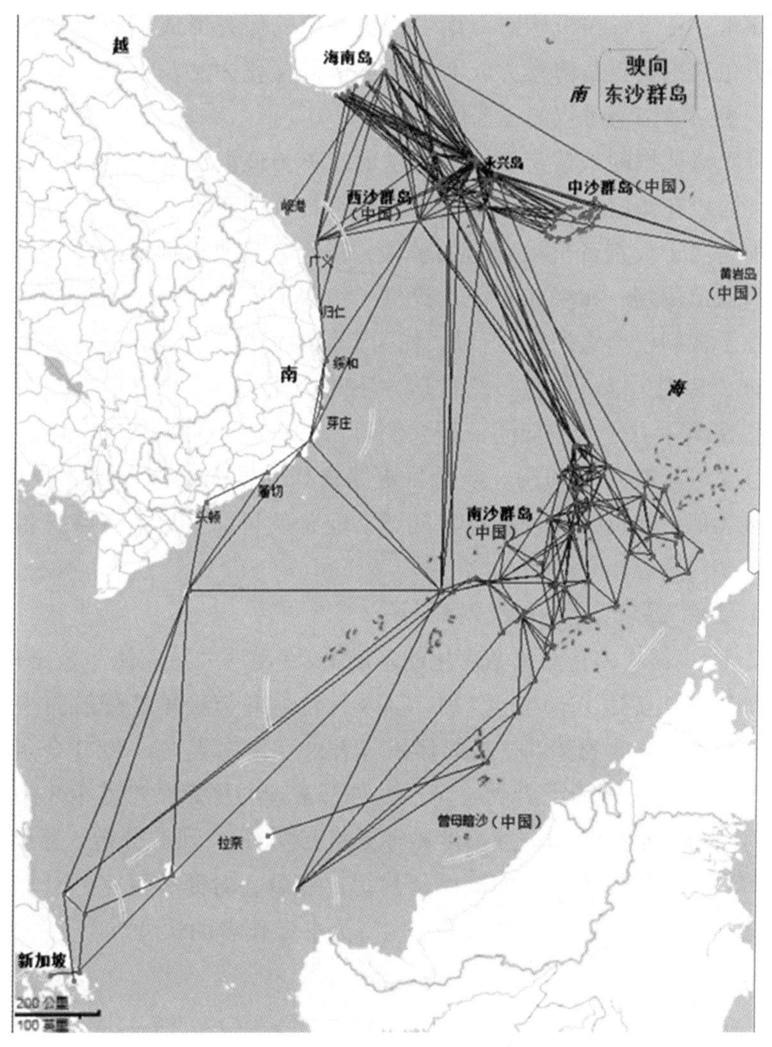


图 5　南海 472 条航路图①

① 李文化：《南海"更路簿"数字化诠释》，海南出版社，2019，第 152 页。

周伟民教授认为，郭振乾的第一张更路图缺失较多，《中国国家地理》杂志据苏承芬更路簿而制的第二张更路图依然不够全面，而基于21册更路簿用计算机绘制的这张更路图是“更路簿研究历史上最全面、准确、清晰的第三张更路图”。

## 5.2 基于数字更路簿的存疑问题研究

近年来，各级各类机构对海南渔民更路簿的研究形成一股热潮，目的就是要全方位地挖掘更路簿作为航海文明载体的文化内涵与史料价值，特别是希望坐实更路簿南海维权的证据价值。

国际上对证据的采信是有严格要求的。英美证据法规定只有具备可采性的证据才可以在法庭上呈现。至于证据是否具有证明价值或具有多大的证明价值，那是属于裁判者自由判断的事项，裁判者只要根据他的经验、一般知识就可以做出裁判，如果认为证人提供了错误的证言，陪审团可以自行将该证据排除于裁判根据之外。[①] 所以，作为证据的资料，首先要经得起理性（逻辑）自证，特别是能经得起自然科学方法的论证。如果自己不进行严密的科学论证，在国际法庭上提交的证据漏洞百出、自相矛盾，不仅会使己方不堪一击，甚至可能被对方利用。如果将更路簿作为南海维权的重要史料使用，则应杜绝类似不能自圆其说的逻辑问题。但是就目前来看，更路簿相关文献仍存在这些问题。

（1）更路存疑问题研究

在21册南海更路簿更路数字化的基础上，《南海“更路簿”数字化诠释》提出了更路平均航速12.5海里/更，以及针位航向与最短航程航向平均偏差12.12°的观点。以此为基础，从周伟民等著录《南海天书》3000余条更路中梳理出100余条航速或距离或航向不太符合常理的更路，对其中8条针位航向极度存疑更路[②]和15条航速极度异常更路[③]进行深入研究分析，提出客观合理的解释，为部分岛礁的海南渔民俗称提出新解，对部分更路的可能笔误提出修改建议，这些基本上都得到了《南海天书》作者的认可。

---

① 陈瑞华：《关于证据法基本概念的一些思考》，《中国刑事法杂志》2013年第3期，第57－68页。

② 李文化、陈虹、夏代云等：《南海〈更路簿〉针位航向极度存疑更路辨析》，《海南大学学报（人文社科版）》2019年第37卷第2期，第18－27页。

③ 李文化、陈虹、夏代云等：《南海“更路簿”航速极度存疑更路辨析》，《南海学刊》2019年第2期，第65－75页。

（2）《更路簿》版本研究

通过计算机定量分析比对数字化更路，发现王诗桃更路簿存在多个版本，并基本证实目前已收集到的几个版本的王诗桃家更路簿均不是《南海天书》和《蓝色的记忆》[①] 中著录的版本。而文献价值最高的正是暂未找到的郑庆杨著作中提及的原本，且抄本一、抄本二存在多处传抄错漏问题，必须进行更正，否则极可能以讹传讹，对更路簿的文献价值与南海维权价值造成不利影响，相关问题的详细辨析情况见下一篇文章。相关研究方法将为其他更路簿的版本研究提供借鉴。

鉴于更路簿在南海维权中的地位和作用，以及数字化在南海更路簿研究中的特殊视角，课题组研究骨干成员多次受邀参加法学、古籍保护等方面的学术交流，均引起较大反响。

存疑更路的研究方法为更路簿科学、定量的深入研究提供了可借鉴的方法，也可为部分更路簿的年代划分提供间接依据。

## 5.3 更路簿数据库建设及其他

（1）更路簿综合数据库建设

已收集整理10余册更路簿高清影印本，收集到更路簿中出现的全部南海岛礁图片，初步完成更路簿 Web 数据库的建立，完成3000余条更路译文建库。

（2）更路簿题材相关文创产品开发

国内某知名游戏公司与中国（海南）南海博物馆合作，以“更路簿”为题材，研发有关推广南海历史、南海物产和南海文明的游戏产品，与笔者签订技术咨询服务协议，意将课题组在更路簿数字化方面的研究成果（数据）用于游戏开发，这将为更路簿文化传播提供一种全新的传播方式。

（3）更路可视化方法

已探索基于百度地图的更路可视化方案，如苏德柳更路簿已可结合百度地图进行可视化展示（图6）。

---

① 郑庆杨：《蓝色的记忆》，香港天马出版有限公司，2008。

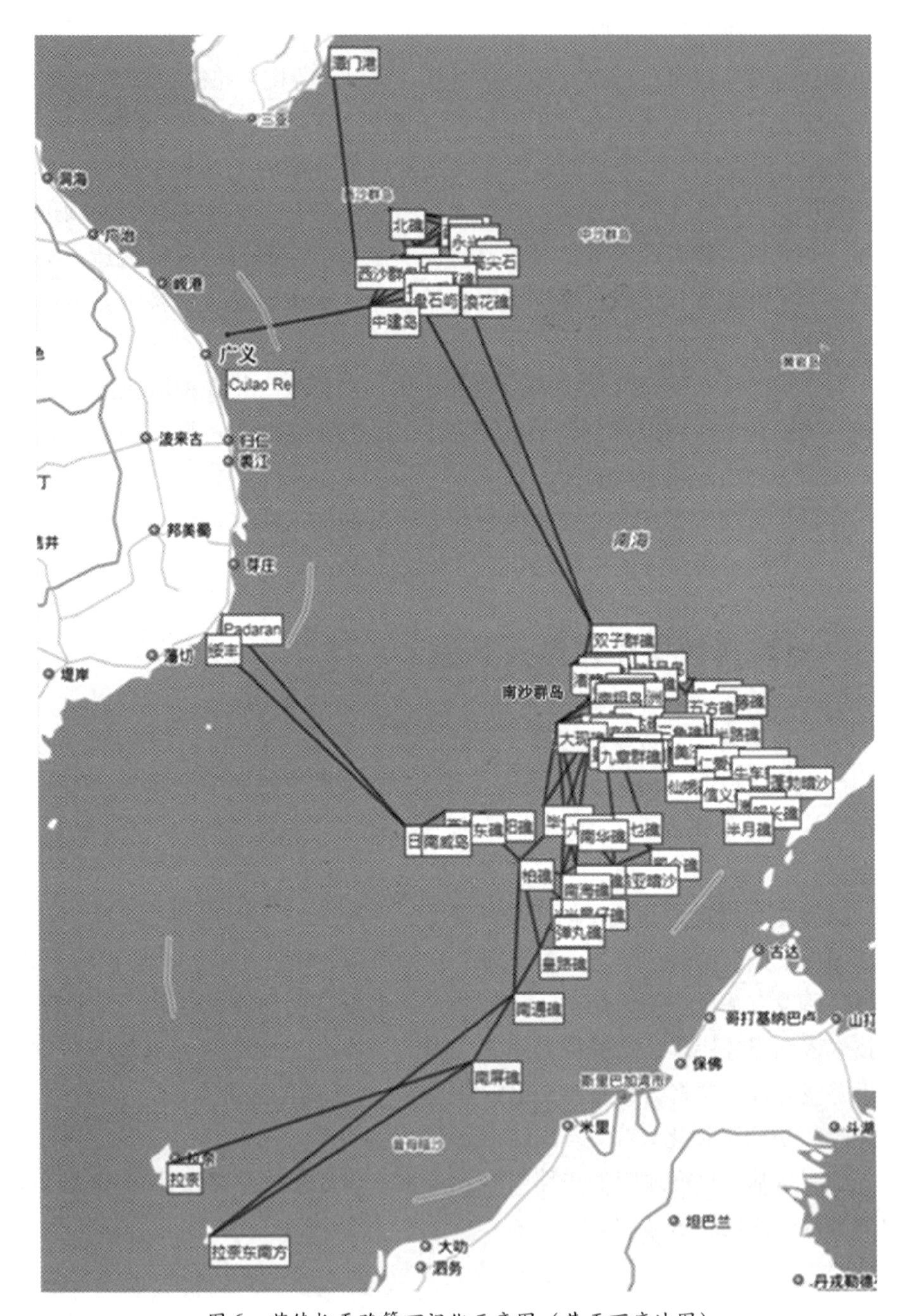


图 6　苏德柳更路簿可视化示意图（基于百度地图）

# 6　结语

近年来，以更路簿为研究对象的众多项目得到国家社科基金、海南省社科基金的大力支持，这无疑对更路簿文化传承有着非常重要的积极意义。部分项目开始引入新的研究方法和技术手段，但目前的研究仍以人文社会科学视角为主。

对更路簿进行数字化有利于其保护，方便其传播，能让更多人了解更路簿文化，也给相关研究者提供便利，但对其综合研究还需要多学科介入。一方面需要利用航海学、地理学、信息科学等学科知识，为更路簿研究提供更科学、更精准的手段；另一方面也要结合人文社科研究方法，为更路簿的多学科研究积累经验，借鉴“敦煌学”等学科体系建立路径，推动“更路簿学”学科建设。

将自然科学的定量研究与人文科学文化研究相结合，对“存疑更路”进行多学科交叉研究，从而把南海更路簿坐实为南海维权史料。南海更路簿数字化研究方法及成效也为类似的珍贵历史文化的保护与综合研究提供了有益的借鉴。

# 不同版本《王诗桃更路簿》之辨析[①]

李文化　陈　虹　孙继华　李冬蕊

南海更路簿既是海南渔民世世代代在南海从事渔业活动的航海手册，也是他们在南海生产生活的历史缩影。更路簿用海南方言记载了众多南海岛礁[②]、周边国家和地区的海岸物标等，是关于海南渔民自主开发南海的历史资料，既具有文物价值、文献价值，又具有法理价值。

更路簿的传承方式多以口口相传或者借鉴传抄为主，在传抄的过程中，抄写人可能同时借鉴多个版本，因此可能会增加新的航路。同时，在长期的航海生涯中，有些船长也根据自己的实践经验总结出新的航路，所以，民间出现不同版本的更路簿并不奇怪。另外，由于渔民文化程度普遍不高，而且更路簿时代的航海技术并不发达，因此有些版本可能会出现一些错误，这是可以理解的。但在“先占”原则的国际法语境下，更路簿作为南海自古是海南渔民“祖宗海”的实物证据，如果我们对其各种版本之间的关系不加以梳理，对其存在的问题不加以甄别，将严重影响更路簿的文献价值与法理价值。

## 1　《王诗桃更路簿》版本问题的发现

在对苏德柳、苏承芬、彭正楷等21册更路簿的3000余条更路的数字化方法[③]分析过程中，发现很多更路簿之间存在着明显的传抄现象。更路簿在传抄过程中常出现别字甚至错、漏现象，原因是多方面的。有些更路是通过口口相传得来的，存在着同音字、谐音字、繁简体等情况；有些是抄录的母本字迹潦草、书写不规范，或是年代久远导致簿册破损等原因而造成的字迹难

① 本文原发表于《海南热带海洋学院学报》2019年第4期。

② 王彩：《海南渔民抄本〈更路簿〉所载南海诸岛俗名再研究》，《琼州学院学报》2015年第3期，第17－26页。

③ 李文化：《南海“更路簿”数字化诠释》，海南出版社，2019，第5页。

辨，再加上船长们不可能每条更路都有航行经历，以致后来者不加辨别地代代相传，由此抄出了有疑问的版本。部分更路簿的某些更路中标有“此条准”字样，说明有些是船长亲自航行试验过之后，对其进行了更正。①

基于更路数字化的统计分析，可以快速、准确地发现部分更路存疑，如王诗桃更路簿中多条更路的航速或针位，如果按照《南海天书》或相关文献的诠释，结果极为异常②（表1）。不同更路簿版本之间的更路条文比对，是找出这些存疑问题产生原因的行之有效的方法，如果再配合相关更路簿手抄本原稿对照，则更为有效。

据了解，《南海天书》中王诗桃更路簿的全部更路条文来源于郑庆杨的《蓝色的记忆》。遗憾的是，该著作仅留存《王诗桃更路簿》原稿的部分影印资料，因此以《蓝色的记忆》为主要蓝本查证存疑更路线索难度很大。周伟民、唐玲玲教授工作室（以下简称“周唐工作室”）最近获得多册南海更路簿手抄影印本，王诗桃家的更路簿亦在其中。经查阅，发现其影像内容与《南海天书》和《蓝色的记忆》著述的更路都存在差异。

2018年11月，笔者专程前往琼海市潭门镇，拜访了王诗桃后人王书保先生。王先生明确表示，周伟民手中的影印本正是王家目前收藏的祖传更路簿。但当笔者问及，为何《蓝色的记忆》中有关王家的更路与周唐工作室收集到的王家影印本内容不完全一致时，他表示不清楚。同时他又表示，他家中还有另外一本，也许就是笔者所指郑庆杨研究过的王家祖传版本。

**表1　《南海天书》所著录王诗桃更路簿更路异常情况**

| 序号 | 更路编号 | 更路条目 | 更数 | 起点标准名 | 讫点标准名 | 计算距离（海里） | 计算航速（海里/更） | 修正航速偏差（%） | 计算航向（°） | 针位航向（°） | 航向误差（°） | 航向估偏（°） | 校正偏差（°） |
|---|---|---|---|---|---|---|---|---|---|---|---|---|---|
| 1 | WST-NS143 | 自五百二去断节沙用丁未三更收 | 3 | 皇路礁 | 仁爱礁 | 215.2 | 71.72 | 418.5 | 39.2 | 22.5 | 16.7 | 1.0 | 5.7 |
| 2 | WST-NS051 | 自铜金去（下）第三用甲庚二更收对西南 | 2 | 杨信沙洲 | 南钥岛 | 7.5 | 3.75 | -60.9 | 246.4 | 255 | 8.6 | 0.0 | 8.6 |

---

① 周伟民、唐玲玲：《南海天书——海南渔民“更路簿”文化诠释》，昆仑出版社，2015，第510、516页。

② 李文化、陈虹、夏代云：《南海〈更路簿〉航速极度存疑更路辨析》，《南海学刊》2019年第5卷第2期，第65-75页。

续表1

| 序号 | 更路编号 | 更路条目 | 更数 | 起点标准名 | 讫点标准名 | 计算距离（海里） | 计算航速（海里/更） | 修正航速偏差（%） | 计算航向（°） | 针位航向（°） | 航向误差（°） | 航向估偏（°） | 校正偏差（°） |
|---|---|---|---|---|---|---|---|---|---|---|---|---|---|
| 3 | WST-NS075 | 自丹节去贡士线用坤未六更西南 | 6 | 南通礁 | 贡士礁 | 315.9 | 52.65 | 311.3 | 12.7 | 37.5 | 24.8 | 2.0 | 24.8 |
| 4 | WST-NS126 | 自三角去双门乙辛辰戌五更收 | 5 | 三角礁 | 美济礁 | 22.9 | 4.58 | -51.8 | 139.8 | 112.5 | 27.3 | 10.0 | 17.3 |
| 5 | WST-NS054 | 自银锅去五风用子午二更正南 | 2 | 安达礁 | 五方礁 | 62.6 | 31.29 | 107.1 | 82.2 | 0 | 82.2 | 2.7 | 79.8 |

注：更路编号由“传承人代码－区域编码＋顺序码”组成，如“WST－NS143”表示王诗桃簿南沙第143条更路。

同年12月，周唐工作室取得王家收藏的另外一册更路簿影印本，经笔者初步鉴定，这一册仍不是郑庆杨所指的王家祖传版本。在本文初稿形成后不久，周唐工作室又提供了新的线索，称2011年课题组曾经用数码相机拍摄了一册王诗桃船长介绍过的王家更路簿。经仔细辨别与分析，发现所拍更路簿与苏承芬据航海经验修正的更路簿版本部分内容一致，疑提供者记忆有误，不应作为王诗桃家新的更路簿版本。

为表述方便起见，我们不妨将《蓝色的记忆》中提及的王诗桃本称为“原本”，周唐工作室早先获得的王家所藏更路簿影印本称为“抄本一”，2018年12月获得的王家影印本称为“抄本二”。

# 2　《王诗桃更路簿》版本比较方法

## 2.1　王诗桃不同版本更路簿的手稿比较

《南海天书》和《蓝色的记忆》均未能提供完整的王诗桃本影印资料，其中《蓝色的记忆》仅提供了三幅王诗桃原本的影印图片，分别是“东海更路部”首页（图1），“立北海更路部”首页（图2），以及“立北海更路部”

的最后5条更路所在页和“琼洲（州）行船更路志录”首页（图3）。①

为了方便比较分析，图4、图5给出抄本一的“东海更路部”首页及含有“在下更路部”字样的某页（含在“东海更路部”中）；图6给出抄本二的“东海更路部”首页；图7给出抄本一的“立北海更路部”首页；图8给出抄本二的“南沙更路部”首页，以便与图2所示原本“立北海更路部”作比较；图9、图10给出了抄本一、抄本二的“其它更路”（各抄本不便简单归为“东沙”“南沙”“西沙”的更路）代表页。

对比上述郑庆杨著作中所提及的王诗桃原本以及王家现在所持有的两个不同抄本的部分手稿图，不难发现，王诗桃原本与其他两个抄本不同。

图1　原本“东海更路部”首页

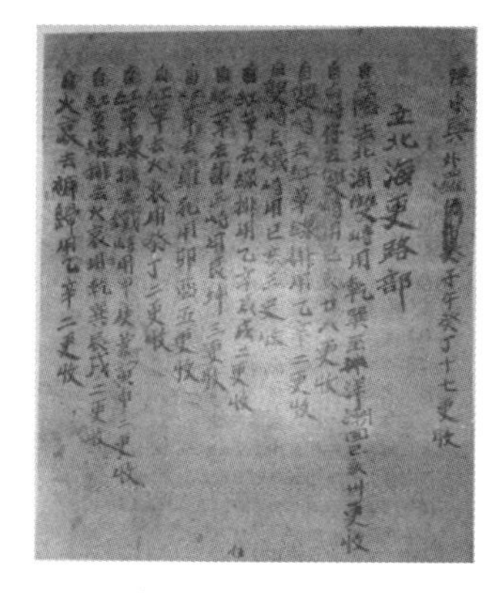

图2　原本“立北海更路部”首页

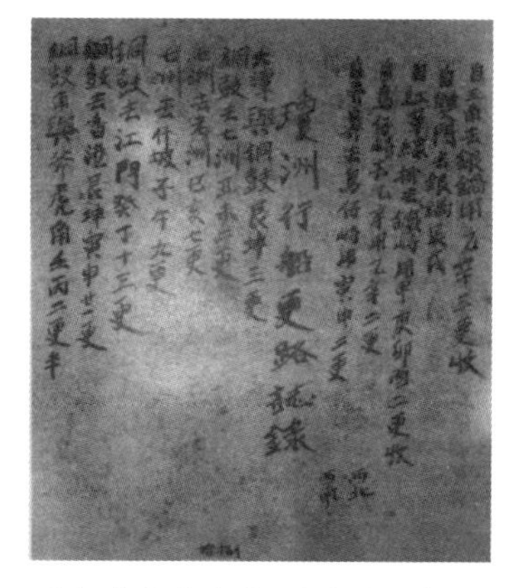

图3　原本“琼洲（州）行船更路志录”首页

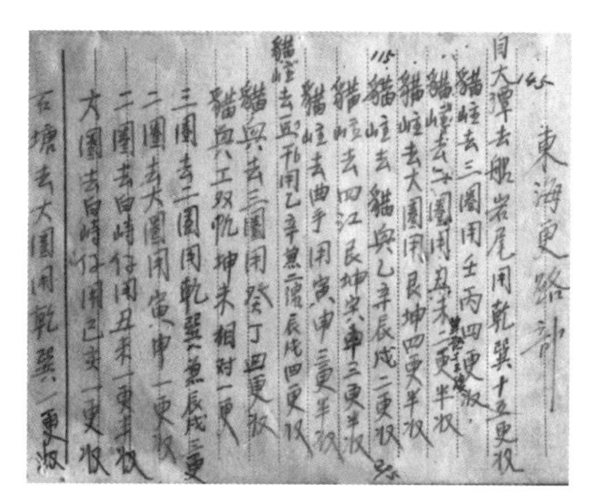

图4　王家所持抄本一“东海更路部”首页

① 郑庆杨：《蓝色的记忆》，香港天马出版有限公司，2008。

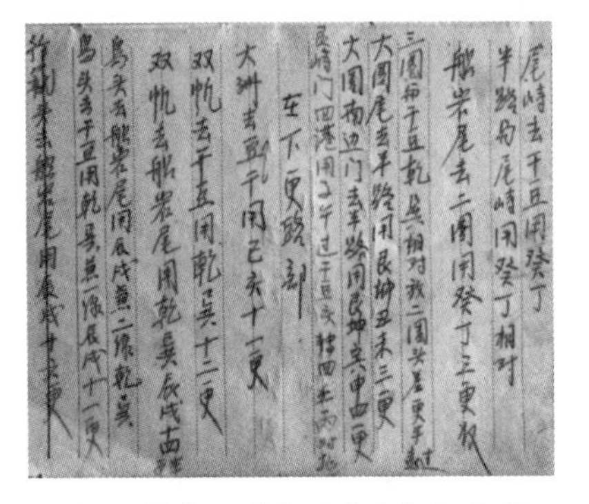

图5　抄本一“在下更路部”某页

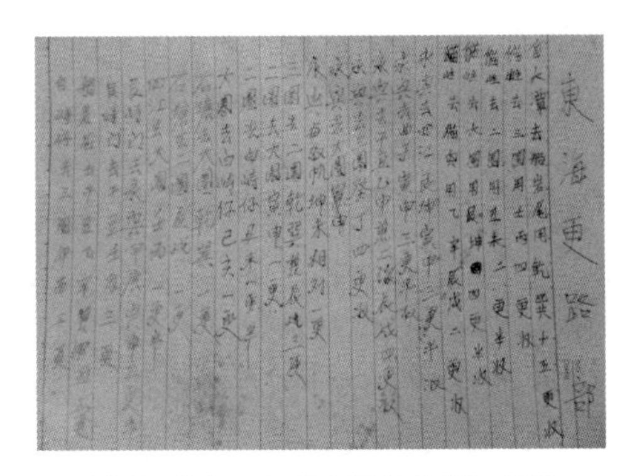

图6　抄本二之“东海更路部”首页

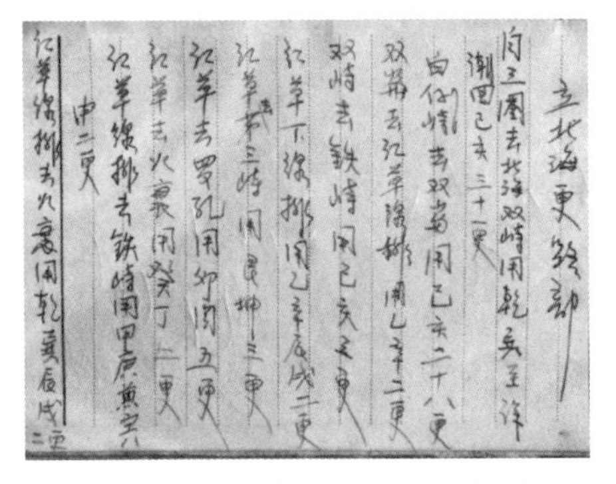

图7　抄本一之“立北海更路部”首页

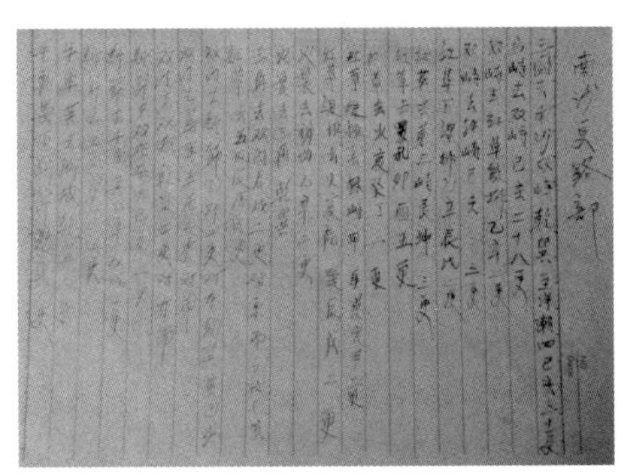

图8　抄本二之“南沙更路部”首页

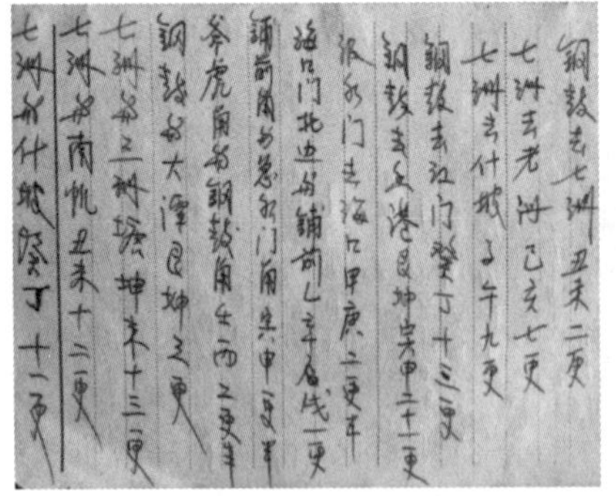

图9　抄本一之“其它更路”代表页

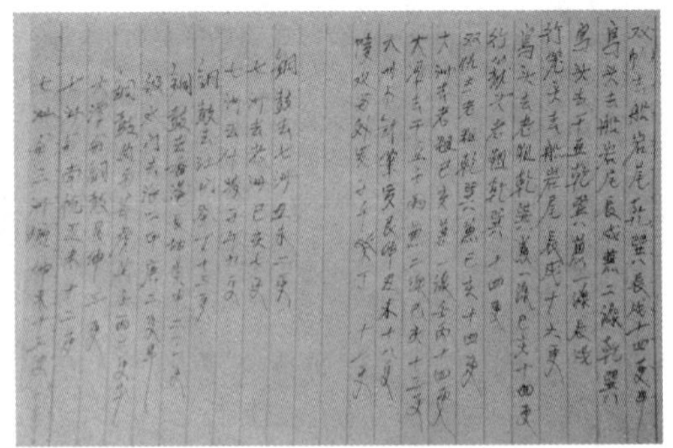

图10　抄本二之“其它更路”代表页

## 2.2 王诗桃不同版本的更路比较

《蓝色的记忆》第二十二章分三个部分列示了原本（郑庆杨收藏）中的“东海更路簿”“立北海更路部”“琼洲（州）行船更路志录”。为方便比较分析，这里按照同样的方法，将抄本一、抄本二也分为相应的三个部分，这样有利于对抄本一、抄本二进行比对分析研究。限于篇幅，本文仅对各版本间的差异部分进行详细说明。

在更路条文中，一般的书写格式为“自<起点>往<讫点>用<针位/角度><更数/里程数>收”，以表示“从哪里起到哪里去，用什么角度，需要多少更或多少里程到达”。在不同的更路簿版本中，“往”一般会用海南俗话的“下”或“去”或“下去”等词语表达；“到达”“至”一般用“收”来表达；有的也可能会省去一些文字，如无“自”或“用”或“至”等。同一起点、讫点和针位的更路，不同版本的表达方式略有不同，包括有些岛礁、地名等的表述，存在同音、谐音或近音字的差别，而有些可能是使用了新的表达方式，甚至有些可能存在使用错误表达方式的情况。

为了尽可能保持各版本更路的逻辑顺序一致，以便比对研究，同一版本的更路按照版本记录顺序编号。为比对不同版本之间的同一更路，有意增加部分空行。为避免产生误解，空行用“<缺>”注明。比较时，原则上以郑庆杨所持原本为基础，如果是原本没有的更路，以抄本一为基础。主要原因是原本资料最原始，体现了其祖传特性。同样的道理，抄本一比抄本二内容更全面，时间也相对要早一些。

后本与前本相比较，如果内容基本一致，或者内容虽有变动但不至于引起误解，一般给予简略处理。如原本第22—31条更路基本上为“自<起点>去<讫点><针位>*N*更收”，抄本一对应更路一般为“自<起点>去<讫点>用<针位>*N*更”，则在抄本一的对应更路条目中注明“类（原本）0-22～31（“0-”指原本），均加‘用’无‘收’”，表示抄本一对应更路在原本针位前面加了“用”而去掉了后面的“收”。如果内容存在明显差异或者容易引起误解的，则在备注中加以说明，详见附表。

# 3 《王诗桃更路簿》几种版本的差异

## 3.1 三个版本更路条目数与航路不完全相同

其一，原本、抄本一、抄本二的“东海更路部”更路数分别为61、99和55条。其中，抄本一更路数最多、最全，原本和抄本二中的“东海”更路在抄本一中都有记录。原本除了第二条更路与抄本一、抄本二相关更路的位置有较大差异外，其余顺序基本一致，但抄本一在原本最后两条更路前“补充”了33条更路，而其中32条更路在抄本二中未有记录，同时，其中的4条更路发现有角度替换针位的情况，有多条更路属于海南岛近海更路（一般归为其他更路）。

其二，原本、抄本一、抄本二的“立北海更路部”（抄本二称为“南沙更路部”）更路数分别为183、183、178条，其中原本与抄本一的更路数量与顺序完全一致；抄本二除间断性缺失5条更路外，其余顺序一致，“抄漏”现象明显。

其三，几个版本的其他更路条目数和记载顺序差异较大，其中原本与抄本一有“琼洲（州）行船更路志录”，分别有36、71条更路，而抄本二对应有“东部及西部行船更”更路29条。

其四，抄本一、抄本二分别有41条、36条更路在原本中未曾发现。

## 3.2 三个版本的笔迹、字体颜色差异比较大

其一，原本均为毛笔字，字体类别和字体颜色统一；抄本一的字体颜色主要有两种；抄本二的字体颜色较多，主要以黑色和蓝色为主，同时兼有红色（“东海更路部”首页就出现三种颜色）、紫灰色等。

其二，“立北海更路部”的字体类别和字体大小，原本与抄本一存在很大差别；抄本二“东海更路部”首页有三种字体颜色，而且字体类别各不相同（“白”“更”字比较明显）。

王诗桃抄本一、抄本二的字迹、字色差异比较大，有人认为这应该是多人多次抄写而成，但王书保先生很肯定地表示两个抄本均为他父亲王诗桃所抄。

## 3.3 三个版本更路表述各有特点

其一，抄本二将“立北海更路部”改为“南沙更路部”，将“北海双峙”改为“南沙双峙”；抄本一首次出现“在下更路部”提法（渔民解释为“潭门港”以南的更路，但此文前后都有“潭门港”以南更路，王诗桃后人未能给出令人信服的解释，故暂且存疑）；抄本一有 36 处岛礁与“猫注”有关，其中近三分之二处被替换为“永兴”，而抄本二中“猫注”几乎全部被替换为“永兴”。这种情况符合更路簿的传承特点：在传抄更路航线的同时，用更加通俗易懂的语言替换原有说法，并增加新获悉的更路航线。

其二，抄本一、抄本二中的其他更路部分，发现有用“角度”代替针位的情况；抄本一、抄本二中的“海口秀英航线”“往西更路航行”的更数精确到“0.1”。

其三，所有版本的更路均未完全遵循“自 < 起点 > 去 < 讫点 > 用 < 针位 > < N > 更至”的传统格式进行记录。原本中的“东海”大都采用“ < 起点 > 去 < 讫点 > 用 < 针位 > 收”格式，“北海”大都采用“自 < 起点 > 去 < 讫点 > 用 < 针位 > 收”格式，而“琼洲（州）”则较为杂乱，但使用“自 < 起点 > 去/放去 < 讫点 >”格式记录的比较多；抄本一记录格式较为简单，大部分更路都去掉了“自”“收”等非关键字，但“东海”的很多更路在针位前增加了“用”字，而“北海更路部”的大部分记录大都去掉了“用”字；抄本二整体表述最为简洁，基本上没有“自、用、收/至”等字。

其四，抄本一、抄本二疑出现“里”代替“更”现象（图 11），因属个别情况，令人费解。

其五，抄本一、抄本二的缝针出现部分以“加”代“兼”的情况，但出现更路不统一，说明抄本一、抄本二之间传抄关系不明显。

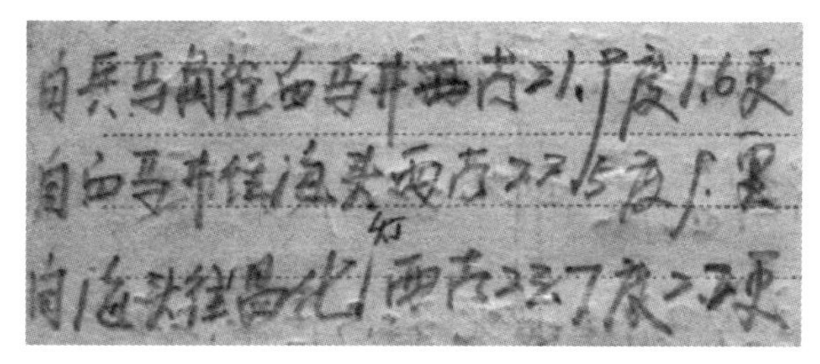

图 11　抄本一“秀英航线”“更”“里”混存更路

## 3.4 三个版本的存疑问题及辨析

由于各种原因，更路簿传抄存在笔误与错漏的情况在所难免，但这些错误必须及时给予纠正，否则将会严重影响更路簿的传承。

其一，抄本二“东海更路部”的第 9、11 条更路中，将“猫兴”抄作“永兴”是明显的理解性错误，即抄写者未搞清楚“猫注（永兴岛）”与“猫兴（东岛）”的区别，因此将原本和抄本一中的两条“猫兴去……”更路，误抄为“永兴去……”。这种错误的产生有可能是王诗桃抄写抄本二时年事已高的缘故。

其二，抄本一和抄本二部分更路的角度记录较异常。如抄本一、抄本二出现“自钢鼓往抱虎角西北 34. 7 度 2. 1 更”更路，“西北”航向角一般在 270°～360°之间，“34. 7 度”让人费解。类似记载还有“西北 34. 4 度”“西南 25. 9 度”“东南 17. 8 度”等 17 处（占此部分 22 条更路的 77. 3%），而另有几条记录为“西南 190 度”“东南 108 度”“西北 306 度”则正常。经比对相关更路的起、讫点航向，外加有“西南”“东南”等方位辅助，基本可以断定这些数值的“.”是多余的，即实际应为“西北 347 度”“西北 344 度”“西南 259 度”和“东南 178 度”。但在抄本二中，有部分更路不仅错误地加了“.”，而且将方位词也去掉了。如抄本一的“自海头角往昌化西南 23. 7 度（笔者注：实际应为 237 度）2. 2 更”更路，在抄本二中记载为“自海头角去昌化 23. 7 度二更二”，没有指明方位，仅凭“23. 7 度”是无法确定该更路是“237 度”航向的。此种情况在该版本还有多处，建议进一步核实，并按照统一标准给予更正。

其三，原本中的“铜章”“铜铳”，在抄本一中基本使用“钢章”“钢铳”代替；在抄本二中，则是“铜章”与“钢章”、“铜铳”与“钢铳”并存。除此之外，笔者尚未在其他文献资料中发现类似表述，故应是以“钢”代“铜”的笔误。

其四，原本“东海更路部”某更路（东海第 8 条）出现过“乙申”（“乙辛”的笔误），多家更路簿予以更正，抄本一亦更正，但抄本二再次出现“乙申”笔误，应与海南话中“辛”与“申”的读音相同有关。附表中，原本第 54 条更路的“五风”在抄本一中已更正为“牛厄”（经辨析，“牛厄”是合适的，详见后文有关内容），但在抄本二中又被变更为“五风”。

其五，原本和抄本一“北海（南沙）”更路中有 4 条与“大光星”和

“光星仔”有关，在抄本二中被抄录为“为光星”和“为星仔”，这种说法未曾见过，“为”字疑是笔误。

## 3.5　三个版本的时间考证与传承性探究

《王诗桃更路簿》原本是用毛笔从右向左，竖行、繁体字抄写的。郑庆杨提到，“1974 年有关部门收集到九本‘更路簿’……《苏德柳更路簿》是公认最早发现的”，“在 20 世纪 40 年代，潭门孟子园村王诗桃也手抄一册，现由笔者收藏”。[①] 同时指出“王诗桃的《更路簿》是综合抄录苏德柳、王国昌和彭正楷等人的《更路簿》”[②]，这与大家普遍认为的苏德柳等簿出现较早[③]是吻合的。可知，原本抄录于 20 世纪 40 年代，是王家三个版本中时间最早的一个。

抄本一为王诗桃当船长时所亲手抄写，内容既有传承原本的更路，也有根据自己的航船经验总结的新更路，同时记录了一些渔业生产知识，如 11 大渔场作业情况、渔业工具的制作图、渔业日记等。其中时间最早、记载内容较为完整的一页有清晰的“57 年 12 月”字样（图 12），据此可初步判断抄本一的抄写时间在 20 世纪 50 年代。

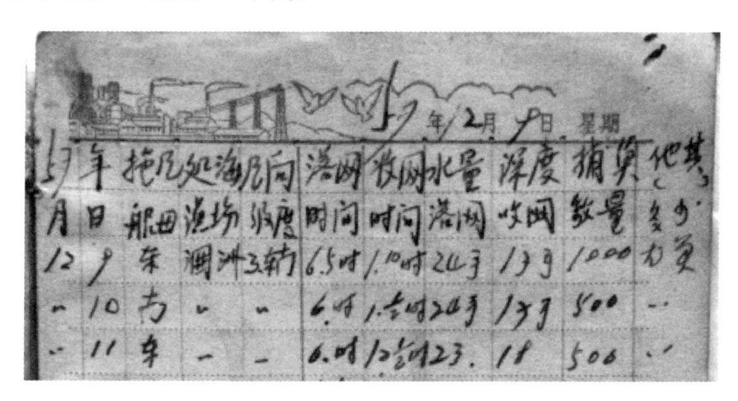
57 年 12 月 9 日 星期

| 57 年 月 | 日 | 拖风 船田 | 处渔 渔场 | 风向 级度 | 落网 时间 | 收网 时间 | 水量 落网 | 深度 收网 | 捕鱼 数量 | 其他 |
|---|---|---|---|---|---|---|---|---|---|---|
| 12 | 9 | 东 | 涠洲 | 3级 | 6.5时 | 1.10时 | 24.5 | 13.9 | 1000 | [illegible] |
| 〃 | 10 | 南 | 〃 | 〃 | 6.时 | 1.5时 | 24.5 | 13.9 | 500 | 〃 |
| 〃 | 11 | 东 | — | — | 6.时 | 12.5时 | 23. | 18 | 500 | 〃 |

图 12　抄本一“57 年 12 月”渔业活动

抄本二部分更路与原本相同，部分又与抄本一接近，特别是其“流水簿”，内容基本与抄本一一致，综合性抄录情况较为明显，且笔迹和字体颜色

① 郑庆杨：《蓝色的记忆》，香港天马出版有限公司，2008，第 256 页。

② 同上条，第 365 页。

③ 李彩霞：《从航海更路簿向渔业更路簿的演变——兼论南海更路簿的分类与分期》，《海南热带海洋学院学报》2017 年第 1 期，第 1－5 页。

存在多处不同。抄本二的内容是抄写在2002年潭门小学奖励给王家孩子的一个笔记本上的，在笔记本扉页有“奖给：王冠同学在2001—2002年度四年级第二学期期终考试……”字样，落款日期为“2002.7.5”，红色公章为“琼海市潭门镇潭门小学”，由此可断定抄本二的抄写时间当在2002年7月之后。

## 4 结语

2018年9月，笔者专程前往琼海市潭门镇拜访苏承芬老船长时，发现他家也有一本《蓝色的记忆》，于是向他请教了有关王家更路簿的情况。苏承芬老船长表示，以前他经常跟王诗桃一起出海捕鱼，当时他也见过王家的更路簿，印象中是用毛笔字抄写的，但是由于年代久远，已经记不清楚是何种笔迹了。

王诗桃后人王书保先生明确表示，郑庆杨在创作《蓝色的记忆》时曾经“借”（郑言为“收藏”）过王诗桃家的更路簿，而且《蓝色的记忆》的扉页有一张郑庆杨与王诗桃先生的合影。由于拍照角度和取景等原因，笔者无法从照片中辨认他们所研究的具体内容，但能看出王诗桃手持簿页的内容与图2极为相似：均为毛笔字体、更路条目数基本一致、最右边均有一条非立北海更路、均有明显的“涂写”痕迹、“更路部”字迹非常相近等等。因此，基本可以证实《蓝色的记忆》所著录《王诗桃更路簿》原本确实存在，且并非王家现持抄本中的任何一种。

毫无疑问，原本的文献价值最高（可惜到目前为止仍未找到）；抄本一的更路基本上覆盖了原本更路，虽然存在部分传抄错误的情况，但仍具较高的研究价值；而抄本二笔迹和字体颜色差异较大，内容遗漏、错误较多，在更路簿已失去应用价值的今天，应予更正后再传播推广，否则将对更路簿的文化传承造成不良影响。

由于古代渔民文化水平不高及口口相传的准确性较低等原因，更路簿在传抄（传承）过程中出现“漏、错”现象是可以理解的，王诗桃抄本存在一些疑问是正常的。郑庆杨曾对《王诗桃更路簿》的多处抄录笔误进行分析与解释，王诗桃老船长本人也证实其家传更路簿确实存在传抄笔误之处，[①] 这与

---

① 郑庆杨：《蓝色的记忆》，香港天马出版有限公司，2008，第356页。

笔者以数字化方法对《王诗桃更路簿》（原本）存在的多处航速极度存疑更路的辨析结论[1]相吻合。其中 WST－NS143 的“断节沙”对应的标准岛礁理解为“南通礁”更妥；WST－NS051 疑存在“更数”记录笔误问题；WST－NS075 疑抄录苏德柳簿时将“墨瓜线”抄为“贡士线”；WST－NS126 的更数（五更）疑与 WST－NS125 的更数（二更）错位；WST－NS054 更路的讫点“五风”为“牛厄”笔误。

当前，更路簿在南海海洋文化与历史研究中的地位逐渐提高，作为稀缺文献资源，其价值也在逐步提高。但其作为历史文献资料，在失去原有的使用价值后，未加研究的转抄就失去了应有的意义。因此，我们应站在对历史负责的高度对更路簿进行深入的研究与分析，甄别出货真价实的抄本并对存在的问题及时加以更正，正本溯源，避免以讹传讹，给后人带去更多的困扰。这也是及时对《王诗桃更路簿》多个版本进行甄别研究之意义所在。

① 李文化、陈虹、夏代云：《南海〈更路簿〉航速极度存疑更路辨析》，《南海学刊》2019 年第 5 卷第 2 期，第 65－75 页。

# 数字人文视域下的南海更路簿综合研究[①]

李文化　陈　虹　李冬蕊

## 1　数字人文的产生、发展与应用

### 1.1　数字人文的基本概念

数字人文（digital humanities），也称人文计算，它是一个将现代信息技术应用于传统人文研究与教学的新型跨学科研究领域，它的产生与发展同数字技术的发展及其在人文社科领域的广泛应用（如信息技术支撑下的人文知识的获取、分析、集成和展示）是分不开的。目前，已有海量的图书、报刊、拓片等文献资料被数字化，供大众通过网络获取和使用。面对海量的数字化人文资料，人文学者急需相应的工具和平台对这些数字化资料进行组织、管理、检索和利用。数字人文正是这些数字资源被应用于人文社科研究的体现方式之一。[②] 为了提高人文社科领域知识的共享水平，越来越多的机构（如图书馆、博物馆和科研院所）开始启动数字人文研究工作，大量的人文主题网站、专题数据库被建立并向大众开放。

作为一个典型的交叉领域，数字人文的研究团队常常既有传统人文领域的学者，也有计算机技术、多媒体技术、网络技术专家。在各领域人员的协作下，诸如数字库、文本挖掘、数字化、可视化等多种信息技术开始在人文领域得到广泛应用。

郭英剑在总结分析各种数字人文概念文献的基础上，总结出数字人文的

---

① 本文原发表于《大学图书馆学报》2020 年第 2 期。

② 王晓光：《“数字人文”的产生、发展与前沿——方法创新与哲学社会科学发展》，武汉大学出版社，2010。

四大基本特征①：首先，人文学科与计算或信息技术相结合，突破了过去文理之间、人文与技术之间隐含的壁垒。其次，人文学科与信息技术相结合，走向了跨学科研究。再次，在单纯的人文学科中引入了数字工具与方法，使人文学科发生了革命性的变化。最后，数字人文的不断发展，使传统的人文学科拓展了新的教学与研究领域，也使传统的人文学科在信息化时代步入了一个新的发展阶段。

## 1.2 数字人文的国内外研究现状

目前，全球的数字人文研究中心主要集中在欧、美、日。欧、美许多高校都设立了数字人文研究中心。北京大学图书馆研究馆员聂华指出，据不完全统计，截至目前，全球已建立200多个数字人文中心或研究机构，但90%以上在北美和欧洲。② 研发机构广泛创立、学者踊跃讨论、学术界广泛交流，产生了众多学术成果，为数字人文学科体系打下夯实的基础，并确立了数字人文跨学科应用的基本架构。

2017年，在多伦多举办的“第四届中美高校图书馆合作发展论坛”上，多伦多大学的陈利博士分享了其在美、英等多个国家的图书馆和档案馆做数字人文研究的体会，分析了图书馆如何通过数字人文项目帮助学者迎接技术革新带来的挑战和机遇；加利福尼亚大学尔湾分校的张颖分享了该校与伯克利分校和斯坦福大学联合发起的一个数字人文项目，即通过网络众包争取不同机构的专家合作编辑出版《明代职官中英辞典》（*Chinese-English Dictionary of Ming Government Official Titles*），实现了从馆藏建设到知识创造；麦吉尔大学图书馆的郑美卿介绍了“明清妇女著作数字化项目”，其收录了分散在各地的明清妇女著作，并将之数字化。③

与国外同行相比，中国的人文学者对计算机技术的应用研究并不算落后。台湾中正大学人文研究中心协同相关机构进行了地理资讯系统与人文研究合作；香港中文大学太空与地理信息科学研究所联合海峡两岸暨香港、澳门相

---

① 郭英剑：《数字人文：概念、历史、现状及其在文学研究中的应用》，《江海学刊》2018年第3期，第190-197页。

② 《专家：我国数字人文领域建设亟待加强》，新华社新闻，2019年10月15日，https://baijiahao.baidu.com/s?id=/64745027062014/646&wfr=spide&for=pc。

③ 艾春艳、朱本军、肖珑：《“第四届中美高校图书馆合作发展论坛”综述》，《大学图书馆学报》2018年第3期。

关机构探讨地理与信息技术方法在历史学、经济学、政治学等人文社会科学领域的应用；武汉大学历史学院与国家遥感工程重点实验室开展了密切合作；南京师范大学在华夏家谱 GIS 平台构建方面进行了尝试；北京大学中文系开发了全唐诗电子检索系统，该系统可以智能分析古代诗词的韵律信息；始于 2004 的中国国家数字图书馆工程也已建设多个数字人文资料数据库。

另有一些重大数字人文项目取得了极大成功，如下所列。

（1）“数字敦煌”计划

2017 年 12 月，敦煌研究院与腾讯携手启动“数字丝路”计划，其将借助腾讯的科技实力，致力于促进丝绸之路沿线文化遗产的保护、传承与交流，让更多人类文化 IP 在数字经济时代大放异彩，从虚拟现实、云计算、游戏等方面推动数字丝路的文化保护与交流。

（2）甲骨文的大数据研究

随着时代的发展，传统的甲骨文研究思路遇到了瓶颈。大数据、云计算的发展为甲骨文研究提供了新的路径和方法。如安阳师范学院组建了一支跨专业、多学科联合攻关的甲骨文信息化处理团队。信息处理团队开始用语言学、数学、计算机科学、信息技术对甲骨文进行语义、语法处理和知识挖掘。[①]

（3）“红学”的大数据研究

黄一农院士曾用多达 60 亿字的各类满汉文档数据库研究红楼梦。[②] 有相关文学研究者通过大数据对《红楼梦》前八十章与后四十章的内容进行分析后，再次提出两部分是否为同一人所写的问题，这是数据分析方法在古代文学研究领域的典型应用。[③]

中外数字人文研究交流正在加强。2019 年 8 月，在第五届“中美高校图书馆合作发展论坛”上，中外人文社会科学研究者分享了多个在特色资源、区域文献建设等领域进行数字人文研究的成功案例。但是，从整体上讲，目前国内的人文学者对数字人文学科发展的关注不够，导致众多人文与信息技术跨学科研究仍处于一个自发状态，这限制了人文计算的可持续发展，不利于传统人文研究的创新与文化传播，在人文资源方面有得天独厚优势的图书

---

① 王胜昔：《甲骨文研究搭上大数据快车》，《光明日报》2016 年 12 月 28 日，第 4 版。

② 徐振国：《黄一农院士以大数据研究红楼梦的冲击和启示——对科技部政治学门的建言与辩白》，《原道》2016 年第 3 期，第 263－269 页。

③ 孙璐荃：《大数据背景下中国当代文学发展的相关思考》，《科教文汇（上旬刊）》2019 年第 8 期，第 152－153 页。

馆人对此亦没有足够的认识。

# 2 南海更路簿研究现状简介

## 2.1 南海更路簿基本情况

在航海科技不发达的古代，海南渔民前往南海从事渔业活动主要靠有丰富航海经验的“船老大”领航。他们在总结航海经验的基础上独创的“航海指导手册”——“更路簿”是一项非常了不起的“航线指南”，有的是手抄本（图1），有的是口口相传。

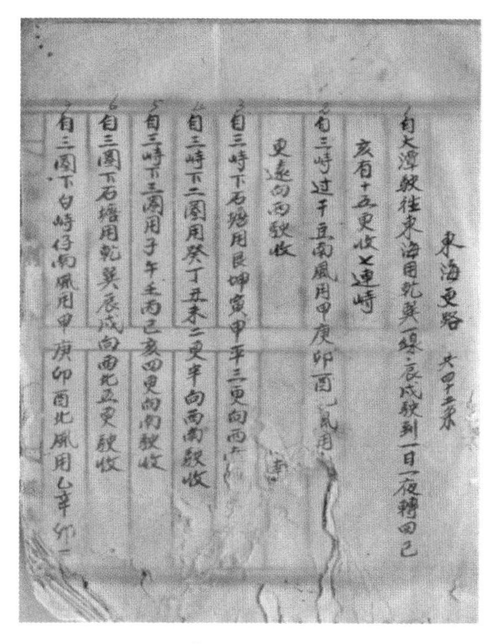
東海更路
自大潭駛往東海用乾巽一線辰戌駛到一日一夜轉回己
亥有十五更收七連峙
自三峙过干豆南風用甲庚卯酉一風用
更遠向西駛收
自三峙下石塘用艮坤寅甲平三更向西
自三峙下二圈用癸丁丑未二更半向西南駛收
自三峙下三圈用子午壬丙巳亥四更向南駛收
自三圈下石塘用乾巽辰戌向西北五更駛收
自三圈下白峙仔南風用甲庚卯酉北風用乙辛卯

图1 王国昌《顺风相送》更路簿手抄本

更路簿是历代渔民闯海智慧的结晶，成书至少历经明、清两代600多年的历史。南海更路簿记载的内容不限于单纯的航海，更包括天文、气象、海洋、历史、地理等方面，又涉及造船、渔业和海洋资源等领域。直到20世纪50年代，更路簿才逐渐引起关注，早期仅有少数专家学者对其开展了一些历史文化研究。

南海更路簿在2008年入选第一批国家级非物质文化遗产保护名录之后，引起学术界和社会的广泛关注，有关部门开始意识到，无论从历史学还是从地名学、航海学等专业角度看，南海更路簿都承载着海南渔民在南海生产生活的鲜活历史，兼具文物价值、文献价值，以及在维护我国南海海洋权益方面的重要证据价值。

目前收藏于广东、海南各地博物馆、图书馆和海南渔民手中的更路簿有40余册，其中1974年有关部门收集到的苏德柳更路簿等9本更路簿最早经整理成书，最具代表性。[①] 海南大学图书馆有“周伟民、唐玲玲教授工作室”（简

① 郑庆杨：《蓝色的记忆》，香港天马出版有限公司，2008。

称“周唐工作室”）收录的40余册真本、影印本，拟于2022年前后影印出版。

## 2.2 研究现状

中国政府及相关学术机构对更路簿的收集、保护与研究非常重视，海南大学成立了更路簿研究中心，并很快在更路簿实证调查和理论研究等方面取得了一定进展。如从事历史文化研究的周伟民、唐玲玲教授的《南海天书》讲述了南海诸岛范围内的岛屿、沙洲、暗礁等及邻近海域基本情况，以及更路簿形成的历史背景及主要内容，包括航行路线、观天知识、气象和水文知识等。① 从事科学技术哲学研究的夏代云教授选取三种具有代表性的更路簿进行全文解读，指出更路簿不仅是航海指南，更是南海海洋文化的文化符号。② 从事地理科学研究的刘南威教授等从地理学角度研究更路簿的起源与发展的环境条件、形成年代、版本传承及文化内涵等，重构文化记忆、复原航海地图，揭示更路簿在南海文化研究方面的理论价值。③ 刘义杰等先生也有多部相关学术著作。④ 高之国教授认为以上国内学者的部分研究成果代表了近年来在更路簿研究方面的最好水平，⑤ 同时也认为“更路簿”的研究仍处于初级阶段，迄今研究的内容和重点主要在于历史和文化两个方面，自然科学中的多学科和交叉学科方面的研究比较少见，仍然存在不少学术研究的空白和盲点。

由于更路簿的特殊性，暂未见国外学者对其进行研究的相关报道。2016年的《南海仲裁案裁决书》中多处提到南海更路簿⑥，有多位外国学者通过不同媒介转述了中国方面的有关立场。

# 3 南海更路簿的数字人文研究实践

《〈更路簿〉与海南渔民地名论稿》收录了张苏吕构建的基于GIS的更路

① 周伟民、唐玲玲：《南海天书——海南渔民“更路簿”文化诠释》，昆仑出版社，2015。

② 夏代云：《卢业发、吴淑茂、黄家礼〈更路簿〉研究》，海洋出版社，2016。

③ 刘南威、张争胜：《〈更路簿〉与海南渔民地名论稿》，海洋出版社，2018。

④ 刘义杰：《〈顺风相送〉研究》，大连海事大学出版社，2017。

⑤ 高之国：《南海更路簿的研究现状与发展方向》，《海南日报》2019年5月29日，第7版。

⑥ “The South China Sea Arbitration,” Award of 12 July 2016, https://pcacases.com/web/sendAttach/2086,P35,36,112,202,309.

簿中出现的南海岛礁土地名数据库[1]，赵静等用数理统计学方法对更路簿的“更”进行的文化分析[2]，以及李彩霞用谷歌地球测算更路距离的研究[3]等，一定程度上体现了更路簿的数字人文研究思维。

笔者在深入了解南海更路簿产生的历史、文化背景，以及海南渔民耕海文化、南海岛礁地理分布等人文知识的基础上，分析了南海更路簿的基本特征、文化内涵，总结其基本规律，综合运用航海学、地理学和数理知识等交叉学科的方法，结合南海区域范围，通过比较分析，选取 Web 墨卡托等角航线模型作为南海更路簿所载更路的投影模型，用“数字”全面解读更路的四大基本要素，提出更路的理论最短航程航路、计算航向（理论最短航程航向）等更路计算模型[4]，并对《南海天书》著述的苏德柳本等 21 册更路簿 3000 余条更路进行数字化处理，用最简明的数字对更路簿进行解读，使更路簿不再晦涩难懂。在此基础上，建立更路数据库，创建航程估算偏差、航向估算偏差等数学模型，运用航海学、地理学和数理知识等交叉学科方法对更路簿进行更为全面、科学的数字化解读[5]，以全新的数字人文视角对更路簿进行综合研究。图 1 更路的主要数字化结果如表 1 所示。

如果仅从人文角度看，表 1 与图 1 直接相关的内容可能只有几项文本内容，如更路条文、起讫点俗称等，而实际上，每一条更路均蕴含大量的人文信息，为更路簿的多角度深入研究提供了元数据。

## 3.1 更路数字化基础研究与分析

### 3.1.1 基于数字更路的“更”义再诠释

“更”是更路簿的一个非常重要而又最难懂的概念，也是学者关注最多、观点不尽统一的研究内容之一。主要原因是古时航海的“更”有多种含义，可表示时间、里程或航速。作为距离计量单位时也有多种说法，从每更约 10

---

① 张苏吕：《基于〈更路簿〉的南海诸岛土地名空间数据库及其文化解读》，硕士学位论文，华南师范大学，2014。

② 赵静、张争胜：《海南民间航海针经书〈更路簿〉中的“更”浅析》，全国高校“中国地理教学研究会”会议论文，海南海口，2014。

③ 李彩霞：《从航海更路簿向渔业更路簿的演变——兼论南海更路簿的分类与分期》，《海南热带海洋学院学报》2017 年第 24 卷第 1 期，第 1 - 9 页。

④ 李文化、陈虹、陈讨海等：《“更路”数字化及其应用》，《电脑知识与技术》2016 年第 12 卷第 30 期。

⑤ 李文化：《南海“更路簿”数字化诠释》，海南出版社，2019。

表 1 王国昌《顺风相送》更路簿东海更路第 1—7 条数字化主要数据

| 更路编号 | 更路条文（条目） | 起点俗称 | 讫点俗称 | 主针位 | 更数 | 记载方位 | 起点标准名 | 起点经度（°） | 起点纬度（°） | 讫点标准名 | 讫点经度（°） | 讫点纬度（°） | 平均里程（海里） | 误差里程（海里） | 平均航速（海里/更） | 计算航向（°） | 针位航向（°） | 航向差（°） |
|---|---|---|---|---|---|---|---|---|---|---|---|---|---|---|---|---|---|---|
| WGC-XS001 | 自大潭驶往东海用乾巽一线辰戌驶到一日一夜转回巳亥有十五更收七连峙 | 大潭 | 七连峙 | 乾巽 | 15 | — | 潭门港 | 110. 63 | 19. 24 | 七连屿 | 112. 33 | 16. 94 | 168. 70 | 1. 35 | 11. 25 | 144. 9 | 133. 5 | 11. 4 |
| WGC-XS002 | 自三峙过干豆南风用甲庚卯西北风用乙辛卯西皆三更远向西驶收 | 三峙 | 干豆 | 甲庚卯西 | 3 | 西 | 南岛 | 112. 33 | 16. 95 | 北礁 | 111. 50 | 17. 08 | 48. 51 | 0. 00 | 16. 17 | 279. 5 | 262. 5 | 17. 0 |
| WGC-XS003 | 自三峙下石塘用艮坤寅申平三更向西南驶收 | 三峙 | 石塘 | 艮坤寅申 | 3 | 西南 | 南岛 | 112. 33 | 16. 95 | 永乐群岛 | 111. 64 | 16. 44 | 50. 14 | 32. 36 | 16. 71 | 232. 5 | 232. 5 | 0. 0 |
| WGC-XS004 | 自三峙下二圈用癸丁丑未二更半向西南驶收 | 三峙 | 二圈 | 癸丁丑未 | 2. 5 | 西南 | 南岛 | 112. 33 | 16. 95 | 玉琢礁 | 112. 03 | 16. 34 | 40. 60 | 2. 32 | 16. 24 | 205. 9 | 202. 5 | 3. 4 |
| WGC-XS005 | 自三峙上三圈用子午壬丙巳亥四更向南驶收 | 三峙 | 三圈 | 壬丙 | 4 | 南 | 南岛 | 112. 33 | 16. 95 | 浪花礁 | 112. 52 | 16. 05 | 55. 06 | 2. 17 | 13. 76 | 168. 9 | 165. 0 | 3. 9 |
| WGC-XS006 | 自三圈下石塘用乾巽辰戌五更向西北驶收 | 三圈 | 石塘 | 乾巽辰戌 | 5 | 西北 | 浪花礁 | 112. 52 | 16. 05 | 永乐群岛 | 111. 64 | 16. 44 | 55. 65 | 33. 86 | 11. 13 | 295. 0 | 127. 5 | 12. 5 |
| WGC-XS007 | 自三圈下白峙仔南风用甲庚卯西北风用乙辛卯西三更向西驶收 | 三圈 | 白峙仔 | 甲庚卯西 | 3 | 西 | 浪花礁 | 112. 52 | 16. 05 | 盘石屿 | 111. 79 | 16. 06 | 41. 83 | 10. 93 | 20. 63 | 248. 7 | 240. 0 | 8. 7 |

海里、40 里甚至 100 里的都有，给读者带来了很大的困扰。

笔者以相关计算模型为基础，从人文计算角度对卢家炳本、苏承芬本、王诗桃本等 8 册更路簿的 700 余条更路进行测算，得出每“更”约 12.0 海里（考虑到实际情况，调整为 12.5 海里）的结论，并得到相关历史文献佐证，也与后来 10 余册更路簿 2000 余条更路的计算结果高度一致，进而以更精确的数据重新诠释了南海更路簿的“更”义①，相比渔民认为的“每更约 10 海里”的精度有所提高，为更路簿定量研究提供了更科学的依据。

### 3.1.2 基于航海学的更路航向研究与分析

现代航海学中，人们习惯将事先拟定的从起点到终点的航线称为计划航线，对应的前行航向称为计划航向。实际上，受季风与洋流的影响，船舶航行时的实际方向（称为真航向）一般都会与计划航向有一个偏差。②

普遍认为，洋流流速一般不超过 1.5 海里/小时，特别是南海海域，流速一般在 0.2～0.4 m/s，即 0.39～0.78 海里/小时③，南海更路簿的更路航速约为 12.0 海里/更，约是南海洋流流速的 10 倍，行船受洋流影响有限。21 册更路簿基本明确起、讫点位置的更路有 3056 条，有针位记载的更路有 3011 条，既明确起、讫点位置又有针位记载的更路共有 2994 条。理论上，更路针位角度与理论最短航程航向角度平均偏差为 12.1°，其中苏承芬根据祖传更路簿并结合自身实践进行创新的修正本更路簿中有 89 条更路直接用角度代替针位，从而使航向角度误差从 7.5°（缝针针位）下降到 1.5°（带线针位）再到 1°（角度），这些更路的航向角度与理论最短航程航向角度平均偏差 3.9°，④ 航向角的精确度明显提高，也与洋流对行船影响有限的分析是吻合的。

### 3.1.3 高频岛礁统计

运用计算机统计 21 册更路簿中相关航路出现频次较高的岛礁，可以分析统计渔民俗称高频岛礁（可以进一步区分标准名表中出现过的俗称以及未出现过的俗称——基本上为更路簿中首次出现的俗称）、标准名岛礁。《南海诸岛标准地名表》中有记载的渔民俗称出现频次超过 120 次的岛礁、无记载的

---

① 李文化、夏代云、陈虹：《基于数字“更路”的“更”义诠释》，《南海学刊》2018 年第 1 期。

② 王志明、陈利雄、白响恩：《航海导论》，上海交通大学出版社，2018，第 132 – 134 页。

③ 甘子钧、蔡树群：《南海罗斯贝变形半径的地理及季节变化》，《热带海洋学报》2001 年第 1 期，第 1 – 8 页。

④ 李文化：《南海“更路簿”数字化诠释》，海南出版社，2019，第 49、50 页。

渔民俗称出现频次超过 60 次的岛礁、按岛礁标准名统计出现频次超过 150 次的岛礁分别如表 2—表 4 所示。

表 2　有记载的渔民俗称出现频次超过 120 次的岛礁

| 序号 | 标准序号 | 标准名称 | 渔民俗称 | 出现次数 |
|---|---|---|---|---|
| 1 | 204 | 仁爱礁 | 断节 | 134 |
| 2 | 223 | 六门礁 | 六门 | 129 |
| 3 | 11 | 北礁 | 干豆 | 130 |
| 4 | 111 | 中业岛 | 铁峙 | 129 |
| 5 | 122 | 太平岛 | 黄山马 | 122 |

表 3　无记载的渔民俗称出现频次超过 60 次的岛礁

| 序号 | 标准序号 | 标准名称 | 渔民俗称 | 出现次数 |
|---|---|---|---|---|
| 1 | 51 | 浪花礁 | 三圈 | 125 |
| 2 | 226 | 榆亚暗沙 | 深圈 | 75 |
| 3 | 199 | 仙娥礁 | 鸟串 | 70 |
| 4 | 45 | 东岛 | 猫兴 | 73 |
| 5 | 157 | 西月岛 | 红草 | 67 |

表 4　按标准名统计出现频次超过 150 次的岛礁

| 序号 | 标准序号 | 标准名称 | 出现次数 |
|---|---|---|---|
| 1 | 51 | 浪花礁 | 165 |
| 2 | 125 | 安达礁 | 156 |
| 3 | 26 | 玉琢礁 | 154 |
| 4 | 11 | 北礁 | 151 |

## 3.2　基于 GIS 的更路图及其可视化

在更路数字化的基础上，用计算机绘制出覆盖 21 册更路簿的 472 条航路（只考虑起、讫点）、169 个岛礁与港口的南海更路图（图 2）。这比目前普遍认为的 200 多条航路多出一倍以上。周伟民先生认为，该图是继郭振乾所绘更路图、《中国国家地理》杂志所刊更路图之后最全面、最准确、最清晰的第三张更路图。李文化团队提出能体现“航向”的更路线路图绘制方案，并用计算机绘制出覆盖 21 册更路簿 90% 以上的带针位航向的更路航线 1069 条；也模拟了渔民按更路航线从起点到讫点的航行过程（图 3）。

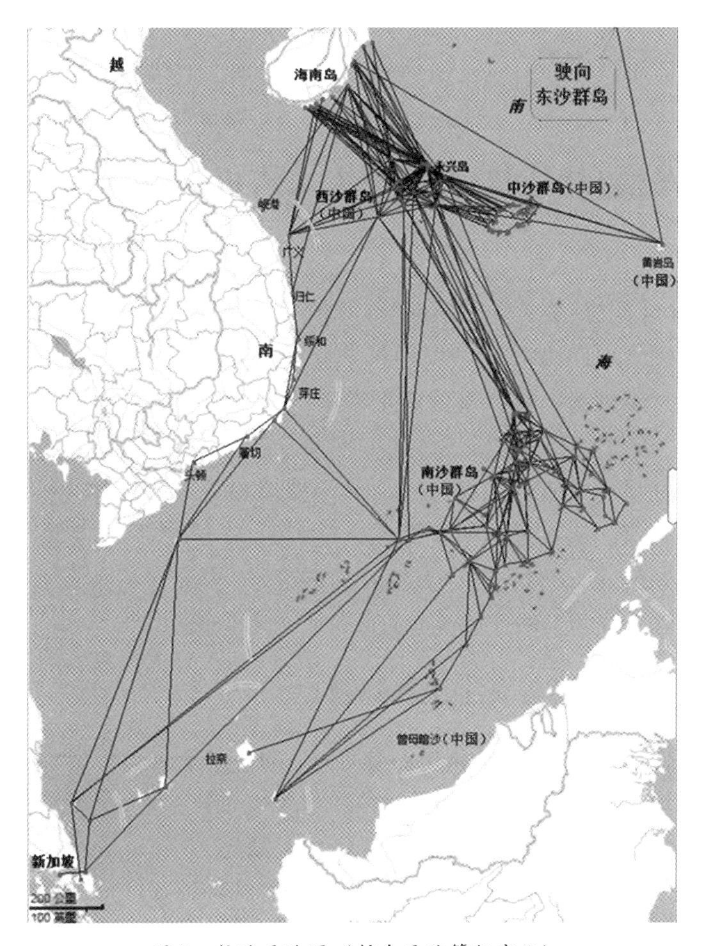


图2　航路更路图（摘自更路簿数字化）

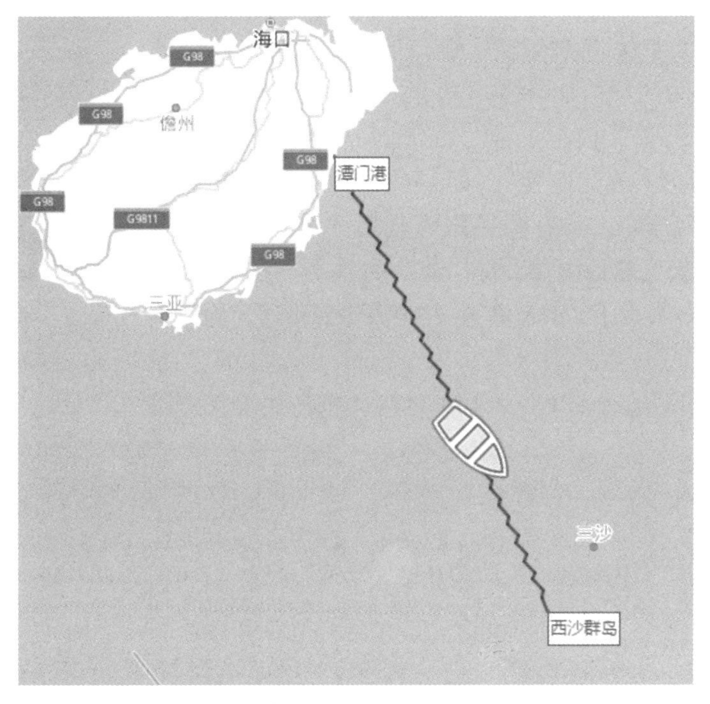


图3　渔船按带针位更路航行的动画模拟截图

## 3.3 更路簿存疑问题的数字人文辨析路径

基于12.0海里/更及针位航向与计划航向（计算航向）平均偏差12.1°的统计数据，结合更路簿时代海南渔民文化水平与航海科技条件的历史背景，根据现代统计学理论，对严重偏离正常认识的更路提出合理质疑（称为极度存疑更路），进而利用计算机进行文本检索与数据挖掘，找出同类更路，进行比较分析，并尽可能查看更路原稿、影印稿或相关文献资源，有条件的还可以征得渔民证实。通过这种研究路径，笔者对21册更路簿的20余条极度存疑更路提出新解。[①] 另外，在研究王诗桃更路簿中的极度存疑问题时，发现新版本和新问题，这里从数字人文角度予以归纳和补充。

### 3.3.1 手抄本数字与文字误释问题

苏承芬修正本西沙第99条更路SCF1－XS099（更路编号，“SCF1”是“苏承芬修正本”，“XS”指“西沙”，后有“NS”指“南沙”）“白峙仔至大圈尾……”更路表示从“盘石屿”到“华光礁”西南处，《南海天书》著述该更路航程为135里（海里）[②]，这与“盘石屿”到“华光礁”的计算距离约11.12海里相差极大。而其他簿册涉及“盘石屿”到“华光礁”的更路记载“更”数多为“1”，意即约12海里。因此，SCF1－XS099中的“135海里”极不正常。经查证苏承芬修正本原稿（图4），该处实为“13浬”（即13海里——笔者注），因手写体较为潦草，且有些更路簿是用“里”代替“海里”，所以极可能是作者误将“浬”的“氵”看成“5”，将“13浬”看成了“135里”。经与原作者沟通，确如笔者所料。

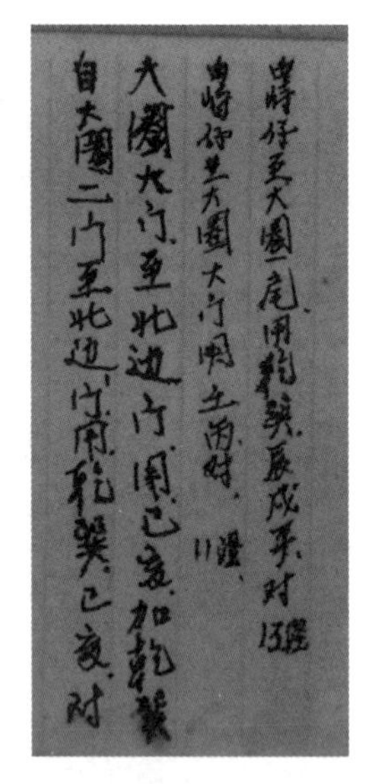

图4 SCF1－XS099更路原稿

类似情况还有SCF1－XS054更路“东岛往浪花礁用

① 李文化、陈虹、夏代云：《南海更路簿航速极度存疑更路辨析》，《南海学刊》2019年第2期；《南海“更路簿”针位航向极度存疑更路辨析》，《海南大学学报（社科版）》2019年第3期。

② 周伟民、唐玲玲：《南海天书——海南渔民“更路簿”文化诠释》，昆仑出版社，2015，第326页。

丁未平对□度38浬”，《南海天书》著述的角度为“108度”①，但这与该更路的针位“丁未”角202.5°相差极大，极度异常。再查看苏承芬修正本原稿，发现此更路记载的航向角被涂改，难以辨认。继续将此处与同页其他更路的数值“9”比对，该更路的计算航向为198.6°，结合苏承芬修正本记载角度与计算航向角平均相差3.9°的情况，笔者认为被涂改处为“198度”而不是108度，该论断后得到苏承芬老船长的确认。

后又用类似方法，发现夏代云教授著作中将黄家礼更路簿手稿中的“六”误识为“二”的问题。②

### 3.3.2 南海岛礁土地名误释问题

《南海天书》将SCF1-XS125“大州至双帆石用艮坤寅申对”更路的“双帆石”解释为西沙群岛的“高尖石”(112°38′，16°35′)③，但这种解释下的航路计算航向与针位航向偏差达到83.2°，若解释为陵水县的“双帆石”(110°8′，18°26′)，则偏差只有1.4°。另外，此更路前后更路均为海南岛近海更路，解释为陵水县双帆石与更路簿文化特征较为吻合。通过进一步地数据探索，发现《南海天书》将苏承芬修正本另外几条与“双帆”有关的更路解释为“高尖石”是正常的，故疑《南海天书》作者没有将“双帆（高尖石）”[注：按“土地名（标准名）”格式书写，下同]与“双帆石”进行区分。后与作者沟通，得到认同。

另有多条与“地节”有关的更路，《南海天书》认为“地节”是“丹节(南通礁)”之意④，但计算航速与航向角的偏差均大为异常，而如果将“地节”按“断节（仁爱礁)”解释，则计算航速与航向偏差均恢复正常。《南海天书》将苏承芬修正本SCF1-XS078“巴兴往中沙用辰戌九更东南”更路中的“中沙”解释为“中沙洲”，亦存在计算航速与航向角偏差极度异常情况，而如果将“中沙”解释为“中沙群岛”则恢复正常。为进一步确认，笔者专程前往苏承芬老船长家中请教，以上论断均得到其认可。

### 3.3.3 基于更路簿之间更路比对的存疑更路辨析

为释疑蒙全洲MQZ-XS005“自猫注去大圈用乾巽四更”更路针位用

---

① 周伟民、唐玲玲：《南海天书——海南渔民“更路簿”文化诠释》，昆仑出版社，2015，第320页。

② 夏代云：《卢业发、吴淑茂、黄家礼〈更路簿〉研究》，海洋出版社，2016，第344-345页。

③ 同第一条，第330页。

④ 同第一条，第429页。

“乾巽”问题，发现21册更路簿中表述“猫注（永兴岛）”到“大圈（华光礁）”的更路共有8条，除MQZ－XS005外，其余7条的航向偏差均小于平均航向偏差12.1°，计算航速与对照航速12.0海里/更也非常接近。而MQZ－XS005更路除针位与这7条更路有明显差异外，其余均相同或接近，故疑该更路的针位存在误传。因找不到更路簿原稿或影印本，具体原因待查。

为释疑陈泽明CZM－NS057更路讫点“秤钩线”问题，发现21册簿中仅有冯泽明FZM－NS057（后文将阐述“冯簿”实不存在）与CZM－NS057的航路是“银锅（安达礁）”至“秤钩线（华礁）”，针位航向与计算航向偏差达到83.7°，计算航速为39.46海里/更，均极度异常。将陈泽明“自东海过北海更路”的102条更路与林鸿锦相应更路比对，发现除CZM－NS057“自银锅去秤钩线用向辰戌一更收上用乙辛卯酉”与林鸿锦LHJ－NS057“自银并去高杯线用向辰戌一更收上用乙辛卯酉”的讫点不同外，陈泽明其余更路几乎与林鸿锦更路一一对应（顺序、起点、讫点完全相同，更数与针位基本相同）。而“银锅（安达礁）”到“高杯线（舶兰礁）”的平均航速与航向偏差均正常。据此，疑CZM－NS057更路讫点“秤钩线”是“高杯线”的笔误。

为释疑王诗桃WST－NS126“自三角去双门乙辛辰戌五更收”更路航速（4.58海里/更）极度偏低问题，比对其他更路簿18条同航路更路，它们的更数均为“2更”，平均航速为11.46海里/更，均正常。而相邻的WST－NS125更路“自裤归去三角用乙辛辰戌二更收”更数为“2更”，平均航速为26.80海里/更，极度偏高；而在其他更路簿中，共有19条同航路更路的更数均为“5更”，平均航速为10.72海里/更，均正常。结合WST－NS125/126两条更路的针位完全相同，又都是与“三角”有关的更路，疑两者的更数记载在传抄过程中发生错位。

## 3.4　基于更路数字化的更路簿版本问题的发现与辨析

### 3.4.1　王诗桃簿多个版本的发现与比较

在研究王诗桃更路簿时，发现WST－NS054更路在《南海天书》中被记为“自银锅去五风用子午二更正南”，并被诠释为“银饼（安达礁）”至“五风（五方礁）”[①]，而“安达礁”至“五方礁”航路的计算航向为82.2°，针

① 周伟民、唐玲玲：《南海天书——海南渔民“更路簿”文化诠释》，昆仑出版社，2015，第369页。

位航向为180°，偏差达到97.8°，计算航速约31.29海里/更，亦与参照航速12.0海里/更有巨大偏差，极为异常。

经计算机搜索，“安达礁”至“五方礁”航路在21册簿中未被发现，进一步比较王诗桃簿WST-NS001至WST-NS075与苏德柳簿SDL-NS001至SDL-NS075共75条更路，发现除了WST-NS054与SDL-NS054“自银饼去牛厄用癸丁二更收对西南”① 有差异外，其余更路起点、讫点、更数、针位、方位基本上都相同，这一理解整体上与南海更路簿之间存在传抄关系的历史背景是吻合的。而SDL-NS054更路对应航路［即“安达礁”至“牛厄（牛厄礁）”］的计算航向与针位航向偏差为5.1°，平均航速11.43海里/更，均属正常，疑是《南海天书》著述有误。经与该书作者沟通后才了解到，2015年之前撰写《南海天书》时，作者是参考了郑庆杨《蓝色的记忆》中的相关内容，而该著作只有更路条目的铅印内容，没有完整的更路簿影印资料，不过作者周伟民教授说后来他拿到了王诗桃家的更路簿原本。笔者查询了周教授提供的王诗桃更路簿后，很快就找到该稿与存疑更路高度相似的内容，而且发现相关更路讫点的手写体并非“五风”，而与“午风”较为接近，再仔细辨认，发现为“牛厄”的可能性更高（图5）。至此，笔者认为原作者将“牛厄”看成了“午风”，并理解为“五风”。笔者自以为找到问题的原因，但继续查看，发现这套更路簿的更路条目数多于《南海天书》著述的条目数。而且相关手稿与《蓝色的记忆》中收录的三张照片有明显差异，应不是同一簿册（这一发现让周教授团队感到非常意外）。随后，笔者找到王诗桃后人王书保先生了解情况，他先说周教授手中的本子应就是当年郑庆杨研究的本子，但又无法解释笔者提出的疑惑；后又说家中还有一本更路簿，可能是笔者提到的原本。经研究与辨认，笔者确认其仍不是郑庆杨研究过的原本。

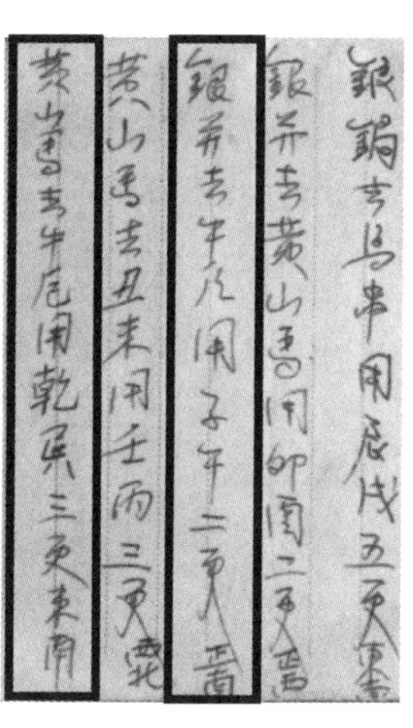

图5　NS052-NS056相关更路

2019年3月，周唐工作室再次提供新的线索，称曾在2011年拍摄了一组王诗桃本人出示过的王家更路簿，虽经辨认仍不是原本，但周教授认为是王家“第四本”。笔者将这个所谓的“第四本”更路簿录入数据库后，经计算机比较，发现内容与已入库的苏承芬修正本的部分内容高度一致。疑惑之余，

① 广东省地名委员会编《南海诸岛地名资料汇编》，广东省地图出版社，1987，第90页。

找到苏本影印稿，发现这个“第四本”与苏本影印稿对应照片虽稍有差异，但从内容到笔迹再到纸张甚至修正内容，都几乎完全一致，明显是同一套更路簿两次拍摄的结果。笔者认为周教授可能记忆有误。后经苏承芬确认，该本确为苏家所传。经求证照片拍摄人，才知该本是在拍摄完王诗桃家更路簿的同一天去苏承芬家拍摄的。因为在同一天拍摄，故周教授出现记忆混淆也属正常。

为便于表述，笔者将《蓝色的记忆》所载郑庆杨与王诗桃合影中一起研究的王家更路簿称为原本，将周唐工作室在2016年获得的王家所藏更路簿（有“57年”字样）称为抄本一，2018年年底获得的称为抄本二（有“2002年”字样）。原本价值最高，抄本一、抄本二错漏较多，三个版本的传抄关系比较明显，有待继续深入研究。

### 3.4.2 冯泽明簿不实问题辨析

《南海天书》所绘制的冯泽明更路簿与陈泽明更路簿（简称“冯簿”与“陈簿”）的更路图高度相似，可以很直观地发现两簿的航路非常相近（图6），甚至陈簿出现的极度存疑更路CZM-NS057与冯簿FZM-NS057也完全一致。说明两簿存在很强的关联性。

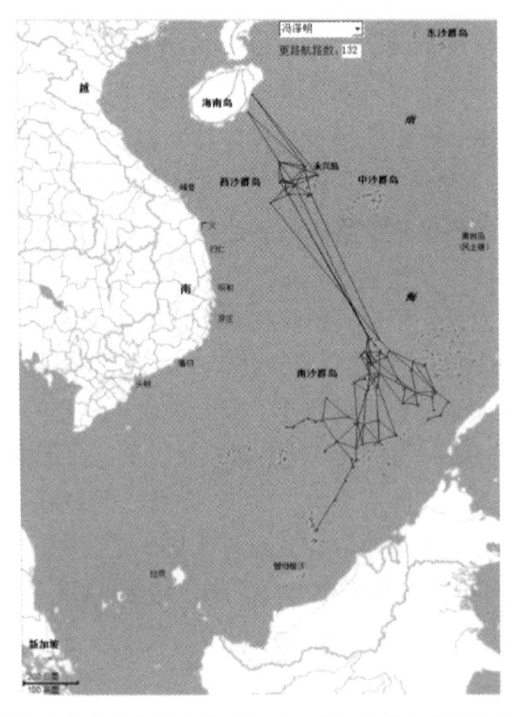


图6　冯泽明与陈泽明更路图比较（来源：《南海“更路簿”数字化诠释》）

比较《南海天书》两簿更路条目，发现冯簿的“西沙更路”比陈簿少2条，这2条更路在陈簿标识为“铅笔字，难识别或勉强识别”，冯簿“北海更路”相比陈簿少了最后3条，陈簿比冯簿少了第16条，而其他同有的141条更路几乎完全一致。为一探究竟，笔者到周唐工作室查找两簿的影印稿，结果只发现陈簿而未见冯簿，且冯簿少掉的2条更路在陈簿影印稿中是2条模糊更路（图7），冯簿少掉的另外3条更路为陈簿“北海更路”部分最后一页，陈簿少的第16条更路在影印稿中是存在的。据此，笔者高度怀疑《南海天书》的冯簿为陈簿的另一次录入结果。后经周唐工作室证实，他们在《南海天书》出版后的三年时间里一直在调查冯簿，但无结果；也曾怀疑冯簿可能就是陈簿，今得笔者的分析印证，终于可以还原事实真相了。为避免此错误继续误传，建议周唐工作室给出更正说明。

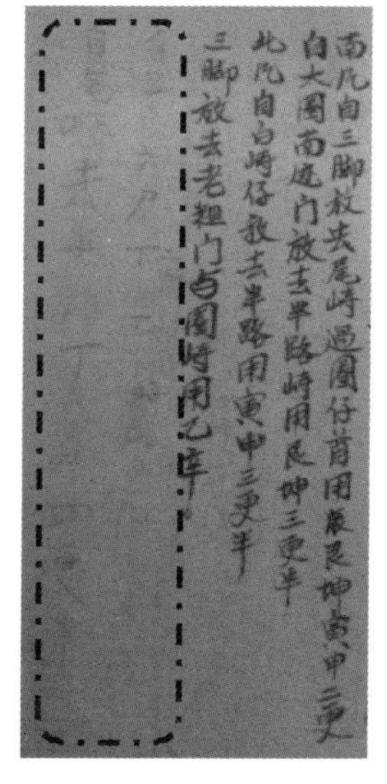

图7　陈簿2条模糊更路（虚框内）

## 3.5　王诗桃抄本一“东（在）下更路部”分析

在王诗桃抄本一的“东海更路部”第二页有“东（在）下更路部”表述（图8），在其他簿中未发现过，请教多人均不知其含义，王家后人亦不能道出其意。

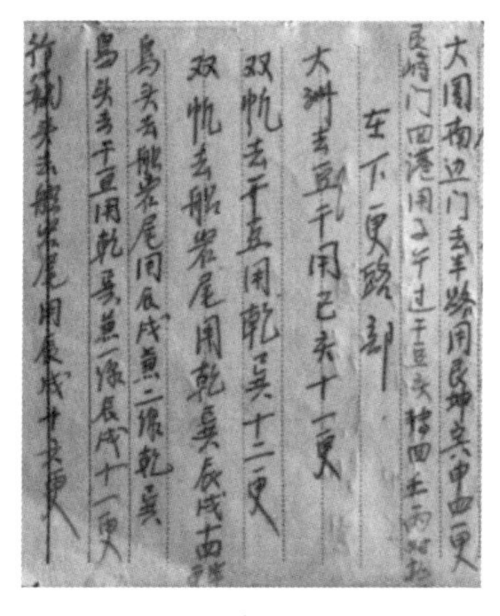

图8　抄本一“东（在）下海更路部”原稿

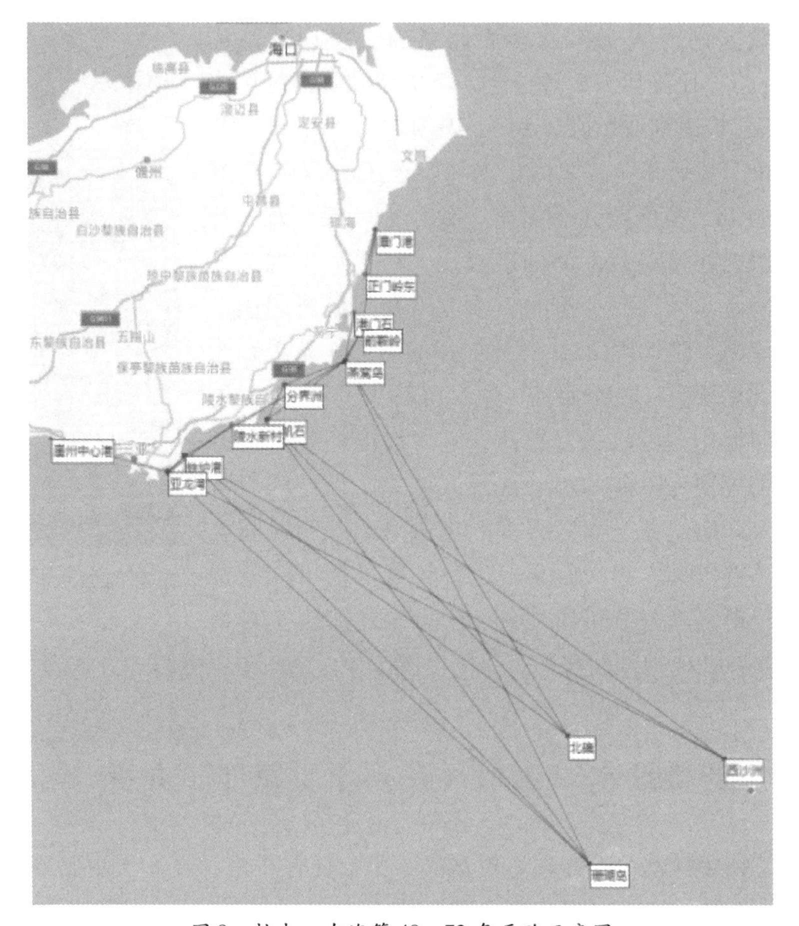


图9　抄本一东海第49—72条更路示意图

就“东（在）”字，目前学界存在多种看法。周伟民教授说他与潭门老船长沟通后认为是“在”字，指“在潭门港以南”之意。但这种解释仍有令人费解的地方：“东海更路部”基本上都是从潭门港出发向南的更路，为何在此处标明是“在潭门港以南”？另外，“在下更路部”出现在此页中间，是指后面（左边）的更路为“在下”，还是指本页更路全部都是“在下”？

笔者将图8发给海南大学书法协会爱好者们辨认，有人认为是“东”字，也有人认为是“在”字；海南民俗博物馆高永南馆长认为是“东”字，且认为“东下”指方位。这与更路簿常用“东海”“立北”等表述风格较为吻合，有一定的道理。

进一步比较发现，从“东（在）下更路部”后的第一条更路（也是“东海更路部”第49条更路）“大洲去干豆……”开始，至第72条更路“双帆与分界……”止，都是从海南岛近海岛礁或港口出发的更路（图9）。“东

（在）”到底为何字，暂未找到更有说服力的文献资料佐证，有待进一步求证。

## 3.6 基于人文计算的综合研究

### 3.6.1 王诗桃抄本一系列“笼”名所指位置

王诗桃抄本一部分更路出现大量的“某某笼”，如“大笼”“一笼”“二笼”“三笼”“丑未笼”“半路笼”。从整体上看，此部分更路基本上集中在“东岛”“双帆”“永兴”附近，而这些岛礁周边的岛、礁、滩主要有“银砾滩”“滨湄滩”“湛涵滩”“西渡滩”等。经综合计算相关更路的距离、计划航向，结合渔民关于“笼”的说法的形成，疑“一笼”“二笼”“三笼”指“湛涵滩”的三个暗礁，“笼子”疑指“湛涵滩”最下面的“三笼”边缘。而“丑未笼”“半路笼”分别指“北边廊”“银砾滩”，如图 10 所示。该结果得到王书保和苏承芬的肯定。

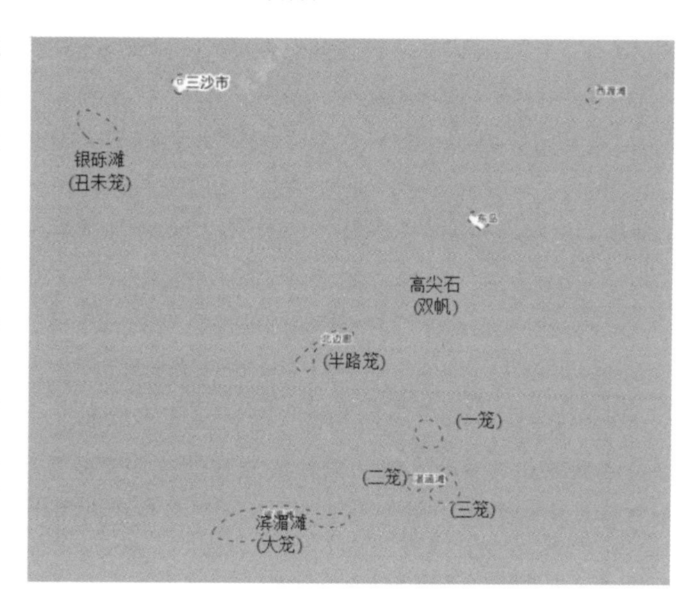


图 10　与“笼”有关岛礁疑似位置

### 3.6.2 王诗桃三个簿册出现的“铜鼓去江门癸丁十三更”更路中的“江门”

此更路前后更路均为海南去往广东沿海航路，猜测“铜鼓”应指文昌的“铜鼓角”，“江门”应指广东沿海某江河的“入海口”。经测算，该区域适合海南渔民商船入驻的“港口”有多处，比较有代表性的如图 11 所示。结合此更路记载的针位航向及距离，疑为广东阳江境内的“北津港”处“虎门”角，其他处则平均航速与角度偏差较大。2019 年 7 月 22 日，笔者与周唐工作室助理前往琼海市潭门镇请教苏承芬老船长，他说这条更路的“江门”就是指“虎门”，与笔者的数字化分析结果一致。

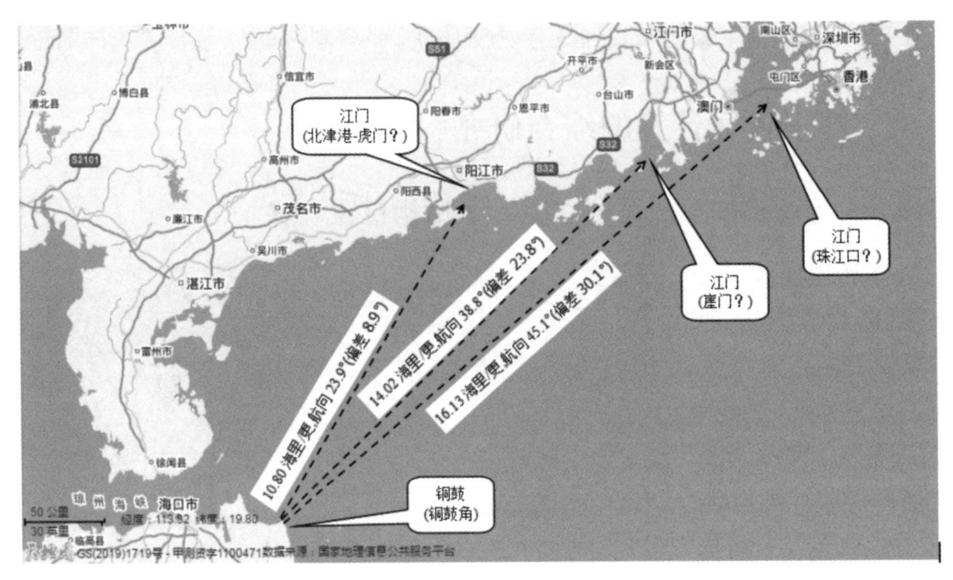


图 11 “江门”可能的位置示意

笔者此后用类似方法共推演了王诗桃 3 个簿册近 30 处位于海南、广东近海或南海及北部湾的岛礁、港口或渔场的渔民俗称所指标准地名，大部分结果与相关文献表述相吻合，部分俗称为已发现更路簿中首次出现。

### 3.6.3 其他问题的发现与分析

笔者在研究王家 3 个版本更路簿的关系时，还发现一些其他问题。如抄本二部分更路将“猫兴”抄作“永兴”，疑是传抄者未搞清楚“猫注（永兴岛）”与“猫兴（东岛）”的区别；部分更路的航向角度存在明显异常，如同一更路既指明是“西北”方向，又将航向记录为“34.7 度”，类似情况共有 17 处；误将“铜章”“铜铳”传抄为“钢章”“钢铳”；将部分更路的“大光星”“光星仔”抄录为“为光星”“为星仔”。多疑为王诗桃晚年体弱时误抄导致，详细情况见笔者此前公开发表的文章①，此不赘述。

## 3.7 更路簿影视作品与游戏产品开发

从事人文传播研究与实践工作的张军军教授创作了以南海更路簿为历史

① 李文化、陈虹、孙继华等：《不同版本〈王诗桃更路簿〉辨析》，《海南热带海洋学院学报》2019 年第 3 期。

背景的动画片人设与场景，其通过创作影视作品，对更路簿的跨文化研究与国际传播做出有益尝试，让更路簿文化走出国门，促进“一带一路”倡议与国际性文化交流构想的进程。

2018 年 7 月，中国（海南）南海博物馆与盛大游戏签署战略合作协议，拟通过在文创产品开发、功能游戏传播、文物数字化及大数据整理等方面的合作，共同传播南海文化，其中独创与南海文化深度结合的以“更路簿”为题材的功能游戏将是亮点。与会专家认为，通过游戏的形式让“更路簿”这份承载厚重南海历史文化遗产的宝贵财富传承给广大青年群体，“探索南海，模拟古代先民们的海上生活”，意义重大。该游戏兼具趣味性与教育性，能让用户在享受游戏的感官娱乐的同时，学习了解海南民间以文字或口口相传的南海航行路线知识、岛屿名称与航海故事等。据了解，该游戏 V1.0 版目前已通过专家评审并正式上线。

作为盛大更路簿游戏开发项目的顾问之一，笔者在更路数字化方面提供了一定的技术支持。

# 4 基于数字人文的南海更路簿多学科交叉融合研究展望

2017 年南京大学召开“数字人文：大数据时代学术前沿与探索”学术研讨会，与会学者既有来自高等院校人文社科学院的，也有来自图书馆、博物馆及数字化研究等文化机构的；研究内容涵盖历史地理信息、数字史学、数字博物馆等；研究技术包括数字计算、文本识别、数学人文建模等，充分体现了数字人文的多学科交叉融合特点。高校图书馆既收藏有大量可供研究的人文资源，又拥有众多不同学科背景的研究馆员，大多还有信息技术支持部门，再借助高校人才优势，是可以走在数字人文研究前列的。南海更路簿主要研究力量集中在海南大学，海南大学收藏的更路簿主要集中在图书馆，海南大学图书馆理应在基于数字人文的更路簿研究中有所担当。

从前文列举的多个实例可以看出，基于数字人文视角的更路簿研究能在短时间内精准地发现纯人文社科视角下无法发现的更路簿研究问题，优势极为明显。鉴于更路簿传承方式的特殊性及古代渔民文化程度普遍不高等原因，部分更路簿存在错漏问题是可以理解的，并不能因此怀疑其重要的史料价值。但不加辨识的人文研究，甚至做出非常明显的错误诠释，会造成更路簿以讹传讹问题的发生，这是对历史的不负责任。而数字人文视角下的更路簿研究，则更容易发现问题，研究更加科学、深入，用事实与数据说话，更具说服力，研究结果的呈现方式更直观，也更容易让人理解与接受，对更路簿文化的保护、传承与综合研究更加有利。笔者从数字人文角度开展的更路簿研究，在较短时间内所取得的研究成果能得到有关专业人士的高度认可①，也是对数字人文视角下的更路簿研究的一种认可。

李国强、高之国、周伟民等学者呼吁尽快构建“更路簿学”学科②，高之国曾经多次呼吁开展“更路簿”的抢救性发掘研究，建议设立“南海更路簿研究的国家专项”，组织动员全国的科研力量和资源，全面系统、深入地开展以数字人文为代表的“更路簿”跨学科研究，发挥“更路簿”在维护国家领土主权和海洋权益方面的重要和积极的法理作用，为建设海洋强国、实现中华民族伟大复兴作出新的更大的贡献。

更路簿承载的历史资料非常丰富，涉及面广。当前，基于数字人文的更路簿研究虽然取得了一些成效，但依旧不够全面深入，还有很多内容没有开展研究，如各簿中记录的中医药、渔场位置、流水日志等，还需要相关学科研究者的参与和更多技术的利用。应在现有研究成果的基础上对更路簿开展全面、系统的跨学科综合研究，以期形成较为完整的南海“更路簿学”学科研究体系，借助现代数字化技术、数据管理技术、可视化与VR/AR技术等构建更路簿综合信息平台，以直观、交互、智能方式实现更路簿综合服务。

---

① 高之国：《南海更路簿的研究现状与发展方向》，《海南日报》2019年5月29日，第7版。

② 李国强：《〈更路簿〉研究评述及创建“更路簿学”初探》，《南海学刊》2017年第1期。

# 南海更路簿算法模型的建立与验证

李文化　袁　冰　陈　虹

## 1　南海更路簿基本情况

### 1.1　南海更路簿历史由来

在航海科技不发达、没完备的海图和导航设施的古代，渔民出海谋生主要靠掌握丰富“航线”的“船老大”引导。海南“船老大”在总结航海经验基础上独创出一套“航海指导手册”——更路簿（又称更路经、水路经、水路簿等），是一项非常了不起的“航线指南”。它们有的是手抄本（图1），有的是口口相传，但都是海南渔民世代闯海智慧的结晶。

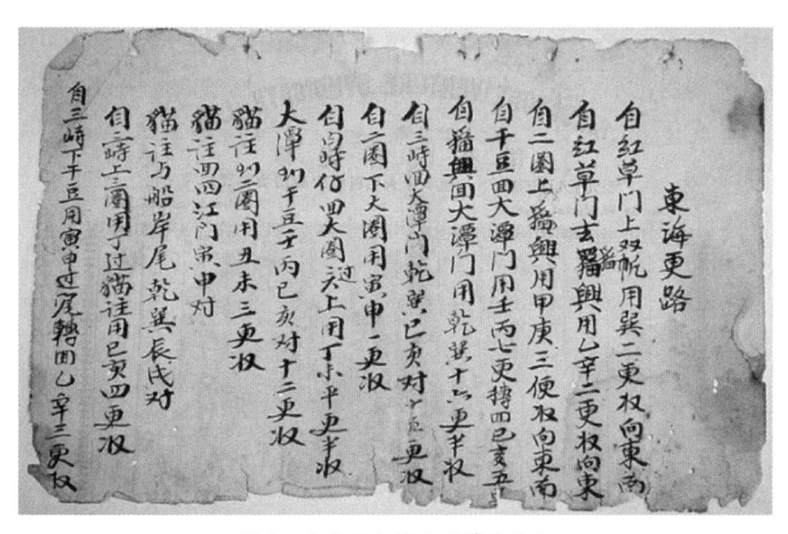
東海更路
自紅草门上双帆用巽二更收向東南
自紅草门去貓興用乙辛二更收向東
自二圈上貓興用甲庚三使收向東南
自干豆回大潭门用壬丙七更轉回巳亥五
自貓興回大潭门用乾巽十六更半收
自三峙回大潭门乾巽巳亥对十六更收
自二圈下大圈用寅申一更收
自白峙仔回大圈过上用丁未平更半收
大潭驶干豆用壬丙巳亥对十二更收
貓注驶二圈用丑未三更收
貓注回四江门寅申对
貓注与船岸尾乾巽辰戌对
自白峙上三圈用丁过貓注用巳亥四更收
自三峙下干豆用寅申过尾轉回乙辛三更収

图1　选自吴淑茂更路簿手抄本

南海更路簿最早出现在元代，盛行于明末、清代和民国时期，在2008年入选国家非物质文化遗产名录。每册更路簿一般记载有几十至几百条航海线路，称为“更路”或“更路径”，每条更路记载着的南海某条“航线”的信息，绝大多数更路簿还将更路分为“东海更路”“北海更路”“中沙更路”等，分别指西沙群岛、南沙群岛、中沙群岛更路。

## 1.2 更路要素

每条更路一般有起点、讫点、航向和航程四个要素，如图1所示，吴簿东海第一条更路“自红草门上双帆用巽二更收向东南”表示从“红草门”去“双帆”，航向为“巽”的东南方向，航程“二更”到达。更路在传抄过程中，具体表述形式也会发生一些变化，如用“里程”代替“更”。

（1）起点与讫点

起点、讫点即指航路的起始点和到达点，海南渔民一般用方言表述南海岛礁，多与岛礁形状、位置等有关，[①] 学者将其称为“土地名”或“俗称”，如吴簿第三条更路的“二圈”（土地名）指玉琢礁（标准名），“猫兴”（土地名）指东岛（标准名）。

（2）航行方向

更路航向一般用罗盘上的24个卦位名称或其组合表达，如“午”“子午”等，因其用指针表述指向，故称“针位”。“针位”有“单针”“对针”“缝针”等多种表述形式，部分用带“线”缝针表示的稍显复杂。一个针位往往对应相差180°的两个方向，有经验的船长因对南海岛礁大致位置比较熟悉，实际航行时他们是不会搞错方向的，部分更路通过“东南西北”方位词进一步明确针位具体方向。如吴簿第一条更路的“巽”对应135°/315°两个角度，因有“向东南”，说明该针位实际指135°这个角度。

（3）航程

关于更路簿的“更”数，多数学者认为其既表时间又表里程，是更路簿比较特有的用法，这也是“更路簿”获称的主要原因。海南渔民普遍认为“一更约10海里”。

## 1.3 中外更路簿研究概况

当前的更路簿研究主要集中在国内，如周伟民、唐玲玲教授对南海更路

---

① 阎根齐：《论海南渔民〈更路簿〉中地名命名的科学与合理性》，《南海学刊》2016年第3期。

簿进行了较为全面的文化诠释,[①] 夏代云教授对三册有代表性的更路簿进行了详细的研究,[②] 阎根齐、刘义杰等学者也有多部相关学术著作，代表了近年来国内更路簿研究的水平。

由于更路簿的特殊性，目前有关的外文文献并不多见，主要有：2016 年《南海仲裁案裁决书》多处提到更路簿;[③] 日本学者 Yoshifumi Tanaka 在对该裁决书进行评论时也提到更路簿;[④] Roszko 在相关专著和论文中也提及中国政府已把更路簿作为有争议的群岛应属于中国的重要证据资料。[⑤]

# 2 更路数字化及相关计算模型的建立

## 2.1 航海学视角下的更路航线

现代航海学中，习惯将事先拟定的起点到终点的航线称为计划航线，对应前行航向称为计划航向。实际上，受风与洋流（简称风流）的影响，船舶航行时的实际方向（称为真航向）一般都会与计划航向有一个偏差 $\alpha$，两个方向之间的夹角称为风流压差角。[⑥] 风帆时代，渔船航行动力主要为风力，普遍认为洋流流速一般不超过 1 公里/小时[⑦]，特别是南海海域，流速一般在 0.39～0.78 海里/小时[⑧]。

海南渔民基于对风、流等航海气象和水文要素的了解，预先将风流压差形成的偏移量修正到航向中并记录下来，这就是更路中的针位航向，相当于真航向，即船头的实际指向，船舶只要依此航行就能最终到达计划的目的地。而依据起、讫点经纬度推算的“最短距离”航线所对应的航向，称为计算航

---

① 周伟民、唐玲玲:《南海天书——海南渔民“更路簿”文化诠释》，昆仑出版社，2015。

② 夏代云:《卢业发、吴淑茂、黄家礼〈更路簿〉研究》，海洋出版社，2016。

③ “The South China Sea Arbitration,” Award of 12 July, 2016, https://pcacases.com/web/sendAttach/2086, P. 35, 36, 112, 202, 309.

④ Yoshifumi Tanaka, “Reflections on Historic Rights in the South China Sea Arbitration (Merits),” *The International Journal of Marine and Coastal Law* 32, no. 3 (2017): 458-483.

⑤ Edyta Roszko, “Locating China's Maritime Silk Road in the context of the South China Sea disputes,” in *China's New Silk Road: An Emerging World Order* (London: Routledge, 2018), p. 15.

⑥ 王志明、陈利雄、白响恩:《航海导论》，上海交通大学出版社，2018，第 132-134 页。

⑦ 《中国大百科全书》总编辑委员会:《中国大百科全书》，中国大百科全书出版社，2009。

⑧ 甘子钧、蔡树群:《南海罗斯贝变形半径的地理及季节变化》，《热带海洋学报》2001 年第 1 期，第 1-8 页。

向，其与真航向的夹角称为计算航向角。

## 2.2 地球坐标系及适用于更路簿研究的投影模型简介

《南海“更路簿”数字化诠释》[1] 根据南海的区域特点，结合南海更路簿历史文化，提出适于南海更路距离与航向计算的投影模型——Web 墨卡托投影下的等角航线模型。

## 2.3 航向与航程及其误差估算模型的推演

更路的理论距离与航向是指理论上从更路的起点到讫点的最短航行距离和航行方向。因是通过计算模型得到的，故称计算距离、计算航向。

（1）Web 墨卡托投影模型下等角航线的航向与航程计算公式

$K = \arctan(\Delta\theta/\Delta D)$，其中 $\Delta D = \left[\ln\tan(\pi/4 + \phi/2)\right]\Big|_{\phi_1}^{\phi_2}$ （1）

$S = \sec K \times \Delta X$，其中 $\Delta X = a \times (\phi_2 - \phi_1)$ （2）

以上航向与航程计算均是基于理想化的两点进行的，而更路的起、讫点是岛礁，有大小范围，故以岛礁平均经纬度值进行计算的航向、航程与实际航向、航程是存在误差的，在起、讫点带有“头、首、尾……”等字眼的更路，计算中误差可能更加明显，因此有必要进行误差估算。

（2）“里程误差”估算模型

假设岛礁 A 的中心位置为 $O_A$，经、纬度偏差为 $x_A$、$y_A$，以 $O_A$ 为原点，以 $x_A$、$y_A$ 为长、短轴的椭圆 $A$ 可以近似看成岛礁 A，同样，假设岛礁 B 的中心位置为 $O_B$，经、纬度偏差为 $x_B$、$y_B$，以 $x_B$、$y_B$ 为长、短轴的椭圆 $B$ 可以近似看成岛礁 B，从岛礁 A 到岛礁 B 的航向角度为 $j_{AB}$，$O_AO_B$ 的延长线分别与两个椭圆外围相交于 $A'$、$B'$。

则有：$O_AA'$长度 $= \sqrt{(xA \times \sin j_{AB})^2 + (yA \times \cos j_{AB})^2}$

同理，$O_BB'$长度 $= \sqrt{(xB \times \sin j_{AB})^2 + (yB \times \cos j_{AB})^2}$

（3）航速偏差估计模型

考虑两个方面的因素。一个是因岛礁范围过大引起的里程计算误差，另一个是渔民的更数记载比较粗略，基本上以 0.5 更为最小单位，意即可能有±

---

[1] 李文化：《南海“更路簿”数字化诠释》，海南出版社，2019。

0. 25 更的误差，更数较小时，±0. 25 更引起的航速误差就非常明显。

（4）计算航向误差估计模型

计算航向是从岛礁 A 到岛礁 B 的中心点连线方向，但实际航向应该是从岛礁 A 某点到岛礁 B 某点，当岛礁 A、B 范围较大时，实际航向与计算航向可能有较大偏差。依然将岛礁视为椭圆，分别以椭圆 $A$、$B$ 的长轴为半径做辅助圆，假设线 $A'B'$ 为 $A$、$B$ 辅助圆的一个外切线，分别与辅助圆相切于 $A'$、$B'$ 点，则 $A'B'$ 与 $O_AO_B$ 的夹角是可能的偏离角，根据平面几何知识很容易求得。

例如，吴簿东沙第 8 条更路“自白峙仔回大圈过头上用丁未平更半收”，指从“白峙仔（盘石屿）”回“大圈（华光礁）”，计算航向为 328. 8°，针位“丁未”角度为 22. 5°，与计算航向值相差 53. 7°，属于角度偏差较大的更路。但实际上，由于此更路的讫点“大圈（华光礁）”范围较大（图 2），外加两个岛礁的距离较近（11. 12 海里），经计算，最大偏差角度为 59. 8°，最小偏差角度为 29. 7°，故计算航向值（理论值）与针位航向（渔民实际航向记载数）相差比较大也是可以理解的。

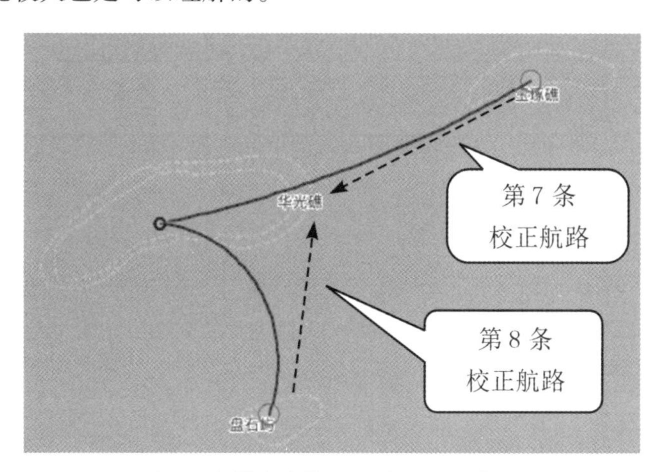


图 2　吴簿东沙第 7—8 条更路示意图

# 3　更路航向与航程计算模型及误差估算模型的验证

基于以上计算模型（图 1）的吴簿部分更路的计算结果见表 1。

表1 吴淑茂更路簿“东海更路”第1—3条与7、8条更路部分计算数值

| 编号 | 更路条目 | 起点标准名 | 起点经度(°) | 起点纬度(°) | 讫点标准名 | 讫点经度(°) | 讫点纬度(°) | 计算距离(海里) | 距离误差(海里) | 航速(海里/更) | 校正航速(海里/更) | 计算航向(°) | 针位航向(°) | 航向偏差(°) | 航向误差估计(海里) |
| --- | --- | --- | --- | --- | --- | --- | --- | --- | --- | --- | --- | --- | --- | --- | --- |
| 1 | 自红草门上双帆用巽二更收向东南 | 红草门 | 112.35 | 16.88 | 高尖石 | 112.63 | 16.58 | 24.29 | 0.00 | 12.14 | 12.00 | 137.9 | 135.0 | 2.9 | — |
| 2 | 自红草门去猫兴用乙辛二更收向东 | 红草门 | 112.35 | 16.88 | 东岛 | 112.73 | 16.67 | 25.59 | 0.00 | 12.79 | 12.00 | 120.6 | 105.0 | 15.6 | — |
| 3 | 自二圈上猫兴用甲庚三更收向东南 | 玉琢礁 | 112.03 | 16.34 | 东岛 | 112.73 | 16.67 | 45.20 | 3.95 | 15.07 | 12.13 | 64.4 | 75.0 | 10.6 | 1.9～5.0 |
| ………… | | | | | | | | | | | | | | | |
| 7 | 自二圈下大圈用寅申一更收 | 玉琢礁 | 112.03 | 16.34 | 华光礁 | 111.69 | 16.22 | 20.63 | 10.9 | 20.63 | 12.00 | 240.0 | 240.0 | 8.7 | 34.0～15.5 |
| 8 | 自白峙仔回大圈过头上用丁未平更半收 | 盘石屿 | 111.79 | 16.06 | 华光礁 | 111.69 | 16.22 | 11.12 | 6.86 | 7.41 | 12.00 | 328.8 | 382.5 | 53.7 | 29.7～59.8 |

## 3.1　更路航向与航程计算模型的检验

为检验更路航向与航程计算模型的准确性，分别按如下原则选取 $A$、$B$ 两点位置：①两点在南海范围内；②两点尽可能远或尽可能近；③两点在相近的经度/纬度或在相差较大的经度/纬度。选取 5 组测试航线，用 Web 墨卡托等角航线模型（$R$ 按 6371 km 计算）计算航向与航程，并与 Google Earth 测量数据进行比较，结果发现：①“航程”计算结果与用软件测试结果相差不多，而且比较稳定，均在 0.5% 以下；②航向的计算结果与 Google Earth 软件测试结果相比，误差与两点的经度差大小正相关，而与纬度差异关系不明显，与距离远近无直接关系；③更路簿中与距离和角度有关的记载本身的数据精度并不高，所以 0.5% 以下的距离误差与平均 0.76°的航向角误差都是可以接受的。

## 3.2　每“更”约数与航向偏差统计分析

“更”是更路簿的一个非常重要而又最难懂的概念，也是学者关注最多、观点不尽统一的研究内容之一。主要原因是古时航海的“更”有多种含义，可表示时间、里程或航速，作为距离计量单位时也有多种说法，从每更约 10 海里、40 里甚至 100 里的都有。

用以上计算模型对《南海天书》20 册更路簿[①]进行测算，其中起、讫点位置明确，有更数记载的可计算平均航速的有效更路 2604 条，平均航速 12.25 海里/更。航速在 6.1～24.5 海里/更之间（与 12.25 海里/更相差 100% 的区间）的更路 2538 条（占 97.5%），平均航速 12.06 海里/更。航速在 7.1～20.5海里/更之间（与 12.06 海里/更相差 70% 的区间）的更路 2476 条（占 95.0%），平均航速 12.02 海里/更。其统计学含义为：与 12.06 海里/更相差 70% 以内的更路约占 95%，其平均航速为 12.02 海里/更。

如果根据起、讫点岛礁范围进行校正，则校正航速在 9.4～15.3 海里/更之间（即中间值 28% 的区间）的更路有 2474 条（占 95.0%）。大致统计结果如图 3 所示，其中校正后航速在 12.0 海里/更的统计数为 1924 条，未显示在图中。

考虑到渔民实际航行不可能完全走直线，可解释为每更约 12.5 海里。该结论与相关历史文献相印证，得到部分从事相关研究的学者的认可。其在渔

---

① 因后期研究发现有一册更路簿不实，剔除此簿，实际测算更路数量为“近 3000 条”，现对前“21 册 3000 余条更路”的表述进行修正，后篇不再说明。

民认为的“每更约10海里”的基础上提高了精度，为更路簿定量研究提供了更科学的依据。①

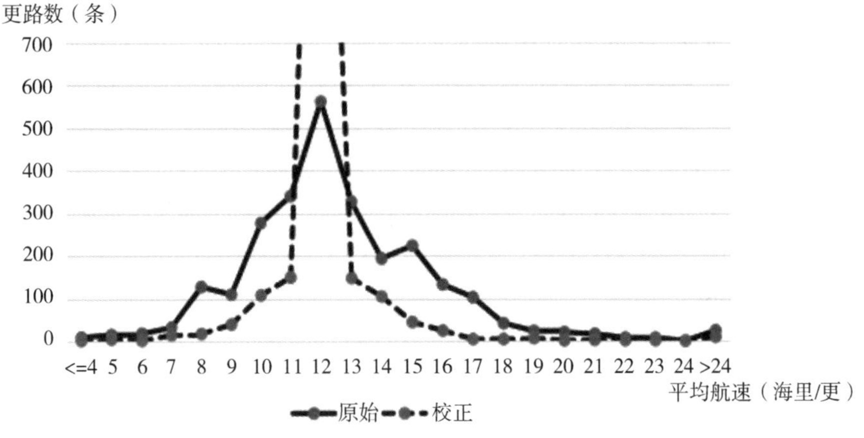


图3　按平均航速区间统计更路数

另外，《南海天书》所著更路簿起、讫点位置明确，有针位航向记载的有效更路2855条，计算航向与针位相差≤60°的更路2832条（占99.2%），平均偏差12.0°；偏差≤32°的更路2722条（占95.3%），平均偏差10.6°。

其统计学含义为：99%的更路的计算航向与针位航向偏差在60°以内，且平均偏差约为12.0°。考虑岛礁范围较大引起的可能误差，对航向偏差进行校正，则偏差≤26°的更路2717条（占95.1%），平均（校正）偏差6.0°。分段统计结果如图4所示。

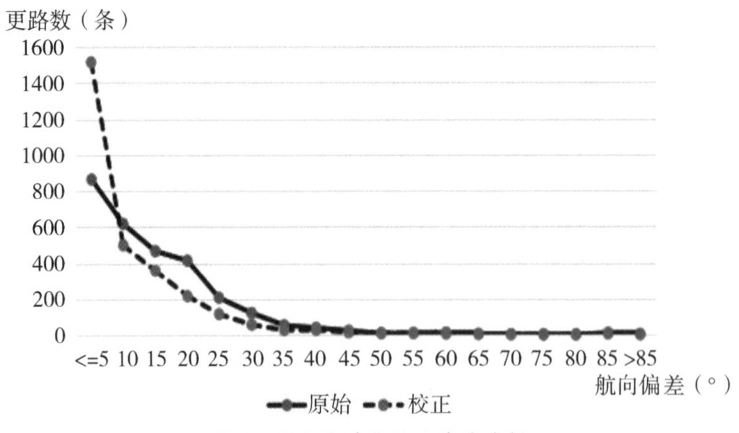


图4　航向偏差分段统计更路数

① 李文化、夏代云、吉家凡：《基于数字“更路”的“更”义诠释》，《南海学刊》2018年第1期，第20-27页。

因针位精度为7.5°，平均12.0°的偏差已非常小，说明海南渔民在航海科技并不发达的古代，依靠罗盘总结的航向经验非常了不起。

## 3.3 苏承芬修正本对计算模型的验证

苏承芬修正本起、讫点位置基本明确（即可得到计算里程）且记载有里程数的更路共有127条，其中记载里程数与计算里程数误差小于10%的更路约占80%。同时，在其他更路簿中能找到有“更”数（即可计算每更平均合里程数）的同航程更路有43条。对这43条同航程更路进行分析，可以发现：这些更路的记载里程与计算里程误差基本都非常小（个别误差较大的更路是由岛礁面积较大而航程较短引起），平均误差约为7.38%，如果将岛礁面积较大的因素考虑进去，平均误差可能更小；与这些更路起、讫点（包括反向）相同的其他更路簿中有“更”数记载的同航路更路，平均每更合里程数大部分在10～15海里之间，平均每更合里程数约为12.11海里，与“12.5海里/更”相差仅为3.1%。

另外，苏承芬祖传本有31条“更路”将“针位”改为“角度”，将这些值与数字化“更路”的起、讫点计算角度比对，平均偏差3.5%，两者已非常接近。

# 4 计算与估算模型的应用

## 4.1 基于计算模型与误差估算模型的存疑问题研究

基于平均航速12.0海里/更及针位航向平均偏差约12.0°的统计结果，结合更路簿时代海南渔民文化水平低与航海技术弱的历史背景，根据现代统计学理论，对严重偏离正常认识的更路提出合理质疑，利用计算机文本检索与数据挖掘技术，找出同类更路进行比较分析，辅以查看更路簿原稿、影印稿或相关文献，有条件的话还可找渔民证实。通过这些研究路径，笔者对20册更路簿的20余条极度存疑更路（99%置信区间以外）进行辨析，[①] 提出新解，

---

① 李文化、陈虹、夏代云：《南海更路簿航速极度存疑更路辨析》，《南海学刊》2019年第2期；《南海“更路簿”针位航向极度存疑更路辨析》，《海南大学学报（人文社会科学版）》2019年第3期。

均得到相关学者或老船长的高度认可。

### 4.1.1 手抄本数字与文字误释问题

苏承芬修正本西沙第99条更路“白峙仔至大圈尾……”表示从“盘石屿”到“华光礁”西南处。《南海天书》著述该更路航程为135里（海里）①，这与“盘石屿”到“华光礁”依据计算模型得到的距离约为11.12海里相差极大。而其他簿册涉及“盘石屿”到“华光礁”的更路记载“更”数多为“1”，意即约12海里。由此推测“135海里”可能有问题。经查证苏承芬修正本原稿，“135海里”实为“13浬”字样②，因手写体字迹较为潦草，且有些更路簿是用“里”代替“海里”，故极可能是作者误将“浬”的“氵”看成是“5”，将“13浬”看成了“135里”。经与原作者沟通，结论确如笔者所料。

类似情况还有苏承芬修正本更路“东岛往浪花礁用丁未平对□度38浬”。《南海天书》著述的角度为“108度”③，但这与该更路的针位“丁未(202.5°/22.5°)”相差极大。查看苏承芬修正本原稿，发现此更路记载的航向角被涂改，难以辨认。继续将此处与同页其他更路的数值“9”比对，结合该更路的计算航向为198.6°及苏承芬修改本记载角度与计算航向角平均相差3.9°的情况，被涂改处应为“198”而不是108。后得到苏承芬本人确认。

### 4.1.2 南海岛礁土地名误释问题

《南海天书》将“大州至双帆石用艮坤寅申对”更路的“双帆石”解释为西沙群岛的“高尖石（112°38′，16°35′)”④，但这种解释下的航路计算航向与针位航向偏差达到83.2°，而解释为陵水县的“双帆石（110°8′，18°26′)”，则偏差只有1.4°。经进一步探索发现，《南海天书》将另外几条更路的“双帆”解释为“高尖石”，计算航向与航速均正常。故疑作者未将“双帆（高尖石)”与“双帆石”进行区分。

《南海天书》另有多条含有“地节”的更路，作者将其解释为“丹节

---

① 周伟民、唐玲玲：《南海天书——海南渔民“更路簿”文化诠释》，昆仑出版社，2015年，第326页。

② “浬”即“海里”之意，另有部分更路簿抄本以“里”表示“海里”。

③ 周伟民、唐玲玲：《南海天书——海南渔民“更路簿”文化诠释》，昆仑出版社，2015年，第320页。

④ 周伟民、唐玲玲：《南海天书——海南渔民“更路簿”文化诠释》，昆仑出版社，2015年，第330页。

（南通礁）”①，但这种解释下的计算航速与航向角的偏差均大为异常，而如果按“断节（仁爱礁）”解释则恢复正常。作者将“巴兴往中沙用辰戌九更东南”更路中的“中沙”解释为“中沙洲”，亦存在计算航速与航向角偏差极度异常情况，而如果解释为“中沙群岛”则恢复正常。

以上基于计算模型的分析与推测结果，均得到苏承芬老船长的确认。

### 4.1.3 基于更路簿之间更路比对的存疑更路辨析

为释疑陈泽明某更路航向偏差达 83.7°及计算航速 39.5 海里/更的异常问题，笔者将陈簿 102 条更路与林鸿锦簿相应更路比对，发现除此更路与林簿对应更路不同外，其余更路几乎完全相同，疑为陈簿传抄笔误，这与有文献表述“陈泽明簿是传抄林鸿锦簿”相印证。

为释疑王诗桃“自三角去双门乙辛辰戌五更收”更路航速（4.58 海里/更）极度偏低问题，比对其他更路簿 18 条同航路更路，它们的更数均为“2 更”，平均航速为 11.46 海里/更，均正常。而相邻更路“自裤归去三角用乙辛辰戌二更收”更数为“2 更”，平均航速为 26.80 海里/更，极度偏高，其他簿共有 19 条同航路更路的更数为“5 更”，平均航速为 10.72 海里/更，均正常。结合两条更路的针位完全相同，又都是与“三角”有关的更路，疑两者的更数记载为传抄过程中发生错位所致。

## 4.2 基于更路计算的更路簿版本问题的发现与辨析

在研究王诗桃簿时，发现某更路在《南海天书》中被著录为“自银锅去五风用子午二更正南”，并被诠释为“银饼（安达礁）”至“五风（五方礁）”②。而“安达礁”至“五方礁”航路的计算航向为 82.2°，针位航向为 180°，偏差达到 97.8°；计算航速约 31.29 海里/更，亦偏离参照航速 12.0 海里/更过大，极为异常。

经计算机搜索，“安达礁”至“五方礁”航路在其他簿中并未发现。进一步将此更路前后的 75 条更路与苏德柳簿进行比较，发现除了此更路与苏簿

① 周伟民、唐玲玲：《南海天书——海南渔民“更路簿”文化诠释》，昆仑出版社，2015 年，第 429 页。

② 周伟民、唐玲玲：《南海天书——海南渔民“更路簿”文化诠释》，昆仑出版社，2015 年，第 369 页。

"自银饼去牛厄用癸丁二更收对西南"① 有差异外，其余更路起点、讫点、更数、针位、方位基本都相同，而苏簿这条更路对应航路［即"安达礁"至"牛厄(牛厄礁)"］的计算航向与针位航向偏差为5.1°，平均航速11.43海里/更，均属正常。疑《南海天书》有误。因王诗桃原簿无法找到，后查询到王家另一抄本，发现对应更路讫点的手写体并非"五风"，与"午风"二字较为接近，再仔细辨认，发现为"牛厄"的可能性更高（图5），故基本可以确认是作者辨识更路簿原稿有误，后得到作者认可。以此为基础，笔者进一步发现王诗桃家更路簿的多个版本问题。②

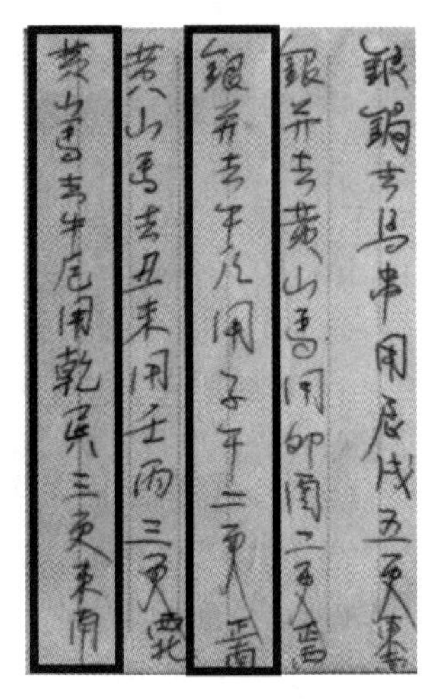

图5　王诗桃抄本一 NS052～NS056 相关更路

## 4.3　基于计算模型的其他应用研究

王诗桃抄本一部分更路出现大量"某某笼"，如"大笼""一笼""二笼""三笼""笼子""丑未笼"及"半路笼"。从整体上看，此部分更路基本上集中在"东岛""双帆""永兴"附近，而这些岛礁周边的岛、礁、滩主要有"银砾滩""滨湄滩""湛涵滩""西渡滩"等。综合计算相关更路的距离、计划航向，结合渔民关于"笼"的形成说法，疑"一笼""二笼""三笼"指"湛涵滩"的三个暗礁，"笼子"疑指"湛涵滩"最下面的"三笼"的边缘。而"丑未笼"和"半路笼"分别指"北边廊"和"银砾滩"。结果得到王书保和苏承芬的肯定。

用类似方法推演了王诗桃3个簿册近30处海南、广东近海或南海及北部湾的岛礁、港口或渔场的渔民俗称所指位置，大部分结果与相关文献吻合，部分俗称为已发现更路簿中首次出现。

---

① 广东省地名委员会编《南海诸岛地名资料汇编》，广东省地图出版社，1987年。

② 李文化、陈虹、孙继华等：《不同版本"王诗桃更路簿"辨析》，《海南热带海洋学院学报》2019年第3期，第1－7页。

# 5 结语

基于对南海更路簿历史文化的了解，结合地理学、航海学与地名学知识，在更路簿研究中引用系列计算模型，利用计算机技术进行数字化处理，通过计算结果发现更路簿研究中的存疑问题，并提出新的见解，且得到了相关文献资料或作者或相关老船长的确认，在较短时间内取得了同行专家比较认可的成果。[①] 这一方面说明相关计算模型的科学性与可靠性，另一方面也充分说明自然科学研究方法较纯人文社科视角下的更路簿研究具有明显优势，更说明了南海更路簿蕴含大量可验证的航海科学、地理科学、数学等自然科学方面的知识。

鉴于更路簿传承方式的特殊性，及古代渔民文化程度普遍不高等原因，部分更路簿存在错漏问题是可以理解的，并不能因此怀疑其重要史料价值。但不加辨析的人文研究，甚至出现非常明显的错误诠释，会造成更路簿以讹传讹问题的发生，这是对历史的不负责任。而引入计算模型的更路簿研究，则更容易发现问题，研究更加科学、深入；用事实与数据说话，更具说服力；研究结果的呈现方式更直观，也更容易让人理解与接受，对更路簿文化的保护、传承与综合研究更加有利。

① 高之国：《南海更路簿的研究现状与发展方向》，《海南日报》2019 年 5 月 29 日。

# 苏标武两种特殊藏本更路簿研究[1]

李文化　陈　虹　袁　冰

## 1　前言

南海更路簿是海南渔民在南海从事渔业生产、生活的导航手册与历史记录，是历代渔民闯海智慧的结晶，其至少历经明、清两代约 600 多年。其记载的内容不仅局限于单纯的航海，而且跨越天文、气象、海洋、历史、地理等，以及造船、渔业和海洋资源等学科领域。无论是从历史学，还是从地名学、航海学等专业角度看，南海更路簿都承载着海南渔民在南海生产、生活的鲜活历史，兼具文物价值、文献价值及其在维护我国南海海洋权益方面的重要法理价值。目前发现的或有可靠线索的更路簿约有 40 余簿，其中海南大学图书馆周唐工作室收集的资料较全，约有 30 余册更路簿影印本和数册原始本。

### 1.1　更路基本表述形式

更路簿一般记载有几十到几百条更路，有时将这些更路分为“东海更路”“北海更路”等，每条更路一般含有起点、讫点、航向、航程四大基本要素。更路最常见的表述形式为“自 <起点> 去 <讫点> 用 <针位> 航向，航程 <更>”，如吴淑茂簿“东海更路”部分的“自红草门上双帆用巽二更收向东南”，意即自“红草门”去“双帆（高尖石）”，用巽（135°/315°）航向，约二更距离（海南渔民普遍认为约是 2 × 10 海里，笔者认为约 2 × 12 海里更

① 苏标武家藏两本特征更路簿，一说一本是苏标武爷爷用过的，一本是自己用的，可分别称“SDL1-”（为与苏德柳早期本区分）、“SBW-”；另一种认为两本都是苏标武收藏和提供的，可分别称为“SBW1-”“SBW2-”。本文采用前者编号，原发表于《南海学刊》的文稿采用后者编号，更路内容不变。

精确①），向东南方向（进一步指明针位是指135°方向）。

用“针位”指明更路航向，是绝大多数更路的常见表述形式。而针位表述有“单针”“对针”“缝针”和“线针”等多种形式，均指相差180°的两个方向。如图1所示，实线所示的“乾巽”对针与虚线所示的“壬丙巳亥”缝针均指向两个方向。至于具体指向其中哪一个方向，一种方法是靠更路的“对 < 方位 >”进一步指明，另一种就是靠渔民船长根据航海经验判断了。这些船长往往有着丰富的航海经验，对南海岛礁的大致位置熟记于心，绝不会出现偏离实际航向180°的反向行驶。

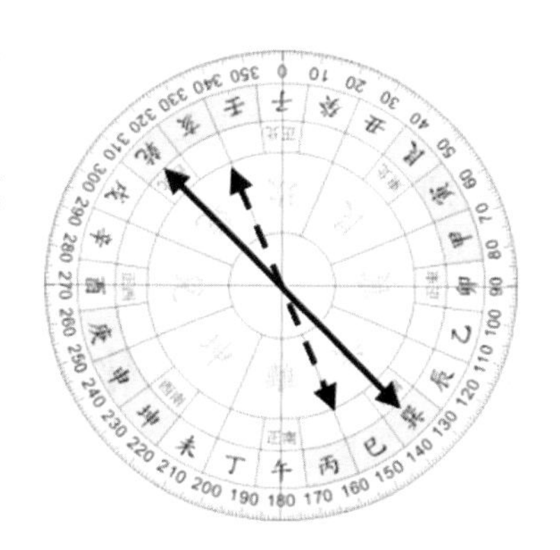

图1 “乾巽”对针（实线）与“壬丙巳亥”缝针（虚线）

## 1.2 更路改进表述方式

随着航海技术水平的不断提高，海南渔民在继承前辈更路簿的基础上，也对其进行了更新和补充，部分较新版的更路簿开始用具体角度代替针位，用海里数代替更数，以提高精确度。图2所示苏承芬根据祖传本，结合自身航海经验进行改进的修正本就是如此。②

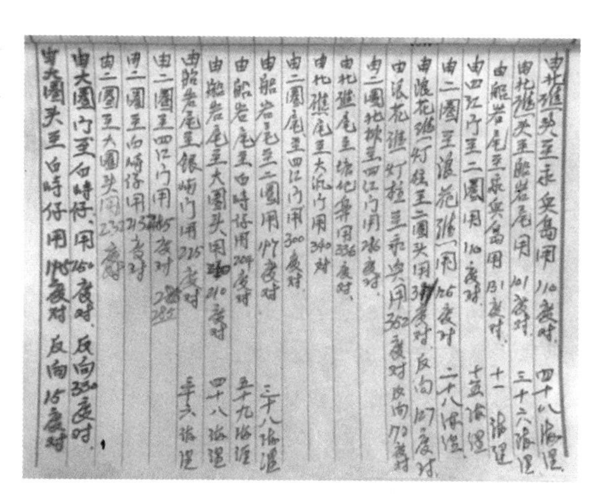

由北礁头至永兴岛用110度对。四十八海里。
由北礁头至船岩尾用101度对。三十六海里
由船岩尾至永兴岛用131度对。十一海里
由四江门至二圈用110度对。十五海里
由二圈至浪花礁门用126度对 二十八海里。
由浪花礁一灯柱至二圈头用307度对。反向107度对。
由浪花礁一灯柱至永兴岛用352度对 反向172度对
由二圈北椰至四江门用[illegible]度对。
由北礁尾至仙侣岛用336度对、
由北礁尾至大沉门用340对
由二圈尾至四江门用300度对。
由船岩尾至二圈用177度对 三十八海里
由船岩尾至白时仔用204度对 五十九海里
由船岩尾至大圈头用210度对 四十八海里
由船岩尾至银峙门用225度对 三十六海里
由二圈至四江门用235度对 285
由二圈至白峙仔用215度对
由二圈至大圈头用232度对
由大圈门至白峙仔用250度对、反向330度对。
由大圈头至白时仔用195度对 反向15度对

图2 苏承芬修正本更路手稿

苏承芬修正本有90余条更路记载有航向角度，均以真北向为0°顺时针度量形式表述，为0°～360°，比较符合现代人的认知习惯，与带方位的针位更路表述也较为一致（只是精度更高）。

---

① 李文化等：《基于数字“更路”的“更”义诠释》，《南海学刊》2018年第1期。

② 普遍情况下，针位角度的精度为7.5°，带线针位的精度为1.5°，而苏承芬修正本更路角度精度为1°；以“更”为单位的更路距离精度为0.5更（约为0.5更×12海里/更=6海里），苏承芬修正本更路距离精度为1海里。

王诗桃抄本一、抄本二中出现一种“带点”的航向角表述形式①，较为特别，如用“34.7度”代表“347度”，这不仅不符合人们的认识习惯，也很容易形成误解，可能是一种笔误，不能算是一种正确的表述形式，故建议更正。

### 1.3 更路簿数字化情况

笔者以航海学、地理学、地名学等学科知识为基础，设计出南海更路簿相关计算模型，借助计算机技术，对《南海天书》著述的近3000条更路进行数字化后发现：

第一，起、讫点位置明确，有更数记载的可计算平均航速的有效更路2604条，平均航速12.25海里/更。其中95.0%的更路，航速在7.1～20.5海里/更之间，平均航速12.0海里/更。如果根据起、讫点岛礁范围进行校正，则95.0%的更路的校正航速在9.4～15.3海里/更之间，平均航速依然为12.0海里/更。

第二，起、讫点位置明确，有针位航向记载的有效更路2855条，99.2%的更路计算航向与针位航向相差≤60°，平均偏差12.0°。因针位精度为7.5°，故平均偏差已属非常小了，说明海南渔民在航海科技并不发达的古代，依靠罗盘确定航向是非常了不起的。

第三，苏承芬修正本有记载航向角且可计算理论航向的更路共有89条，计算航向、记载航向之间的平均偏差为3.9°，精度明显高于以针位为航向表述的更路；苏承芬修正本记录有里程数且可计算理论航程的更路有127条，记载里程数与计算里程数平均偏差13.2%。②

## 2 苏德柳及苏标武更路簿基本情况

### 2.1 苏家两套更路簿简介

2016年12月，在琼海市潭门镇草塘村苏标武家中，周唐工作团队对其进

① 李文化、陈虹、孙继华等：《不同版本〈王诗桃更路簿〉辨析》，《海南热带海洋学院学报》2019年第3期，第1－7页。

② 李文化：《南海“更路簿”数字化诠释》，海南出版社，2019。

行采访期间，苏标武拿出两本无封面及封底的小册子，分别是苏德柳及苏标武的工作记录本，记录时间当为新中国成立后，硬笔抄写，其记录较传统更路簿更为丰富。

苏标武是著名船长苏德柳的孙子。他读完高中一年级后就开始出海，曾与祖父苏德柳去过西沙群岛、南沙群岛，现在依然出远海进行捕捞作业。

为与苏德柳于1974年7月捐赠给广东省博物馆的“苏德柳更路簿”相区分，不妨将此次发现的苏德柳本称为“苏德柳抄本一”，此本为竖行抄写，从右至左，如图3所示。苏标武簿为横行抄写，由上而下，如图4所示。

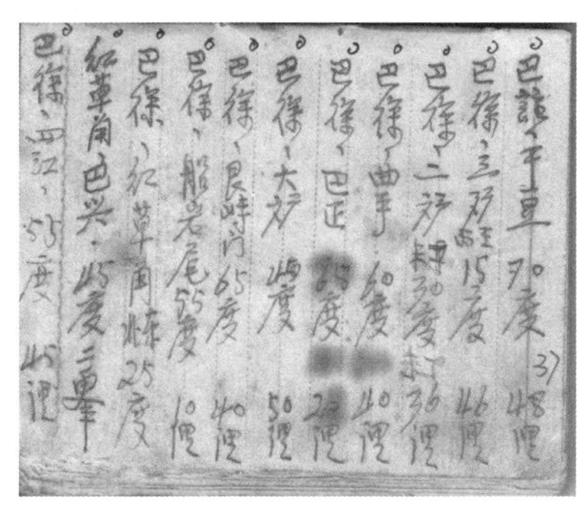

图3　苏德柳抄本一某页

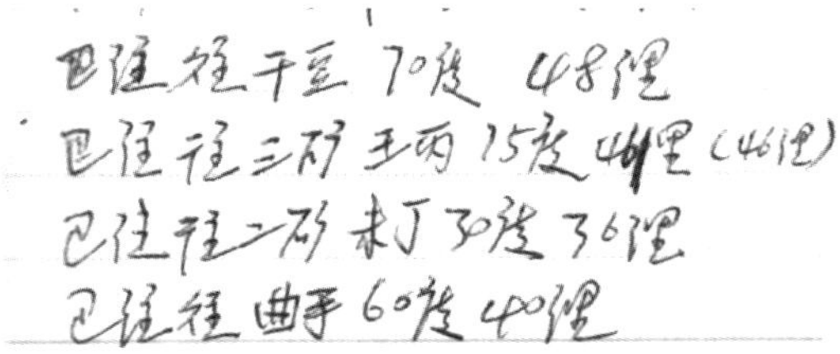

巴注往干豆 70度 48浬
巴注往三矿 壬丙 15度 44浬（46浬）
巴注往二矿 未丁 30度 36浬
巴注往曲手 60度 40浬

图4　苏标武簿某页

苏德柳抄本一可分成三部分：第一部分“琼州海峡流水表”记录了12个月的潮汐水流状况；第二部分为工作记录，包括“海南报风时间表”“花费支出及收入”等；第三部分为“更路”，共记载更路89条，记录很杂，包含西沙群岛、南沙群岛及琼州环海和外洋更路，都是用水笔或圆珠笔书写，航向既有用传统的罗盘表示的，也有用现代的度数表示的。

苏标武本分为三部分：第一部分为“新旧（地名）对照名单”，共计59

个地名；第二部分为“琼洲（州）海峡流水表”，记录了全年 12 个月的潮汐情况；第三部分为“海南近海及南海更路”，共记载更路 58 条，其中海南岛及广东沿海更路 7 条、南海更路 51 条。

## 2.2 苏家两簿的更路表述形式

苏德柳抄本一有海南岛及广东沿海近海更路 29 条，在西南沙更路 60 条；苏标武本有海南岛及广东沿海近海更路 7 条，在西南沙更路 51 条。两簿更路表述形式主要有以下几种：

形式 1：<起点>往/与<讫点>用<针位><更数>。基本上与传统更路表述形式一致，共有 20 条。如“临高往汀迈甲庚三更”。

形式 2：<起点>往/与<讫点><针位><浬数>。用“浬”代替“更”，共有 13 条。如“铜鼓往抱虎壬丙 25 浬”。

形式 3：<起点>往/与<讫点><度数><浬数>。用“角度”代替“针位”，用“浬”代替“更”，共有 57 条。如“卜鳌与船岩尾 40 度 165 浬”。

形式 4：<起点>往/与<讫点><针位><度数><浬数>/<更数>。既保留有“针位”，又增加了“度数”，共有 28 条。如“徐闻咀往北海乾巽巳亥 33 度 90 浬”“外罗往尾峙用甲寅 65 度十六更”。

形式 5：<起点>往/与<讫点><方位><度数><浬数>。一般，更路的“方位”出现在更路尾部，基本上指航行大致方位，但此簿的 8 条更路中间出现<方位>，如“大矿头往白峙仔西南午丁 10 对 10 浬”中的“西南”是指“白峙仔西南”还是指“午丁”针位的西南方向并不明确。

形式 6：<起点>往/与<讫点>用<度数><更数>。用“角度”代替“针位”，共有 3 条。如“红草角往巴兴 45 度二更半”，其在苏德柳抄本一和苏标武本中都用同样的方式表述这一条更路。

形式 7：<起点>往/与<讫点>用<针位><浬数>。用“浬数”代替“更数”，共有 2 条，如“船岩尾往干豆乙卯对 40 浬”。

形式 8：<起点>往/与<讫点><浬数>。用“浬”代替“更”，且缺少了航向，既没有针位也没有度数，共 2 条，即“担杆往钓鱼公 30 海里”“担杆往大星岩 55 海里”。另有一条“大星岩往汕尾”只有起点和讫点。

## 2.3 两簿数字化部分数据统计情况

以《南海“更路簿”数字化诠释》中提出的数字化方法对两簿进行数字化处理与分析，主要结论如下。

（1）平均航速

两簿有更数记载且基本明确起、讫点的更路共有27条，平均航速为10.1海里/更，全部集中在7.38～15.50海里/更之间。与《南海天书》所著述的近3000条更路的统计情况相比较，平均航速略小，这可能与两簿有更数记载的更路多为近海更路（水浅且障碍较多）有关。

（2）针位航向与计算航向的平均偏差

两簿有针位记载且基本明确起、讫点的更路共有70条，针位航向角与计算航向角平均偏差5.9°，与《南海天书》著述近3000条更路的平均偏差12.0°相比要小得多，说明两簿针位航向更为精确。这可能与《南海天书》存在较多有疑问的更路有关。

（3）记载里程与计算里程的平均偏差

两簿有里程记载且基本明确起、讫点的更路共有107条，记载里程与计算里程平均偏差3.7海里，平均偏差比例为7.2%，明显小于苏承芬修正本的13.2%，说明两簿里程记录精度进一步提高。

（4）记载角度与针位角度/计算航向的偏差

两簿记载角度有两个明显特征：一是几乎全部小于90°（仅有一条更路记载角度为330°），二是既有针位又有角度的更路有20余条，但这些更路的针位角度与记载航向角度明显不相符。例如“徐闻咀往北海乾巽巳亥33度90浬”更路，针位“乾巽巳亥”的角度为142.5°/322.5°，两个角度均与记载航向“33度”差异非常大，而且“徐闻咀”至“北海”的计算航向角为326.0°，亦与记载航向“33度”差异非常大。但针位角度“322.5度”与计算航向326.0°的偏差只有3.5°，远小于《南海天书》的统计偏差12.0°，与苏承芬修正本有角度记载更路的平均偏差3.9°相仿，说明本条更路的针位记录是合理的。

两簿既有针位又有角度的更路共25条，这些更路的针位角度绝大部分与记载角度有极大偏差，而针位角度与计算航向的偏差又非常小，说明是记载角度与实际航向“不符”。

显然，两簿相关更路记载的角度与苏承芬修正本记载的角度在含义上存在差异。大家都知道，更路簿是古代渔民在南海“耕海”的经验总结，簿中记载的文字都有实际指导意义，绝不会简单地随意添加，这个角度肯定有其实际作用，关键是需要明确其为何种含义。

# 3　苏标武家两簿更路记载角度与计算航向角的统计分析

两簿全部更路148条，而记载有角度且基本明确起、讫点位置的更路（即可得到计算航向的更路）有89条。整体上看，这些更路的记载航向除一条为330°外，其余88条均小于90°，与计算航向之间偏差超过50°的有81条，91%的更路属于“存疑更路”[①]，极不正常。

但仔细分析，发现这些更路中，部分更路记载航向与计算航向非常接近，另一些更路的记载航向与计算航向之差接近180°，还有一些更路的记载航向与计算航向之和接近180°或360°，即绝大部分更路的记载角度与计算航向角之间存在“计算航向角±记载航向角≈0°/180°/360°”的关系，而0°、180°、360°三个角度都与“子午线”有关。

## 3.1　“子午线航向角”的定义与分类

《南海“更路簿”数字化诠释》中的计算航向与苏承芬修正本更路的记载角度都是自真北向至行船方向的顺时针夹角，角度为0°～360°。为更清晰地说明本簿记载角度与计算航向角之间的关系，下面对这些全新的航向角表述形式给出定义并进行分类。

为论述更加简洁方便，将航行方向与子午线的夹角（锐角）称为“子午线航向角”。显然，如果仅有一个这样的角度出现，即使知道其为一个“子午线航向”，在无其他信息辅证的情况下，读者是无法准确判断这个角度是从4个可能方位（东北、东南、西南、西北）中的哪个偏离子午线的。如SDL1－XS041更路“卜鳌与船岩尾40度……”中的“40度”，如果不考虑其他信息，单纯看“40度”，显然无法知道它实际是指在东北方位偏离子午线40°，还是

① 李文化：《南海“更路簿”数字化诠释》，海南出版社，2019，第122页。

在东南方位偏离子午线 40°。但实际上，由于海南渔民长期在南海作业，对“‘船岩尾（西沙洲）’位于‘卜鳌（博鳌）’的东南面”是熟记于心的，所以他们很清楚，这个 40°是指自子午线的 180°方向向东南方位偏离 40°。据此，共有 4 种类型的子午线角度表达，分别如图 5—图 8 所示。其中记载航向角均指与子午线之间的夹角，渔民在实际航行中，会根据岛礁之间的大致位置准确判断实际航行方向。

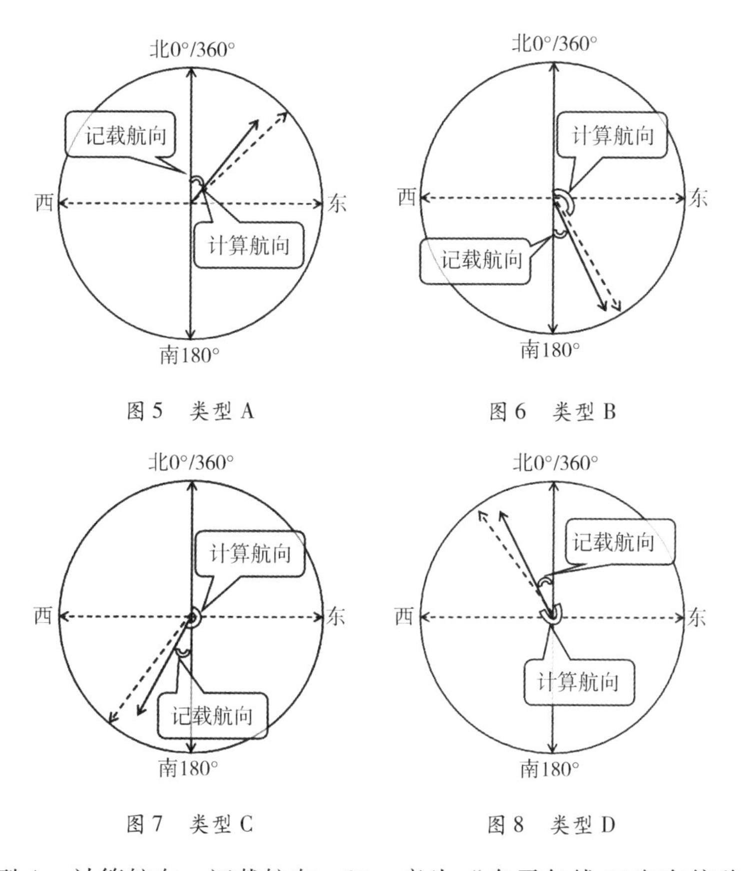


图 5　类型 A　　图 6　类型 B

图 7　类型 C　　图 8　类型 D

类型 A：计算航向 − 记载航向 ≈ 0°，意为“自子午线 0°向东偏移 < 记载航向 > 度”；

类型 B：计算航向 + 记载航向 ≈ 180°，意为“自子午线 180°向东偏移 < 记载航向 > 度”；

类型 C：计算航向 − 记载航向 ≈ 180°，意为“自子午线 180°向西偏移 < 记载航向 > 度”；

类型 D：计算航向 + 记载航向 ≈ 360°，意为“自子午线 0°向西偏移 < 记载航向 > 度”。

例如，因“船岩尾”在“卜鳌”东南向，故“卜鳌与船岩尾40度165浬”更路记载的角度“40度”应理解为“自子午线180°方向向东南偏离40°”，按真北向计算即为140°，与该更路的计算航向（144.6°）仅相差4.6°，吻合度非常高。

实际上，传统的以针位形式指明更路航向的更路，由于每个针位可以表示相差180°的两个相反方向，所以仅靠针位是无法准确知道实际是哪一个方向的，还需要借助渔民对南海岛礁的了解，或者依靠更路中的“对东南”“对西南”等方位辅助。

## 3.2 既有针位又有角度的更路情况

两簿既有针位又有角度的更路共有25条，除表述“大矿头”往“白峙仔”的2条更路因起、讫点过近且起点“大矿头（华光礁）”范围过大外，其余23条更路的记载航向全部按“子午线航向角”分类处理，相关数据统计与分析如表1所示。

表1 两簿既有针位又有角度的更路的数字化分析

| 更路编号 | 更路条目 | 主针位 | 海里 | 记载角（°） | 起点标准名 | 讫点标准名 | 平均浬程（海里） | 误差浬程（海里） | 计算航向（°） | 针位航向（°） | 针位差（°） | 里程差（海里） | 记载与计算差（°） | 记载与计算和（°） | 与子午线偏差（°） | 记载角度类型 |
|---|---|---|---|---|---|---|---|---|---|---|---|---|---|---|---|---|
| SDL1-NS001 | 外罗往干豆用坤申55度十七更半 | 坤申 | — | 55 | Culao Re | 北礁 | 171.2 | 0 | 53.4 | 52.5 | 0.9 | — | 1.6 | — | 1.6 | A |
| SDL1-NS002 | 外罗往尾峙用甲寅65度十六更 | 甲寅 | — | 65 | Culao Re | 金银岛 | 152.7 | 0 | 65.2 | 67.5 | 2.3 | — | 0.2 | — | 0.2 | A |
| SDL1-NS006 | 尾峙往鸟头330度乾巽140浬 | 乾巽 | 140 | 330 | 金银岛 | 陵水角 | 144.1 | 0 | 324.3 | 315 | 9.3 | 4.1 | 5.7 | — | 5.7 | A |
| SDL1-NS005 | 外罗往半路用甲庚77（度）十一更半 | 甲庚 | — | 77 | Culao Re | 中建岛 | 122.9 | 0 | 78.7 | 75 | 3.7 | — | 1.7 | — | 1.7 | A |
| SBW-HN007 | 徐闻咀往北海乾巽巳亥33度90浬 | 乾巽巳亥 | 90 | 33 | 徐闻咀 | 北海 | 88.7 | 0 | 326 | 322.5 | 3.5 | 1.3 | — | 359.0 | 1.0 | D |
| SDL1-HN027 | 徐闻咀往北海乾巽兼巳亥33度90浬 | 乾巽巳亥 | 90 | 33 | 徐闻咀 | 北海 | 88.7 | 0 | 326 | 322.5 | 3.5 | 1.3 | — | 359.0 | 1.0 | D |

续表 1

| 更路编号 | 更路条目 | 主针位 | 海里 | 记载角(°) | 起点标准名 | 讫点标准名 | 平均浬程(海里) | 误差浬程(海里) | 计算航向(°) | 针位航向(°) | 针位差(°) | 里程差(海里) | 记载与计算差(°) | 记载与计算和(°) | 与子午线偏差(°) | 记载角度类型 |
|---|---|---|---|---|---|---|---|---|---|---|---|---|---|---|---|---|
| SDL1-XS017 | 巴兴—四江门75甲庚60浬 | 甲庚 | 60 | 75 | 东岛 | 晋卿门 | 59.0 | 0 | 257.3 | 255 | 2.3 | 1 | 182.3 | — | 2.3 | C |
| SBW-XS016 | 巴兴往四江门75度庚申60浬 | 庚申 | 60 | 75 | 东岛 | 晋卿门 | 59.0 | 0 | 257.3 | 247.5 | 9.8 | 1 | 182.3 | — | 2.3 | C |
| SBW-XS025 | 巴注往三矿壬丙15度46浬 | 壬丙 | 46 | 15 | 永兴岛 | 浪花礁 | 48.2 | 2.2 | 167.3 | 165 | 2.3 | 2.2 | — | 182.3 | 2.3 | B |
| SDL1-XS027 | 巴徐—三矿壬丙15度46浬 | 壬丙 | 46 | 15 | 永兴岛 | 浪花礁 | 48.2 | 2.2 | 167.3 | 165 | 2.3 | 2.2 | — | 182.3 | 2.3 | B |
| SBW-XS012 | 三矿往白峙仔乙卯85对40浬 | 乙卯 | 40 | 85 | 浪花礁 | 盘石屿 | 41.8 | 7.2 | 270.7 | 277.5 | 6.8 | 1.8 | — | 355.7 | 4.3 | D |
| SBW-XS014 | 巴兴往三矿18度未丁40浬 | 丁未 | 40 | 18 | 东岛 | 浪花礁 | 39.1 | 2.4 | 198.6 | 202.5 | 3.9 | 0.9 | 180.6 | — | 0.6 | C |
| SDL1-XS015 | 巴兴—三矿18度丁未40浬 | 丁未 | 40 | 18 | 东岛 | 浪花礁 | 39.1 | 2.4 | 198.6 | 202.5 | 3.9 | 0.9 | 180.6 | — | 0.6 | C |
| SBW-XS023 | 大矿大门往半路45度坤艮35浬 | 坤艮 | 35 | 45 | 华光礁 | 中建岛 | 38.5 | 5.0 | 227.5 | 225 | 2.5 | 3.5 | 182.5 | — | 2.5 | C |
| SBW-XS022 | 白峙仔往半路64度寅申35浬 | 寅申 | 35 | 64 | 盘石屿 | 中建岛 | 37.9 | 2.3 | 244.2 | 240 | 4.2 | 2.9 | 180.2 | — | 0.2 | C |
| SDL1-XS023 | 白峙仔—半路64对寅甲35浬 | 寅甲 | 35 | 64 | 盘石屿 | 中建岛 | 37.9 | 2.3 | 244.2 | 240 | 4.2 | 2.9 | 180.2 | — | 0.2 | C |
| SBW-XS026 | 巴注往二矿未丁30度36浬 | 未丁 | 36 | 30 | 永兴岛 | 玉琢礁 | 34.4 | 2.6 | 211 | 202.5 | 8.5 | 1.6 | 181.0 | — | 1.0 | C |
| SDL1-XS028 | 巴徐—二矿丁未30度36浬 | 丁未 | 36 | 30 | 永兴岛 | 玉琢礁 | 34.4 | 2.6 | 211 | 202.5 | 8.5 | 1.6 | 181.0 | — | 1.0 | C |
| SDL1-XS020 | 二矿—三矿乾巽辰戌55对30浬 | 乾巽辰戌 | 30 | 55 | 玉琢礁 | 浪花礁 | 33.3 | 8.0 | 121.7 | 127.5 | 5.8 | 3.3 | — | 176.7 | 3.3 | B |
| SBW-XS019 | 二矿往三矿55度辰戌乾巽30浬 | 辰戌乾巽 | 30 | 55 | 玉琢礁 | 浪花礁 | 33.3 | 8.0 | 121.7 | 127.5 | 5.8 | 3.3 | — | 176.7 | 3.3 | B |

续表 1

| 更路编号 | 更路条目 | 主针位 | 海里 | 记载角（°） | 起点标准名 | 讫点标准名 | 平均浬程（海里） | 误差浬程（海里） | 计算航向（°） | 针位航向（°） | 针位差（°） | 里程差（海里） | 记载与计算差（°） | 记载与计算和（°） | 与子午线偏差（°） | 记载角度类型 |
|---|---|---|---|---|---|---|---|---|---|---|---|---|---|---|---|---|
| SDL1-XS022 | 二矿—白峙仔35 未坤对 20 浬 | 未坤 | 20 | 35 | 玉琢礁 | 盘石屿 | 21.7 | 4.8 | 218.3 | 217.5 | 0.8 | 1.7 | 183.3 | — | 3.3 | C |
| SBW-XS021 | 二矿往白峙仔35 度坤未 20 浬 | 坤未 | 20 | 35 | 玉琢礁 | 盘石屿 | 21.7 | 4.8 | 218.3 | 217.5 | 0.8 | 1.7 | 183.3 | — | 3.3 | C |
| SDL1-HN006 | 木兰头—抱虎乾巽兼辰戌50 度二更 | 乾巽辰戌 | — | 50 | 海南角 | 景心角 | 16.1 | 1.0 | 122.2 | 127.5 | 5.3 | — | — | 172.2 | 7.8 | B |
| SDL1-XS014 | 大矿头—白峙仔西南 10 号10 浬午丁 | 午丁 | 10 | 10 | 华光礁 | 盘石屿 | 11.1 | 6.9 | 148.8 | 187.5 | 38.7 | 1.1 | 138.8 | 158.8 | 岛礁范围大，与实际航向偏差大 | |
| SBW-XS013 | 大矿头往白峙仔西南午丁10 对 10 浬 | | | | | | | | | | | | | | | |
| 平均（不包括最后两条更路） | | | | | | | | | | | 4.3 | 2.1 | — | — | 2.3 | |

由表 1 可以看到，除两簿表述“大矿头”往“白峙仔”的 SDL1-XS014/SBW-XS013 更路外，分别按类型 A～D 处置记载航向与计算航向的关系后，记载航向与计算航向平均偏差为 2.3°，远小于《南海天书》近 3000 条更路针位航向与计算航向的平均偏差（12.0°），也小于苏承芬修正本记载角度与计算航向角的平均偏差（3.9°），精确度明显提高。

另外，23 条更路的计算航向与针位航向角平均偏差为 4.3°，也远小于传统更路的平均偏差（12.1°），说明此二簿的航向精度相比传统更路得到了进一步提高。

而 SDL1-XS014/SBW-XS013 更路的计算航向 148.8°与记载航向 10°之间貌似有类型 B 关系，但两者之和 158.8°又与子午线 180°相差 21.2°，明显高于平均偏差（2.3°）。由《南海“更路簿”数字化诠释》计算模型可知，“华光礁”至“盘石屿”的计算航向为 148.8°是指“华光礁”的中心位置至“盘石屿”的中心位置的“理论航向”，如图 9 虚线所指。而本条更路明确表示是“大矿头”至“白峙仔西南”，而海南渔民习惯将岛礁的东南面称为“头”，将西北面称为“尾”，所以本更路实际航路如图 9 实线所示。

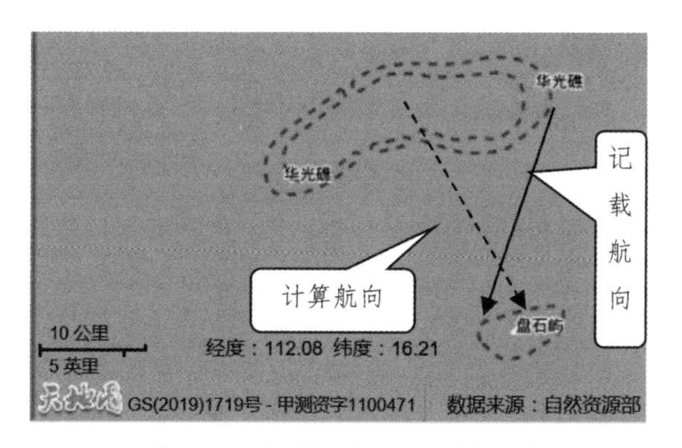


图 9 “华光礁”至“盘石屿”示意

显然，图 9 实线所指方向接近更路针位航向 187.5°，而 187.5°与记载角度 10°两者之差为 177.5°，符合类型 C 关系，且与子午线相差 2.5°，与平均偏差值接近。

## 3.3 计算航向与更路记载的“子午线航向”的统计分析

两簿以类型 A 记载的航向角有 6 条，以类型 B 记载的航向角有 40 条，以类型 C 记载的航向角有 30 条，以类型 D 记载的航向角有 12 条，这些更路的记载角度全部按“子午线航向角”方式调整为 0° ～360°的真北向形式，然后将这个角度与本更路的计算航向相比较，平均偏差为 4.5°，如果对其中 7 条更路因岛礁范围过大且起、讫点过近引起的航向偏差进行校正，则平均偏差约为 3.8°，与苏承芬修正本的平均偏差（3.9°）相当。

# 4 相关问题辨析

## 4.1 几处特殊字符的理解

其一，两簿有 30 条更路出现“对”字，其中有 22 条更路的“对”出现在表述航向角度的数字之后，如 SDL1－XS020“二矿—三矿乾巽辰戌 55 对 30 浬”。部分更路在另一簿有对应同航路更路，相应位置用的是“度”，如 SBW－XS019“二矿往三矿 55 度辰戌乾巽 30 浬”，又因“对”与“度”的读音相近，故疑是谐音字，实为“度”之意。

其二，个别更路在角度后出现“号”而不是“度”，如SDL1-XS014“大矿头—白峙仔西南10号10浬午丁”，疑为传抄笔误，或为海南渔民对“度”的另一种理解。

## 4.2 几处字迹难辨问题的分析

更路簿手稿中的数字是比较容易误识的，如果不借助数字化分析，往往很难把握，外加苏家两簿特殊的航向记载形式，更是如此。

（1）SBW-XS025“巴注往三矿壬丙15度46浬”

如图4第二条更路，有学者认为“15度”可能是“75度”，但“巴注（永兴岛）”往“三矿（浪花礁）”的计算航向是167.3°，依据子午线航向角测算，显然15°比较合理。SDL1-XS047“清澜—干豆15度145浬”更路的“15度”亦有类似情况。

（2）SBW-XS030“巴注往船岩尾55度10浬”

如图10第一条更路所示，大部分学者认为是“55度”，但“巴注（永兴岛）”往“船岩尾（西沙洲）”的计算航向是323.3°，依据子午线航向角测算，显然35°比较合理。另外，SDL1-XS033同航路更路也是“55度”，原因待查。

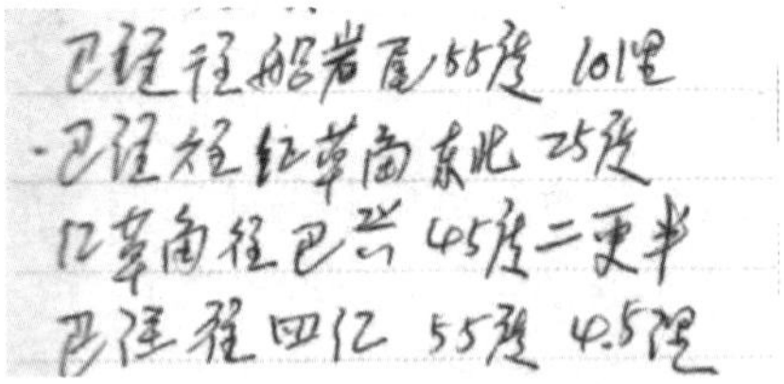

图10 苏标武更路簿原本某页

（3）SBW-XS033“巴注往四江55度4.5浬”

如图10第四条更路所示，该更路的计算距离为40.41海里，与记载距离相差过大；计算航向为236.1°，与子午线航向角55°（对应真北向为180°+55°=235°）基本重合，又因SDL1-XS036“巴徐—四江55度45浬”为同航路更路，距离却为“45浬”，故疑SBW-XS033更路的“4.5浬”为传抄笔误，即多了一个小数点。

（4）SDL1-XS040“大潭—巴兴40度180浬”

如图11左边第三条更路所示，该更路原稿字迹模糊，较难辨认，有人认为距离为“110浬”，根据该更路的计算距离195.61海里和计算航向142.2°的结果，结合手稿，疑是“180 浬”。SBW－XS034 为同航路更路，亦有同样情况。

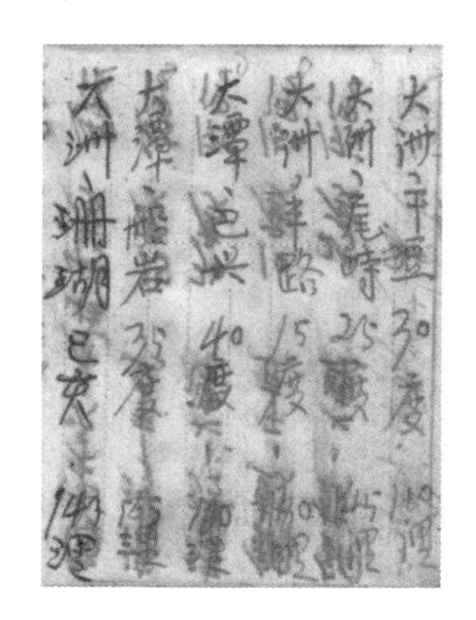

图 11　苏德柳抄本一某页　　　　图 12　苏德柳抄本一某页

（5）SDL1－XS020“二矿—三矿乾巽辰戌 35 对 30 浬”更路

如图 12 中间一条更路所示，该更路的手稿很像是“35 对（度）”，但计算航向角为 121.7°，子午线航向“35 对（度）”的真北向为 145°，两者相差稍大，而 SBW－XS019“二矿—三矿 55 度辰戌乾巽 30 浬”是同航路更路（图 13），后者记载航向的真北向为 125°，与计算航向更为吻合，故疑苏标武本将“55 对”误抄为“35 对”。

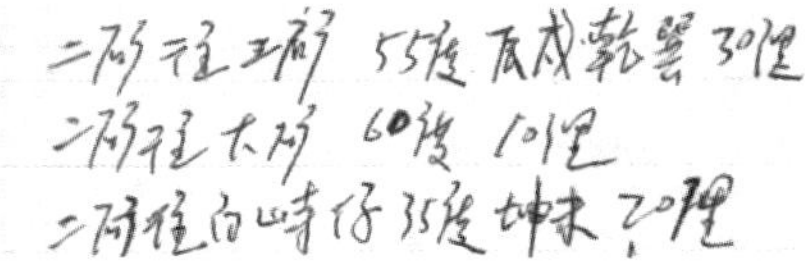

图 13　苏标武更路武簿原本某页

（6）苏标武本第一页更路数字辨识问题

如图 14 所示，由于该手稿页的数字部分字迹潦草难辨，有学者根据同簿其他更路表述的一般形式，认为相关数字可能是“<度数><浬数>”，如将第 2 条更路最后部分理解为“25（度）9 浬”，将第 3 条更路最后部分理解为“18（度）9 浬”等，其实不然。根据相关计算模型，这些数字全部都是表示“浬程”，如表 2 所示，其中第 1 条是“25 浬”而不是“250

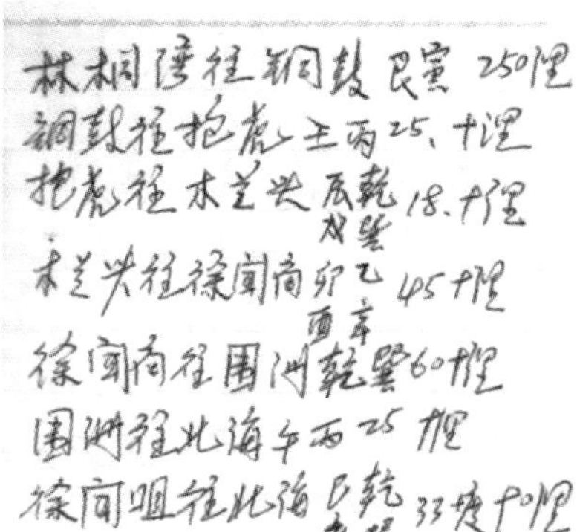

图 14　苏标武更路簿原本第一页

浬”，第2、3条分别是“25浬”“18浬”等。

表2 苏标武本第一页相关更路数字化分析

| 序号 | 更路条目 | 起点标准名 | 起点经度（°） | 起点纬度（°） | 讫点标准名 | 讫点经度（°） | 讫点纬度（°） | 平均浬程（海里） | 计算航向（°） | 针位航向（°） | 记载里程差（海里） |
|---|---|---|---|---|---|---|---|---|---|---|---|
| 1 | 林桐湾往铜鼓艮寅250浬 | 林桐湾 | 110.67 | 19.31 | 铜鼓角 | 111.06 | 19.65 | 29.80 | 47.3 | 42.5 | 4.80 |
| 2 | 铜鼓往抱虎壬丙25浬 | 铜鼓角 | 111.06 | 19.65 | 景心角 | 110.94 | 20.02 | 23.16 | 343.7 | 345.0 | 1.84 |
| 3 | 抱虎往木兰头乾巽辰戌18浬 | 景心角 | 110.94 | 20.02 | 海南角 | 110.70 | 20.16 | 16.11 | 302.2 | 307.5 | 1.89 |
| 4 | 木兰头往徐闻角乙辛卯酉45浬 | 海南角 | 110.70 | 20.16 | 徐闻角 | 109.93 | 20.23 | 43.58 | 275.5 | 277.5 | 1.42 |
| 5 | 徐闻角往围洲乾巽60浬 | 徐闻角 | 109.93 | 20.23 | 涠洲岛 | 109.13 | 21.06 | 67.18 | 317.8 | 315.0 | 7.18 |
| 6 | 围洲往北海午丙25浬 | 涠洲岛 | 109.13 | 21.06 | 北海港 | 109.05 | 21.45 | 24.19 | 349.3 | 352.5 | 0.81 |
| 7 | 徐闻咀往北海乾巽巳亥33度90浬 | 徐闻咀 | 109.93 | 20.23 | 北海港 | 109.05 | 21.45 | 88.69 | 326.0 | 322.5 | 1.31 |

## 4.3 其他情况

（1）带方位词更路的理解

表3列示了两簿记载有方位的8条更路的数字化情况。

表3 两簿带“方位”更路情况

| 更路编号 | 更路条目 | 起点标准名 | 起点经度（°） | 起点纬度（°） | 讫点标准名 | 讫点经度（°） | 讫点纬度（°） | 平均浬程（海里） | 最大误差浬程（海里） | 计算航向（°） | 针位航向（°） | 子午线航向角（°） | 真北航向角（°） | 方位可能含义 |
|---|---|---|---|---|---|---|---|---|---|---|---|---|---|---|
| SBW-XS007 | 银峙往干豆西北20对35浬 | 银屿 | 111.70 | 16.58 | 北礁 | 111.50 | 17.08 | 32.15 | — | 339.1 | — | 20 | 340 | 西北航向讫点西北 |
| SBW-XS010 | 三矿尾往大矿东南尖乙辛40浬 | 浪花礁 | 112.52 | 16.05 | 华光礁 | 111.69 | 16.22 | 48.62 | 11.82 | 281.9 | 285.0 | — | — | 讫点东南 |

续表 3

| 更路编号 | 更路条目 | 起点标准名 | 起点经度（°） | 起点纬度（°） | 讫点标准名 | 讫点经度（°） | 讫点纬度（°） | 平均浬程（海里） | 最大误差浬程（海里） | 计算航向（°） | 针位航向（°） | 子午线航向角（°） | 真北航向角（°） | 方位可能含义 |
|---|---|---|---|---|---|---|---|---|---|---|---|---|---|---|
| SBW-XS013 | 大矿头往白峙仔西南午丁10对10浬 | 华光礁 | 111.69 | 16.22 | 盘石屿 | 111.79 | 16.06 | 11.12 | 6.86 | 148.8 | 187.5 | 10 | 190 | 西南航向讫点西南 |
| SDL1-XS014 | 大矿头—白峙仔西南10号10浬午丁 | 华光礁 | 111.69 | 16.22 | 盘石屿 | 111.79 | 16.06 | 11.12 | 6.86 | 148.8 | 187.5 | 10 | 190 | |
| SBW-XS031 | 巴注往红草角东北25度 | 永兴岛 | 112.33 | 16.83 | 南沙洲 | 112.35 | 16.93 | 6.08 | — | 9.1 | — | 25 | 25 | 东北航向讫点东北 |
| SDL1-XS034 | 巴徐—红草角东北25度 | 永兴岛 | 112.33 | 16.83 | 南沙洲 | 112.35 | 16.93 | 6.08 | — | 9.1 | — | 25 | 25 | |
| SDL1-XS011 | 三矿尾—大矿东南尖乙辛40浬 | 浪花礁 | 112.52 | 16.05 | 华光礁 | 111.69 | 16.22 | 48.62 | 11.82 | 281.9 | 285.0 | — | — | 讫点东南 |
| SDL1-GD001 | 担杆往汕尾西北45度35海里 | 担杆岛 | 114.23 | 22.03 | 洲尾 | 114.65 | 22.44 | 34.23 | — | 43.6 | — | 45 | 45 | 讫点西北 |

传统更路簿中，方位词基本上都置于更路最后，用于进一步明确针位两个方向中的一个，起针位辅助识别作用，而此两簿的方位词是置于讫点岛礁后面的，有可能起辅助航向的作用，但也有可能指的是讫点岛礁的方位。

从表3可以看出，SBW-XS007、SBW-XS013、SDL1-XS014、SBW-XS031、SDL1-XS034等5条更路的“方位”与航向方位基本一致，故方位可能指航向，也可能指讫点岛礁的方位，而SDL1-XS011、SDL1-GD001等2条更路的“方位”则明显与航向不一致，故应该指船到达讫点的方位。

另外，SDL1-GD001更路（图15右边第一条更路）的讫点，因更路原稿字迹非常模糊，多数读者认为是“汕尾”，但根据更路距离、相邻更路地域特点及起点为“担杆”[①]等信息推断，讫点疑为位于广东省惠州市大鹏湾与大亚湾汇合处三门岛（又称沱泞岛）南面的“洲尾”。

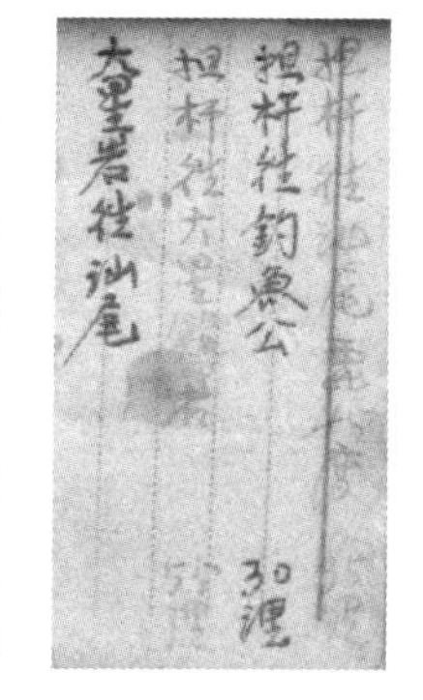


图15　苏德柳抄本一中的“汕尾”疑为“洲尾”

① 担杆岛：位于珠海香洲区东南部70余公里处，西距二洲岛约1公里，北距九龙30公里，是担杆列岛的最大岛屿，因由7座山峰连成一线，既窄且长，形似扁担而得名。

（2）SDL1 – NS006“尾峙往鸟头 330 度乾巽 140 浬”的“330 度”

该更路的记载角度是两簿中唯一大于 90°的，与该更路[①]的计算航向（324.3°）较为吻合，与计算航程（144.10 海里）吻合度也相当高，应是一条合理更路。但为何两簿仅此更路的记载角度为真北向记载方式，原因不明，有待进一步查证。

## 5 结语

2017 年，南京大学召开“数字人文：大数据时代学术前沿与探索”学术研讨会，与会学者既有来自各高校人文社科学院的，也有来自图书馆、博物馆及数字化研究所等文化机构的；研究领域涵盖历史地理信息、数字史学、数字博物馆等；研究技术包括数字计算、文本识别、数学人文建模等，充分体现了数字人文的多学科交叉融合的特点。高校图书馆既收藏有大量可研究的人文资源，又拥有众多学科背景的研究馆员，大多还有信息技术支持部门的便利条件，再借助高校人才优势，是可以走在数字人文研究前列的。

本研究起于周唐工作室承担的苏德柳更路簿研究过程中发现的疑问，由人文社科研究者提出，最终依据数字化方法，特别是以“子午线航向角”的创新思维才得以解惑。由此可见，基于数字人文视角的更路簿研究，能在短时间内精准发现纯人文社科视角下的更路簿研究问题，优势极为明显。

笔者从数字人文角度开展的更路簿研究在较短时间内所取得的研究成果得到了有关专业人士的高度认可[②]，这也是对数字人文视角下的更路簿研究的一种认可。

---

① 夏代云认为“鸟头”指三亚的“铁炉港”，苏承芬老船长认为可能是“陵水角”，笔者经对《王诗光更路簿》相关更路分析，认为是“陵水角”的可能性更大，本文暂按“陵水角”理解。

② 高之国：《南海更路簿的研究现状与发展方向》，《海南日报》2019 年 5 月 29 日，第 7 版。

# 从航海更路簿向渔业更路簿的演变[①]

## ——兼论南海更路簿的分类与分期

李彩霞

明清时期至20世纪60年代流传于海南民间的更路簿，记载了渔民从海南航行至西沙群岛、南沙群岛及东南亚各国的航行方向、时间、距离等，以及岛礁滩洲的习用地名、海流速度、天气变化等，是他们在西南沙群岛展开生产活动的航海指南。南海更路簿共载西沙、南沙航线更路200余条，渔民俗称136个，其中东沙群岛1个、西沙群岛38个、南沙群岛97个。有些俗称在明代嘉靖年间就已流行，如顾玠《海槎余录》："万里长堤出其南，波流甚急，舟入回流中，未有能脱者……又有鬼哭滩，极怪异。"[②] "万里长堤"指南沙群岛，"鬼哭滩"即今鬼喊礁。1983年，中国地名委员会公布的52个西沙地名、193个南沙地名中，海南渔民俗称分别占40和84个，其中还有48个标准地名直接采自渔民俗称（包括谐音）。对于目前发现的32种存世的南海更路簿，众多学者进行了深入的研究，如周伟民、唐玲玲《南海天书——海南渔民"更路簿"文化诠释》是全面搜集、整理资料的集大成之作，王利民、王晓鹏分别对苏德柳本和彭正楷本进行了个案研究，夏代云则从南海更路簿的时代考证和文化特征展开了论述。[③] 但由于更路簿成书年代较久，学者只能大体推断它们的抄写时间，并不能反映每本更路簿的创作时间和各自的特点。对海道针经的发展演变历史进行梳理，将时代与内容相近的更路簿置于不同的类别或时期中，可以帮助我们更清晰地梳理更路簿的形成和发展过

---

① 本文原发表于《海南热带海洋学院学报》2017年第1期。

② 〔明〕顾玠:《海槎余录》，嘉靖二十年（1539）顾氏大石山房刻本，第15页。

③ 周伟民、唐玲玲:《南海天书——海南渔民"更路簿"文化诠释》，昆仑出版社，2015；王利兵:《南海航道更路经研究——以苏德柳本〈更路簿〉为例》，《中国边疆史地研究》2016年第2期；王晓鹏:《南海针经书〈更路簿〉彭正楷本内容初探》，《齐鲁学刊》2015年第6期；夏代云、牟琦、何宇阳:《海南渔民〈更路簿〉的时代考证和文化特征》，《中南民族大学学报》2016年第5期。周伟民著作收录更路簿版本25种，海南省博物馆于2011年10月从琼海市又征集到"顺风东西沙岛更路簿"1种，夏代云又从民间发现6种。共计32种。

程，这是“更路簿学”走向专业化、学术化的必经之路。

## 1　更路簿之“更”考释

“路”指罗盘上的针路，指示航向。“更”本是古代的计时单位，一昼夜为十更，渔民出海点香计时，燃完一炷香算一更，后来指航程距离。“更”历来并无统一说法，黄省曾《西洋朝贡典录》说：“海行之法，六十里为一更”①，以1海里=3.704里计算，60里合16.2海里。朱鉴秋认为“‘一更’合12.5海里”②；曾昭璇和伊始也认为一更约合10海里：帆船“一更相当于风帆5小时，10海里”③。1918年，日本学者小仓卯之助到南沙群岛的北子岛后，根据三个渔民的介绍绘制了一幅地图，载入《暴风之岛》（图1）。图中7段航线：双峙—铁峙（双子群礁—中业岛）、铁峙—第三峙（中业岛—南钥岛）、第三峙—黄山马（峙）（南钥岛—太平岛）、黄山马（峙）—南乙峙（太平岛—鸿庥岛）、南乙峙—第峙（鸿庥岛—景宏岛，“第峙”渔民实际称“称/秤钩峙”）、双峙—红草峙（双子群礁—西月岛）、红草峙—罗孔（西月岛—费信岛）。它们的距离分别是2更、2.2更、2更、1更、3更、4更和5更。将以上更数与苏德柳、郁玉清、王国昌和麦兴铣四个版本的更数比较后发现，只有第四段“黄山马峙—南乙峙”线，

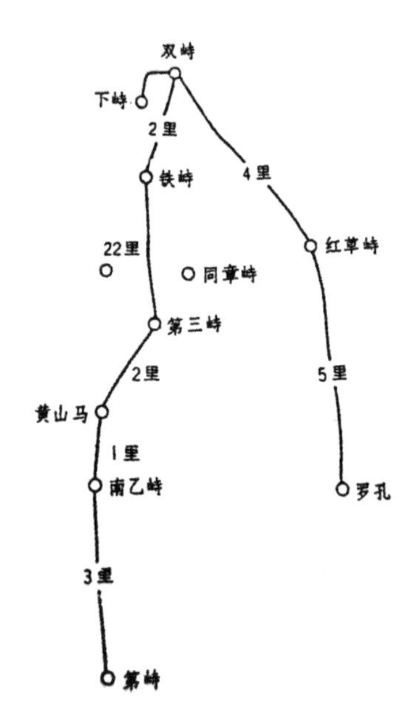


图1　《暴风之岛》附图④

① 黄省曾：《西洋朝贡典录》，中华书局，2000，第1页。

② 朱鉴秋：《我国古代海上计程单位“更”的长度考证》，《中华文史论丛》1980年第3期，第202－203页。

③ 曾昭璇：《中国珊瑚礁地貌研究》，广东人民出版社，1997，第35页；伊始、姚中才、陈贞国：《南海！南海！》，广东人民出版社，2009，第126页。以上所列的王利兵、王晓鹏、夏代云等学者也认为一更约10海里。

④ ［日］小仓卯之助：《暴风之岛》（1940年版），转引自广东省地名委员会编《南海诸岛地名资料汇编》，广东省地图出版社，1987年版，第82页。图中的“里”为“更”之误。

及第七段“红草峙—罗孔”线两条在以上诸本中更数一致。其中第四段附图与各本更路簿都记为1更，第七段都记为5更。笔者利用Google Earth进行测量，测得7段的直线距离分别为21.8海里、25.4海里、16.5海里、13.3海里、17.9海里、44海里、50.8海里。若以第四段为准，则1更合13.3海里；若以第七段为准，5更为50.8海里，则1更合10.16海里。取两者的平均数，1更合11.73海里；7段航线一更的平均数则是10.2海里，两者误差较大。

对更路的计算还应考虑风帆船与机动船的区别、大船与小船的区别，以及顺流与逆流的区别。如王国昌本“东海更路”第28条，及彭正楷本“东海更路”第3条都说到“自半路往干豆用癸丁五更半向东北驶收”，即半路（中建岛）至干豆（北礁）用癸丁针路（东北15°）行驶五更半到达。如果按一更10海里，则北礁与中建岛相距55海里。实际上，北礁（北纬17.05°，东经111.30°）与中建岛（北纬15.57°，东经111.12°）纬度相差1.48°，经度相差0.18°。按照同一经线上纬度每相差1°，则距离相差111千米的原则，北礁距中建岛至少164千米。再加上地球的圆形弧度及经度差等因素，实际距离更远。Google Earth也显示两地直线距离170千米，合91海里。按五更半计算，则一更为16.5海里，与黄省曾所说一更60里（合16.2海里）较接近。

为了更好地计算“更”的实际距离，我们以风帆时代更路簿的代表——苏承芬祖传本为例，随机挑选7段西沙更路和8段南沙更路与Google Earth实测距离作比较（表1），算出西沙航线中一更的平均距离为12.2海里，南沙航线中一更的平均距离为12.6海里。合计西沙与南沙15段航线，每更的平均距离是12.4海里。

表1　苏承芬祖传本中的航线距离与Google Earth（GE）数据对比

| 西沙群岛 | 更数 | GE距离（海里） | 南沙群岛 | 更数 | GE距离（海里） |
|---|---|---|---|---|---|
| 大圈—半路（华光礁—中建岛） | 3 | 43.5 | 红草—五风（西月岛—五方礁） | 4 | 53.1 |
| 尾峙—半路（金银岛—中建岛） | 3.5 | 44.2 | 双门—断节（美济礁—仁爱礁） | 2 | 21.2 |
| 三圈—半路（浪花礁—中建岛） | 6.5 | 76.6 | 双门—鸟串（美济礁—仙娥礁） | 2 | 31 |
| 大圈—白峙仔（华光礁—盘石屿） | 1 | 11.5 | 双门—双挑（美济礁—信义礁） | 4 | 42.1 |

续表 1

| 西沙群岛 | 更数 | GE 距离（海里） | 南沙群岛 | 更数 | GE 距离（海里） |
|---|---|---|---|---|---|
| 白峙仔—半路（盘石屿—中建岛） | 3 | 37. 1 | 铁峙—铜金（中业岛—杨州沙洲） | 2 | 24. 9 |
| 二圈—大圈（玉琢礁—华光礁） | 1 | 14. 4 | 黄山马—黄乙峙（太平岛—鸿庥岛） | 1 | 13 |
| 三圈—白峙仔（浪花礁—盘石屿） | 5 | 42. 1 | 秤钩—六门（景宏岛—六门礁） | 5 | 67 |
| 平均 | | 12. 2 | 六门—铜章（六门礁—南海礁） | 4 | 48. 8 |
| | | | 平均 | | 12. 6 |

古代帆船常以正顺风航行时的船速为准，每个船师都有自己的计量方法，要准确定位“更”的数量值，需辅以现代的技术手段，再与古代的更数比较，才能更科学和精确。简单地说“一更约等于 10 海里”并不准确真实，在 10 海里至 16. 2 海里之间则大致不错。距离的确定，不仅可以帮助我们更准确地掌握航程的长短，也提供了判断各更路簿版本优劣的尺度。比如《暴风之岛》附图与苏、郁、王和麦诸版本相比，“双峙—铁峙”线以郁本、王本、麦本所载 2 更较准，苏本所载 3 更有误差；“铁峙—第三峙”线以附图本所载 2. 2 更较准，诸更路簿所记 2 更稍显欠缺；“第三峙—黄山马峙”麦本记为 1. 5 更，是对附图本及各本所记 2 更的纠正，数据更趋精准；“南乙峙—第峙”线以苏本、郁本、麦本所载 2 更更准，附图本与王本所载 3 更有误差。总的来说，更路簿对更数的记载比附图本准确率更高，尤其是麦本，对以上 7 段航线的记载与今测距离全部吻合，准确率达 100%。

## 2　以航海图为特色的类别

南海更路簿中属于航海图性质的代表有两个：一是老渔民符宏光 1935 年绘制的《西、南沙群岛地理位置图》，这是他参考古代的航海针位和更数，并结合自己的实践而制成的。图中列举了西沙和南沙群岛共 81 个海南俗称地名，其中西沙群岛18个，南沙群岛63个，还附上罗经二十四向位图。一是20世纪80年代初郭振乾根据大量更路簿绘制的《西、南沙群岛渔业更路图》，最南到达墨瓜线（南屏礁），图中既有从海南集中去往西沙、南沙的交通枢纽，也有西沙、南沙岛礁之间的核心活动区域，形成点、线、面结合的航海体系。

隋唐地方志中图与经（地图及对地图的文字注脚）并行，以图为主，以文为辅。宋代以后，因制图工序烦琐，传抄和刻印中往往将图的分量缩小，甚至抛弃。如唐代《元和郡县图志》原书40卷，收图47幅，至宋时图亡佚，今仅存文字34卷。南宋淳熙年间（1174—1189），《严州图经》重刻时，去掉图并改名为《新定志》。宋代去往东海和南海的远洋航行都使用航海图，北宋宣和四年（1122），奉议郎徐兢在《宣和奉使高丽图经》中记载了明州（今宁波）至高丽的东海航线；南宋景定年间（1260—1264），释智磐《佛祖统纪》“东震旦地理图”绘有高丽、日本、琉球、交趾、占城的地理形势；佚名《交广图》、李符《海外诸蕃图》、凌策《海外诸蕃地理图》等虽原图已佚，但从“诸蕃”等字眼可知这些图包括南海各国。地理学家赵汝适称“暇日阅《诸蕃图》，有所谓石床、长沙之险，交洋、竺屿之限”，也可证《诸蕃图》记载了南海至东南亚的航线。

更路簿作为一种专门志书也受到方志编撰风气的影响。早期的航海图多出自航海者之手，具有一定的局限性。航海人来自社会底层，识字不多，他们以图、表的形式直观地把路径、方向和位置画出来，但只能表达最简单的地名或数字。明代中期以后，以图为主、以文字为辅的航海图发展为兼有航海路线图和文字记载，并以图为辅、以文字为主的航海更路簿（海道针经）。这样的航海更路簿往往因成于学者、官员之手而流传，如《郑和航海图》和《明代东西洋航海图》就是从航海图向航海更路簿（海道针经）过渡的典范。从书名可看出二者的基本性质都是航海图。《郑和航海图》以对景写实风格为主，总共44幅图片中，有37幅图片配有文字记述，且内容颇为详细。如太仓往福建针路：“船取孝顺洋，一路打水九托，平九山，对九山西南边，有一沉礁打浪”[①] 等。《明代东西洋航海图》以图绘出明朝疆域及朝鲜、日本、吕宋（菲律宾）及马来半岛，古里（今印度西南部咯拉拉邦北岸和卡利卡特）以西则代之以文字表述。

① 《郑和航海图》，向达校注，中华书局，2000，第30页。

吴朴远征安南途中搜集航行资料和民间水路手册，所撰《渡海方程》[①]的内容也是有经有图，“图”记海中诸岛屿山峰，“经”记海外诸国里程。海道针经《顺风相送》也说船工行船时，“全凭周公之法，《罗经针簿》为准。倘遇风波，或逢礁浅，其可忌之皆在地罗经中取之……永乐元年奉差前往西洋等国开诏，累次校正针路，牵星图样、海屿、水势山形，图画一本”[②]，《指南正法》中也有类似记载。《顺风相送》篇名有“图”字者 4 处，即“各处州府山形水势深浅泥沙地礁石之图”“灵山往爪哇山形水势法图”“新村爪蛙至瞒喇咖山形水势之图”“彭坑山形水势之图”，但仅篇名有“图”，其内容中则并无图，很可能以上 4 篇中本来有图，但因后人在传抄过程中将其去掉而失传，导致有名无实。至清代《指南正法》时，篇名中的“图”字就全都被去掉了，只称《广东宁登洋往高州山形水势》《往汶来山形水势》等，大概也是为了更好地与内容相吻合。

## 3　以航海更路簿为特色的类别

明代官方及民间的航海更路簿主要记载从广东到东南亚各国的航道。如郑和下西洋时带有针路与图式，由船师领航，根据罗盘指针指示的方向（针路）航行;[③] 张燮《东西洋考》亦参考民间航海针经，“舶人旧有航海《针经》，皆俚俗未易辨说，余为稍译而文之”;[④] 黄省曾《西洋朝贡典录》记载西洋各国针位。海南航海更路簿乃是继承了明代官方和民间的南海航道，加上渔民自己总结的西沙、南沙更路而成，以乾隆至道光年间的黄家礼、蒙全洲、苏德柳、郑庆能、郁玉清、陈永芹各本以及苏承芬祖传本为代表。航海更路簿一般具有以下特点。

---

① 〔明〕吴朴:《渡海方程》（已佚），见陈佳荣、朱鉴秋编著《渡海方程辑注》，中西书局，2013；〔明〕董谷:《碧里杂存》卷下“渡海方程”，中华书局，1985；〔明〕樊维城辑《盐邑志林》第十七册，商务印书馆，1937。

② 《顺风相送》，向达校注，中华书局，2000，第 21－22 页。

③ 〔明〕巩珍《西洋番国志・序》:“观日月升坠，以辨东西，星斗高低，度量远近。皆斫木为盘，书刻干支之字，浮针于水，指向行舟……选取驾船民梢中有经惯下海者称为火长，用作船师。乃以针经、图式付与领执，专一料理”，中华书局，2000，第 5－6 页。

④ 张燮:《东西洋考》，中华书局，2000，第 20 页。

## 3.1 以航道更路为主，渔业更路为辅

航海更路簿以航道记载为主，部分更路簿同时带有渔业更路簿的性质，大都自北向南行驶，主要供商船和客船运输使用，内容涉及地名、路线、天气、水文、地理等方面。如苏德柳本大概成书于嘉庆年间，由他父亲于 1921 年抄自文昌渔民。该本共 8 篇，记载了海南至西沙、南沙以及广东至东南亚各国的针位和更数。其中第一篇记潭门至西沙以及西沙至越南航线，第二篇记西沙至南沙及南沙各岛礁间航线，第三篇记越南到东莞的航线，第四篇记潭门至广东、越南和新加坡航线，第五篇记昆仑洋（今越南昆仑岛附近海域）上下各港航线，第六篇记新加坡附近港口，第七篇记新加坡至印尼航线，第八篇记马来半岛至越南航线。苏本侧重航道介绍，如第四篇“真磁去新州埠头更路。真磁西势开船，以丙午三十八更取地盘东边过，东南头有不尖三枝似龙角样……东南头去有白石壹个，有岭，岭上有灯为证”[①]，对沿海港口的地名、礁石、水深、水流等记载得很详细。

文昌郑庆能藏本《广东下琼州更路志录》《琼岛港口出入须知》和《琼州行船更路志录》三种是从临高一位老船长处抄来的，总计更路 98 条，几乎全是航海路线。第一种《广东下琼州更路志录》记广东至琼州更路 18 条；第二种《琼岛港口出入须知》记海南港口出入更路 30 条以及每年 12 个月的流水（潮汐涨落）情况；第三种《琼州行船更路志录》记海南岛各港口之间以及往西、南沙群岛的更路 50 条，其中去往西沙、南沙群岛或岛礁间的更路仅 14 条，而博鳌、清澜等海南岛内港口间的航道达 36 条。又如苏承芬祖传本中总共记载更路 338 条，其中西沙更路 29 条、南沙更路 115 条，另有海南至越南、泰国、新加坡、印度尼西亚等国更路 194 条。西沙和南沙更路的总数比外国更路数量少，更多地具有为航海服务的特点。

## 3.2 更路和岛礁数量相对较少

由于航海更路簿成书时间较早，如黄家礼本形成于明代晚期，蒙全洲本

① 张军军：《论〈南海海上丝绸之路历史文化数据库〉的建设》，《琼州学院学报》2015 年第 6 期，第 33－41 页。

在乾隆前已存在，陈永芹本从蒙全洲本抄出等，[①] 故而记载的内容与后期渔业更路簿相比要少一些。如西沙地名的数量，蒙全洲本仅 10 个、陈永芹本 17 个、郁玉清本与苏德柳本都是 21 个，比后期王国昌本 25 个、卢洪兰本 23 个都少；南沙地名，蒙全洲本 56 个、郁玉清本 57 个、苏德柳本 65 个，比后期彭正楷本 92 个、吴淑茂本 89 个、许洪福本 74 个等也少得多。东路更路数量，苏德柳本 29 条、郁玉清本 35 条、李根深本 14 条、蒙全洲本 15 条、黄家礼本 15 条，比渔业更路簿中许洪福本 67 条、王诗桃本 61 条、林鸿锦本 60 条等少；南沙更路数量，郁玉清本 65 条、黄家礼本 70 条、蒙全洲本 74 条，苏德柳本虽有 117 条，但有一些重复的路线，比王国昌本 209 条、彭正楷本 200 条也少（表 2）。

**表 2　航海更路簿类别中的地名与更路数量统计[②]**

| 更路簿 | 西沙地名（个） | 南沙地名（个） | 西沙更路（条） | 南沙更路（条） | 更路总数（条） | 备注 |
| --- | --- | --- | --- | --- | --- | --- |
| 郑庆能本 | 9 | 2 | 10 | 4 | 98 | 更路中含广东至海南 18 条、海南港口须知 30 条、海南岛内更路 36 条 |
| 苏德柳本 | 21 | 65 | 29 | 106 | 189 | 广东、海南、南洋共 54 条 |
| 郁玉清本 | 21 | 56 | 35 | 65 | 100 | — |
| 蒙全洲本 | 10 | 52 | 15 | 74 | 89 | — |
| 陈永芹本 | 17 | 56 | 16 | 83 | 99 | — |
| 李魁茂本 | 22 | 1 | 37 | 1 | 53 | 海南地名 3 个、越南地名 3 个。更路总数中含海南至西沙更路 9 条、至越南更路 6 条。 |
| 苏承芬祖传本 | 19 | 63 | 29 | 115 | 338 | 含广东至越南，及越南、泰国、新加坡、印度尼西亚等国更路 194 条。 |

① 对各更路簿形成时间的说法，采自夏代云、牟琦、何宇阳《海南渔民〈更路簿〉的时代考证和文化特征》，《中南民族大学学报》2016 年第 5 期。

② 本表的统计数据为去除重复后的数量，如苏德柳本中的银饼、银锅皆指今安达礁，都只算一处地名。另由西沙下南沙的线路在各本中大多归入南沙更路，本文亦照此原则，以线路中的目的地为归属，如西沙浪花礁至南沙仙宾礁的更路归入南沙更路。

此外还有地名漏记的情况，如苏德柳本漏记西沙地名 14 个：老粗门、银屿门、大圈北边门、半路南边门、七连峙（屿）、北岛、赵述岛、滨湄滩、儿辛郎、宣德群岛、甘泉岛、珊瑚岛、南沙洲、羚羊礁；漏记南沙群岛地名 15 个：贡士礁、北子岛、南子岛、奈罗礁、永登暗沙（奈罗角）、铁线礁、舶兰礁（高佛）、赤瓜礁（大拜钩）、五方尾、浪口礁、鸟鱼碇石、安波沙洲（锅盖）、中礁（弄鼻仔）、线头礁（沙角）、梅九礁。苏本西头线中，上戊（永暑礁）到铜铳仔（华阳礁）更路没有记录，在麦兴铣本等其他版本却有记录；南头线中，六门（六门礁）至恶落门（南华礁）相隔很近，也没有更路记载。又有从鸟仔峙（南威岛）出发的航路，王国昌本分别记有至乙辛（日积礁）、白峙仔（盘石屿）和地盘（潮满岛）3 条[①]，苏本和蒙全洲口述本只有至乙辛 1 条。以上这些对比都显示出古代航海范围的局限。

本文对更路簿的分类并非按其抄写年代的先后排列，而是按其版本内容所呈现的特点归类。如李魁茂本抄于清末至民国初期，在诸本中属于年代较晚的，但它的更路以航行记载为主，侧重对沿途航海路线的记录，而西沙、南沙岛礁之间的更路数量较少，故归入此类。李本共记地名 29 个，其中西沙地名 22 个、南沙地名 1 个、海南地名 3 个、越南地名 3 个（外罗、大佛、六安，皆在越南中部）。53 条更路中，西沙群岛之间的更路 37 条、海南去往西沙更路 9 条（其中 4 条从琼海潭门镇出发、3 条从万宁出发、2 条从文昌铜鼓岭出发）、西沙去往越南更路 6 条（其中 4 条去外罗、1 条去大佛、1 条去六安）、西沙去往南沙更路 1 条。特别是西沙去往越南的 6 条更路，带有较明显的为航海服务的色彩。又如苏承芬祖传本，虽然该书中西沙、南沙更路总数达 144 条，但广东及东南亚更路总数有 194 条之多，相比之下依然是以航线特色为强。又如抄于嘉庆、道光年间的郁玉清本《定罗经针位》，以罗盘针位命名，共记西沙地名 21 个、南沙地名 56 个，西沙更路 35 条、南沙更路 65 条，未记下洋更路。在 35 条西沙更路中，从南岛出发 5 条，从浪花礁、玉琢礁出发各 4 条，从永兴岛、华光礁、琛航岛出发各 3 条，形成了以南岛、浪花礁、玉琢礁、永光岛、华光礁、琛航岛为中心的航海线路，西沙群岛作业线更加清晰。郁玉清本南沙地名和更路数量虽然都比苏德柳本少，但在 65 条更路中，有 24 条涉及双子群礁、中业群礁、道明群礁、郑和群礁和九章群礁中的岛礁，56 个南沙地名中也有 16 个出自以上五大礁区，呈现出向南沙群岛

---

① 从鸟仔峙出发的线路，王本中记有 4 条，即第 67、88、140 和 213 条，第 67 条称“乙辛”，第 140 条称“西头乙辛”，实际上都是日积礁，去除重复，实为 3 条。

北部集中的趋势，为渔业服务的特色增强。该本此时还未明确分出“东头沙”的范围和生产特点，说明当时南沙群岛东头作业线还不兴盛，但开始记载南头线，南至范围到达丹节（南通礁），比后期所到达的墨瓜线（南屏礁）纬度略高。其航海更路中夹杂西沙、南沙渔业更路，是航海更路簿向渔业更路簿过渡的代表。

## 4 以渔业更路簿为特色的类别

随着渔民对西沙、南沙群岛开发的逐渐深入，更路簿的数量和更路条文、岛礁数量也在不断增加。道光以后，渔民南海更路簿完成了从航海更路簿向渔业更路簿的过渡。以抄于道光二十五年（1845）左右的卢家炳本，形成于清末的王国昌本、李根深本、许洪福本，抄于1924年左右的卢洪兰本、彭正楷本，抄于1930年的吴淑茂本为代表。渔业更路簿一般具有以下特点。

### 4.1 西沙、南沙岛礁和更路数量更多、范围更广

渔业更路簿记述的西沙、南沙群岛范围更加广泛，更路以岛礁之间的往返为主，明显不是为航海服务，而是以为渔业服务为主。西沙群岛的数量比早期普遍增多，苏承芬修订本所记西沙群岛岛礁数量达到历史最高的28个，其中八仙桌礁（湛涵滩）、半路郎（北边廊）等都是首次出现。南沙群岛岛礁数量也比较多，如彭正楷本92个、吴淑茂本89个、王国昌本76个、许洪福本74个。西沙更路一般都在30条以上，如卢洪兰本66条、林鸿锦本60条、李魁茂本50条、王国昌本42条、吴淑茂本32条。南沙更路数量也有所增多，如王国昌本与许洪福本皆为220条、卢洪兰本120条、吴淑茂本96条、陈永芹本83条，尤其王国昌本记南沙岛礁之间的更路195条，为诸本所记岛礁间更路数量最多的。又如彭正楷本，西沙更路仅17条，而南沙更路却达200条之多，这反映了此时期更路簿为渔业服务的特色。从所到达的范围来看，早期航海更路簿中，蒙全洲口述本最南仅达石公厘（弹丸礁）；郁玉清本、陈永芹本最南到达单节（南通礁）；苏德柳本是这一时期所到最远的，达墨瓜线（南屏礁）。后期渔业更路簿中，渔民逐渐掌握西沙和南沙的全部可生产地点，王国昌本、麦兴铣本、李根深本、卢鸿兰本、王诗桃本、苏承芬祖

传本最南端皆到达了离曾母暗沙不远的墨瓜线（南屏礁），遍及除曾母暗沙之外的整个南沙海区，更路之间分布的岛礁就是他们的渔业生产中心和基地。

**表 3　渔业更路簿的地名与更路数量**

| 更路簿 | 西沙地名数（个） | 南沙地名数（个） | 西沙更路数（条） | 南沙更路数（条） | 更路总数（条） | 备注 |
|---|---|---|---|---|---|---|
| 许洪福本 | 2 | 69 | 0 | 153，另东沙头 67 | 220 | — |
| 林鸿锦本 | 22 | 66 | 59 | 162 | 221 | — |
| 王国昌本 | 25 | 69 | 42 | 209 | 251 | — |
| 麦兴铣本 | 16 | 66 | 18 | 116 | 151 | 总数含其他更路 17 条 |
| 李根深本 | 15 | 66 | 13 | 113 | 151 | 总数含自安南去遇造、广州更路 20 条 |
| 卢洪兰本 | 23 | 65 | 66 | 120 | 186 | — |
| 吴淑茂本 | 24 | 89 | 32 | 96 | 160 | 总数含南洋更路 32 条 |
| 王诗桃本 | 22 | 64 | 61 | 183 | 279 | 总数含海南更路 35 条 |
| 苏承芬修订本 | 28 | 0 | 197 | 0 | 273 | 含中沙更路 62 条、海南至广东更路 14 条，另有中沙地名 28 个 |
| 彭正楷本 | 18 | 92 | 17 | 200 | 217 | 另有 4 个东南亚地名 |

明清时期海南岛与东南亚之间往来密切，渔民收获后从各岛礁下洋出售渔产，经西沙、南沙群岛去往东南亚国家的航线较多。如苏德柳本记录了 6 条下洋（南沙群岛至东南亚）更路：乙辛（日积礁）至安南山、罗汉湾头（都在越南），墨瓜线（南屏礁）至浮罗丑未、宏武銮、浮罗唎郁（皆在马来半岛东岸），丹节（南通礁）至浮罗唎郁。始发点集中在日积礁、南通礁和南屏礁三处，其中日积礁位于南沙群岛的西端，通往越南；南通礁和南屏礁位于南端，通往马来半岛。后期王国昌本所记下洋更路也是 6 条：乙辛、鸟仔峙（日积礁、南威岛）至地盘（新加坡附近的潮满岛），丹节（南通礁）至浮罗唎郁（在小纳土纳群岛），墨瓜沙（南屏礁）至宏武銮、浮罗丑未（均在小纳土纳群岛），西头乙辛去六安（日积礁至越南罗汉湾头）。但其始发点

有日积礁、南威岛、南通礁、南屏礁四处，比苏德柳本多了南威岛一处，反映了船民对出入南沙及国外部分航道已较为熟悉。彭正楷本记由西沙、南沙航出的下洋更路达 7 条：乌仔峙（南威岛）至地盘（潮满岛），乙辛（日积礁）至安南山、地盘，丹节（南通礁）至浮罗唎郁，墨瓜线（南屏礁）至宏武銮、浮罗唎郁、浮罗丑未。其始发点也是南威岛、日积礁、南通礁、南屏礁四处。对所到达的港口记述更加详细。吴淑茂本记南洋更路甚至达到 32 条之多。吴本抄于民国年间，此时正是海南人民大批下南洋时期，吴本极有可能不仅为渔业服务，还有指导交通、运输的作用。

## 4.2 西沙、南沙作业线形成，渔业特色增强

李根深本《东海、北海更路簿》也在航海路线中夹杂着渔业更路，在总共 146 条更路中，南沙更路所占比重最重，达 113 条，其余记“自安南去遇造更路法程”及“广洲更路”等航海路线 20 条，记西沙更路 13 条，渔业特色较为明显。这一时期的西沙更路多以永乐群岛中的北礁为中心，向四周延伸。如彭正楷本的两条渔业线（图 2，本文作者据文字内容所绘），一条从三圈（浪花礁）出发，经半路（中建岛）、干豆（北礁）、猫注（永兴岛）至二圈（玉琢礁）；另一条从石塘（永乐群岛）出发，经大圈（华光礁）、二圈（玉琢礁）回到石塘（永乐群岛）。南沙更路主要集中在双子、中业、道明、郑和和九章等五大群礁区域，由北向南排列，彼此之间航路大增。在此中心区分出东头线、西头线、南头线（即“东头沙”“西头沙”“南头沙”）三片作业区，使所记更路更加系统化、明确化。其中东头线（即“东头沙”）是最佳航路，李根深本、许洪福本（称“东沙头”）和麦兴铣本（称“东沙”）对该作业线都有详细记载。卢洪兰本和王国昌本虽未明确标出“东头沙”之名，但前者从更路次序排列上显出东头线已经形成。后者则记有从奈罗（双子群礁）、火哀（火艾礁）、铜金（扬信沙洲）出发，向东驶入罗孔、鲎藤、鱼鳞、双门、断节、鸟串等大片范围的线路。“西头沙”多从太平岛往西，经大现礁、永暑礁、毕生礁、华阳礁、南威岛，到达日积礁（西头乙辛）和南屏礁（墨瓜线）后，再由此回航西沙或南下去往越南、新加坡等地。“南头沙”由双峙下中业岛、南乙岛、太平岛、鸿庥岛、景宏岛、赤瓜礁。随着更路簿数量的增多，渔民还对抄录的各本更路亲自进行验证核实，如王国昌本中南沙更路的第 2 条白峙仔至双峙、第 45 条海口线至六门、第 156 条六门至劳牛劳线，都有“此条校准”字样，说明其是渔民亲身实践过的。

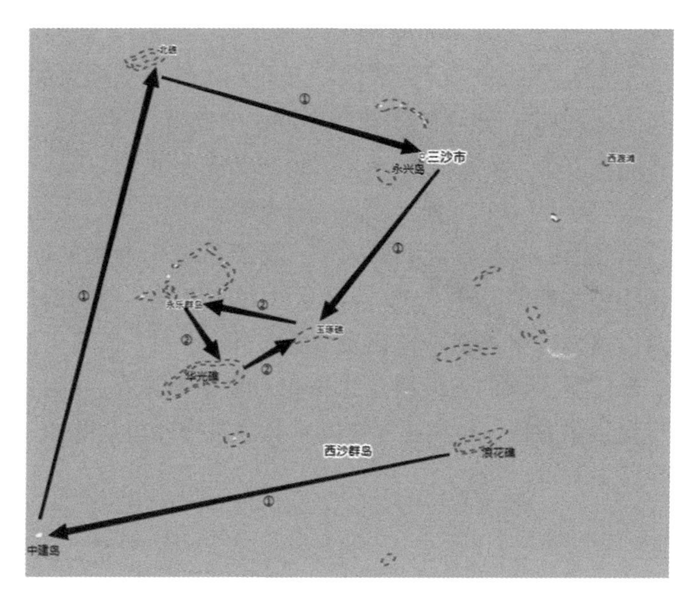


图2　彭正楷本的西沙与南沙作业线路

## 4.3　更路记载的系统性增强

在早期航海更路簿中，西沙与南沙更路一般都各自独立成篇，如苏德柳本明确分为“立东海更路”“立北海各线更路相对”两篇；郁玉清本分为“东海更路俱例”“北海更路俱例”两篇；陈永芹抄本《西、南沙更路簿》也分为两篇，其中“去西沙群岛”16条、“往南沙群岛更路”83条（包括1条由西沙下南沙更路）。蒙全洲口述本没有明确的分篇，前15条记西沙更路，后74条记南沙更路。后来的渔业更路簿延续这一传统，如林鸿锦本称“往东海更路”“由东海去北海更路”，王国昌本称“东风更路”“北海更路”，麦兴铣本称“自大潭门去东海更路”，李根深本称“上东头沙更路注明”等。同时，西沙、南沙更路有日渐集中的趋势。由于西沙、南沙各岛礁之间可以互相通航，作者往往将具有连续性的线路或同一始发点的线路集中放在一起。如苏德柳本记载，从信义礁出发可南下至半月礁或西至仙娥礁（第30、31条）；牛车轮礁与海口礁（第21、25条）、海口礁与舰长礁之间（第23、26条）可互相往返。从西月岛去仁爱礁，可经过三角礁、美济礁而去（第8、

12、13、15条[①]，也可只经五方礁而去（第14、35条），还可以经五方礁、仙宾礁而去（第14、29、36条）。更路排列的系统性在后期更加明显，如许洪福本“北海更路注明”中，第5—8条形成了中业岛、库归礁、三角礁至美济礁的连续更路，第9—12条也形成了仁爱礁、牛车轮礁、海口礁至舰长礁的连续更路，第31—40条则形成太平岛、牛轭礁、司令礁、无乜礁、榆亚暗沙、簸箕礁、南海礁、光星仔礁、弹丸礁、皇路礁至南通礁的连续更路。苏承芬独创的《中沙水路簿》第3—6条是从永兴岛出发，分别到达控湃暗沙、华夏暗沙、西门暗沙、本固暗沙的四条线路，第10—12条则是控湃至华夏，华夏至西门、西门至本固的连续线。线路相对集中地排在一起，既为航行者的背诵、记忆提供了方便，也增强了更路本身的条理性与系统性。

## 5 结语

南海更路簿是渔民集体创作的南海航海指南，“记载了航海路线、航行要领、气象水流，是海上渔民用鲜血换来的‘生命航线’。更重要的是，其中的知识材料也表明了西沙和南沙群岛是我国领海领土的一部分”[②]。它覆盖广东、海南各港口的流水、地形地貌，西沙、南沙及东南亚、马六甲海峡等的航道，书中的天文、地理和航海知识是航海者长期的经验积累，在成熟之前经过口口相传、传抄的发展过程。如黄家礼祖传本《驶船更流簿》和陈泽明藏本《更路簿》都有前后笔迹、字体不一样的现象。同时，由于从几个不同抄本中选录，也有一些一地多名，更数、针路略有差异，以及路线重复的现象。如彭正楷本铜金至银饼的线路重复了3次，漏记南沙群岛的南屏礁海区；许洪福本把黄山马（太平岛）归入东头线的错漏等；王国昌本重复更路达30余条等。苏本对安达礁有时称银饼，有时称银锅；染青沙洲在许洪福本中称女青峙，在陈永芹、郁玉清本中则称染青石；南华礁在彭正楷本中则有恶落（浪）门、荷落（乐、那）门等5种名称。还有的有五更收和四更收，以及乙辛向、单辛向等区别，都需要我们一一鉴别。也不可将航海更路簿与渔业更路簿截

---

① 周伟民、唐玲玲：《南海天书——海南渔民“更路簿”文化阐释》，昆仑出版社，2015，第261－265页。本文对更路条数的说明皆出自此书。

② 张军军：《论〈南海海上丝绸之路历史文化数据库〉的建设》，《琼州学院学报》2015年第6期，第33－41页。

然分开，如王国昌本记全年十二个月的流水（潮汐涨落的流向与时间）情况非常详细，但由于它是记载南沙岛礁间更路最多的更路簿，主要为渔业服务，因此我们将它归入此类。同时，由于为渔业服务，因此该簿更多的是记西沙、南沙两大群岛间和群岛内岛礁间的更路，而到东南亚或返回海南的更路所记很少或不记。渔业更路簿的大量出现，说明最晚到明代，西沙和南沙群岛已是海南渔民的作业范围，各岛礁间的交通很频繁，渔民对群岛的认识细致准确，是一块安定的“南方乐土”，而非某些西方文献所说的“危险地区”。

# 苏承芬本更路簿外洋地名考证[①]

李彩霞

对南海更路簿中西沙、南沙群岛俗称地名的考证，经过众多学者的努力，已经取得了很大的成果。但是对于很多外洋地名，仍然知之甚少。由于海南方言与外国语言之间的障碍，以及出国考察不便等，对南海更路簿中外洋地名的考证一直困难重重。外洋地名主要记载于苏德柳和苏承芬的更路簿中，二者内容基本相同，应源于同一版本。另在王国昌本、王诗桃本、林鸿锦本等版本中也有少量记载。由于苏承芬更路簿（以下简称苏本）的外洋更路经过学者整理后比苏德柳本的条理性更强，本文以苏本中的外洋更路为例，对其中所涉及的外洋地名进行考证。苏本从第三篇“驶船更路定例”开始涉及外洋更路，共记海南与东南亚之间航线 194 条，去除 8 条重复的，实际有外洋更路 186 条，涉及越南、柬埔寨、泰国、马来西亚、印度尼西亚和新加坡等 6 个国家的近百个地名。

在已知更路方向和更数的情况下，利用谷歌地球（Google Earth）[②] 的测距功能，再结合地理特征及其他辅助材料，推算出更路的出发点或目的地完全可以实现。如“（独猪山）用坤未针，二十更船取外罗山”，即从大洲岛以 217. 5°（坤未），航行 248 海里（二十更[③]）到达外罗山。其具体方法是打开谷歌地球软件后，先点击“添加地标”，标出始发地，再按照更路方位和距离，点击“标尺”，牵出该航线所指向的终点。反之，亦可由终点推算出始发点。在始发点、方位、距离、终点四要素之中，知晓其中三项即可推算出第四个要素。虽然“更”的距离受风向、风速、洋流和航海技术等因素的影响，会有长短的波动，需结合其他史料及前后更路的衔接等进行综合考察，但推

---

① 本文原题为《苏承芬本〈更路簿〉外洋地名考证》，发表于《海南大学学报（人文社会科学版）》2019 年第 2 期。

② 文中凡未作特别说明的两地间实测距离，都出自谷歌地球（Google Earth）。

③ 更数与距离的换算，有一更等于 10 海里、12. 5 海里等不同观点。笔者曾从南海更路簿中随机抽取 15 条航线的距离，与更数相对应，计算出一更平均值为 12. 4 海里。本文为论述方便，亦采用该数值，但实际数值可能略有变化。见李彩霞《从航海更路簿向渔业更路簿的演变——兼论南海更路簿的分类与分期》，《海南热带海洋学院学报》2017 年第 1 期。

算时需有一个基本数值作为参考，本文姑且以 12.4 海里为标准，如遇与实际情况不符之处，再作特别说明。

## 1　海南至越南针路地名

（1）尖笔罗[①]

第 19 条“大洲与尖笔罗，艮坤丑未对，十八更收”，尖笔罗在万宁大洲岛 217.5°方向、距离 223.2 海里，对应今越南占婆（Champa）岛，针位与距离都基本吻合。第 24 条“陵水与尖笔罗，丑未对，十六更”，尖笔罗在陵水 210°方向，198.4 海里处。第 27 条“榆林与尖笔罗，子午癸丁对，十四更”，尖笔罗在三亚榆林港 187.5°方向、173.6 海里处，皆对应今占婆岛。陵水在大洲西南 30 海里（约合二更），榆林又在陵水西南 30 海里，故而大洲、陵水和榆林到尖笔罗的距离分别为十八更、十六更和十四更，每一段皆比前一段少二更。

（2）单峙

第 20 条“大洲与单峙，丑未对（30°/210°），十八更”，单峙在大洲岛 210°方向、223.2 海里处。大洲与单峙的 210°比前述大洲至尖笔罗的 217.5°角度稍小，故单峙应在尖笔罗的东南偏南方，对应今越南宗岛。宗岛（15°48′N，108°41′E）位于占婆岛东南方 12.9 海里处，是一个陡峭的孤立小岛，高 202 米，状似三角形[②]，取名单峙盖因其独立而细高的特点。

（3）外罗

第 21 条“大洲与外罗，丑未加二线丁，二十更”，外罗在大洲 207°方向[③]、248 海里处。第 25 条“陵水与外罗，子午癸丁对，十七更收”，外罗在陵水 187.5°方向、210.8 海里处。第 26 条“宇林与外罗，子午对，十四更”，

① 文中对更路簿条数的排列，参照周伟民、唐玲玲《南海天书——海南渔民“更路簿”文化诠释》，昆仑出版社，2015，第 305 - 312 页。原文未作排序，序号为本人所加。以第 305 页“大潭对北，丑未相对，浮马十五更”为第 1 条，依次排列。

② 刘宝银、杨晓梅：《中国海洋战略边疆——航天遥感 多国岛礁 军事区位》，海洋出版社，2011，第 51 页。

③ 文中线针的量值采用一线合 1.5°、二线为 3°、三线即 4.5°，故“丑未加二线丁”即“丑未”（210°）减去 3°，为 207°。后文计算方法与此相同。参见逢文昱《更路簿上的对针和线针》，《南海学刊》2017 年第 3 期。

外罗在三亚榆林港180°方向、173.7海里处。结合以上三条，外罗指今越南中部海岸外广东群岛之李山岛（Dao Ly Son）。

（4）新竹

第22条“大洲与新竹，子午癸丁对（7.5°/187.5°），二十八更”，新竹在大洲7.5°方向、347.2海里处，附近没有明显的标志性岛屿。又如第19、20、21、22、23条，分别是大洲到尖笔罗、单峙、外罗、新竹和大佛的五条线路，方位由北逐渐向南，与大洲的距离由近及远（分别为十八更、十八更、二十更、二十八更、三十六更）。大洲至新竹的距离，比它至外罗多八更，比至大佛少八更，说明新竹在外罗、大佛的中间点。且第43、45条都提到“新竹港”一词，说明它是一个港口而不是岛屿，应指今越南中部的归仁港（Quy Nhon）。

（5）大佛、烟筒头

第23条“大洲与大佛，子午对，三十六更”，大佛在大洲180°方向、446.4海里处，对应今越南绥和东南的华列拉岬（Cape Varella），史书多称灵山大佛。子午对（180°）这一角度与实际方向略有差异，应为“子午癸丁对”，即187.5°更加准确。第55条又说“大佛山上有烟筒头”，说明烟筒头是大佛的一部分，二者实为一处。

## 2 越南外罗洋附近针路地名

（1）草峙

第30条“外罗与草峙，乾巽对（135°/315°），十二更”，草峙在外罗135°/315°方向、148.8海里处。如果草峙在外罗135°方向，即东南方，是380海里外的南沙群岛，文中148.8海里显然无法到达，故草峙应在外罗的315°方向，结合距离，应指今越南广治省东岸外的昏果岛（Con Co，又称老虎岛）。昏果岛位于17°10′N、107°21′E，岛高70.1米，南北两端是陡坡[①]，与“峙”高耸独立的特点非常吻合。

（2）沙圮角

第31条“外罗与沙圮角，艮坤寅申对，更余”，沙圮角在李山岛232.5°

① 刘宝银、杨晓梅：《中国海洋战略边疆——航天遥感 多国岛礁 军事区位》，海洋出版社，2011，第47页。

方向、10余海里处，应指今越南广义省的巴朗安角（Ba Lang An Mui）。巴朗安角位于15°10′N、108°58′E，距李山岛约13.7海里，正是一更有余。

（3）窝头、珠窝头

第32条“外罗与窝头，卯酉对，更余”，窝头在李山岛270°方向，即正西方，10余海里处，对应今越南广义省清水县（Thanh Thuy）的荣桔（Dung Quat）港，距外罗16海里。第38条“外罗与珠窝头，卯酉，离更零，此门可过，用单午针”，与第32条为同一路线，都是从外罗取270°方向。其中窝头系珠窝头的简称，“更零”一词不可解，疑为“更余”的误写，“门”指从外海进入内海港口的航道。

（4）洲鸭（押）

第36条“外罗与洲鸭，子午壬丙对”，说明洲鸭在外罗172.5°方向，但未说明距离。又第52条“大佛与洲押，午丙对”，与第53条“烟筒头与洲鸭，子午癸丁对，十二更”，实为同一条线路，对应今藩切东南的富贵岛（Phu Quy）。前者为172.5°；后者为187.5°，距离148.8海里。第52、53条虽角度有差异，但实属正常，因大佛与洲鸭虽直线角度为187.5°，但中间隔着方位更偏东的大岛和文峰湾（Van Phong Bay），行船时须先往东，再往南，形成比实际角度稍小的172.5°。

（5）万里长沙、长沙

苏本中有“长沙”与“万里长沙”二名，所指并非一处。第29条“外罗与万里长（沙），卯酉甲庚对（82.5°/262.5°），十四更”，万里长沙在外罗82.5°方向、173.6海里处，对应今西沙群岛；而第41条“外罗与长沙，乙辛卯酉对（97.5°/277.5°），七更”，长沙在外罗97.5°/277.5°方向、86.8海里处。具体是取97.5°还是277.5°呢？实际上，西沙群岛位于外罗的东北方，距离约145海里（合11.7更），所以97.5°（即东南方）这一方向应予以排除，距离与事实也不相符。故长沙应在外罗的277.5°方向，今越南中部海岸。又潘辉注《皇越地舆志》载：“自越海门至思客海门乃大长沙，北海门为小长沙。”[①] 越海门在今广治省登昌县，思客（应为思容）海门为今顺化湾[②]，海门即入海口，可见大长沙指登昌县至顺化湾入海口一段。潘清简《越史通鉴

---

① 《皇越地舆志》，［越］潘辉注，河内观文堂刻本，1907，第4页；盛庆绂：《越南地舆图说》载王锡祺《小方壶斋舆地丛钞》第10帙，台湾学生书局，1985，第201页。

② 盛庆绂《越南地舆图说》（载王锡祺《小方壶斋舆地丛钞》第10帙，第201页）：“越海门，在登昌县。”“思容海门”及后文“日丽、明灵海门”等地点，采自赵汝适撰，杨传文校释《诸蕃志校释》，中华书局，2000，第14页。

纲目》又说“沿海岸自日丽海门南至明灵海门号大长沙，自越海门南至思容海门号小长沙”[1]，日丽即今广平省丽水县（Lay Thuy），明灵即今广治省永灵县。大长沙指丽水县至永灵县入海口一段，小长沙则与潘辉注书大长沙的范围相同，即登昌县至顺化湾入海口。以上二书虽然对大、小长沙的区域还有争议，却都证明在丽水至顺化附近有一片区域，称为“长沙”。经查地图，这片区域有以昏果岛为代表的系列小岛，从北至南分别为湄岛附近诸岛（办山岛、昏崩岛、昏数岛、昏蒙岛）、宇岛诸岛、麦岛附近岛礁、山阳岛、昏拉岛及昏果岛等。这些小岛间隔多不到1海里，其中昏郭岛与昏拉岛相距仅330米；它们距岸也很近，如昏拉岛距岸仅0.7海里。[2] 这些连绵起伏的小岛群，正是第41条中长沙的范围。

（6）马路清、白豆清

第42条“马路清与大佛，子午壬丙对，四更”，马路清在大佛172.5°方向、49.6海里处，对应今归仁附近的瓜岛（Pulo Gambir）。第181条“白豆清与大佛，午丙对，四更”，午丙就是子午壬丙的简称，也是172.5°，更数相同，附近除瓜岛外没有其他较大岛屿，白豆清与马路清发音相近，应为同一处。又第180条“外罗与白豆清，午丙对，十一更”，外罗与白豆清也是172.5°，说明外罗、瓜岛与大佛基本在同一条直线上，与地图实际相符。文中“十一更”与实测距离108海里（合8.7更）有二更余的误差。

（7）羊角峙

第43条“带坡马羊角峙与新竹港，子午壬丙对，一更”与第46条“羊角峙与新竹，子午壬丙对，二更”方向一致，都说羊角峙在归仁352.5°方向，但前者为一更（12.4海里），后者为二更（24.8海里）。又第44条“羊角峙与豆清，午丙对，二更”，羊角在豆清（白豆清的简称，今瓜岛）352.5°方向、24.8海里处。由于羊角峙与豆清是二更，而新竹与豆清约10海里（一更），说明羊角峙与新竹应是一更的距离，以第43条为准，第46条略有误差。结合第43、44条，羊角峙应指归仁东北的水牛岛（又称公周岛）。第43条中的“马”又称浮马，指孤立的小岛或礁石，带坡马则指小岛从地下延伸出去并露出水面的礁石。水牛岛是一个光秃秃的花岗岩小岛，高36.8米，岛东方约366米处有两个明礁，恰似两个牛角，盖为其得名由来。

---

① ［越］潘清简：《越史通鉴纲目》，台湾“中央图书馆”“中越文化经济协会”，1969，第633－637页。

② 刘宝银、杨晓梅：《中国海洋战略边疆——航天遥感 多国岛礁 军事区位》，海洋出版社，2011，第51页。

（8）伽俑貌

第55条“大佛打水六十托，用午丁针，三更取加俑貌”，伽俑貌在大佛187.5°方向、37.2海里处，指芽庄附近的竹岛（Hon Tre）。明代张燮著《东西洋考》也载：“灵山：……打水六十托，用单午针，二更，取伽俑貌。”①即从灵山取180°方向、24.8海里处为伽俑貌。地图上测量，华列拉岬与竹岛的直线距离为39海里，以苏本的三更（37.2海里）更为接近，《东西洋考》中的二更（24.8海里）略有误差。二者之间的角度也不是《东西洋考》的180°，华列拉岬在越南陆地的最东端，竹岛位于其南偏西方向，以苏本的187.5°更准确。

（9）罗湾头、禄安

第58条“罗湾头与昆仑，坤未对，十七更”与第62条“如船在罗湾头，离半更开，用坤未平，十七更取昆仑”所载略同，都是从罗湾头取217.5°方向、210.8海里到昆仑。罗湾指今越南宁顺省藩朗南的巴达兰（Padaran）角，又称嘎那（Ga Na）角。《东西洋考》“伽俑貌山：……用坤未针，五更，由圭龙屿取罗湾头”，也是从竹岛取217.5°方向、62海里到巴达兰角。第186条“禄安与洲押，子午对，三更”说富贵岛在禄安180°方向、37.2海里处，也对应巴达兰角，说明禄安、罗湾实为一地，二者发音也接近。又第185条“禄安与昆仑，坤未对，十九更”与第58、62条一样，都是从罗湾到昆仑，方向一致（坤未对），却比前两者的距离多二更，为235.6海里，地图测量应以十七更（210.8海里）更准确。

（10）昆仑、赤坎（头）

第58条“罗湾头与昆仑，坤未对，十七更”，昆仑在巴达兰角217.5°方向、210.8海里处，对应今越南昆岛（Con Dao，又称昆仑岛）。学界已有定论，不再赘述。第61条“赤坎与洲鸭，乾巽对”，赤坎在富贵岛315°方向，距离不详，大约对应今藩切市的格嘎（Ke Ga）角。第59条“罗湾头与赤埃头，甲庚加寅申对，三更”说明赤坎（文中埃为坎之误②）在罗湾247.5°方向、37.2海里处，确指格嘎角。第59条罗湾至赤坎的方向与距离，与地图实测的241°、37海里非常接近。这段行程在《东西洋考》中载：“罗湾头：打

① 〔明〕张燮：《东西洋考》，中华书局，2000，第174页。

② 更路簿中的线路一般为连续更路，即前一更路的目的地往往是后一更路的出发地，故同一地名会出现多次。文中“赤埃”仅出现一次，且与文中多次出现的“赤坎”字形相近，应为“赤坎”之误。

水五十托。用坤申针，五更，取赤坎山。”[①]《顺风相送》也说：“（罗湾头）用坤未针五更船取赤坎。”[②]《东西洋考》为坤申针（232.5°）、62海里，《顺风相送》为坤未针（217.5°）、62海里，方向与距离都以苏本更接近事实。

（11）真磁、真薯、真仕

第73条“船在昆仑南边，约一更开，以单酉取真磁”，真磁在昆仑270°方向、10余海里处。第74条“船在（昆仑）北边，约一更开，用卯酉加三线甲取真磁”，从昆仑北一更处出发，真磁在其265.5°方向。以上二条方位接近（270°与265.5°），但皆未说明距离。又第88条“（昆仑）用庚针，八更取真磁”，从昆仑以255°方向、99.2海里到真磁，故真磁指今越南南岸外的奥比（Obi）岛（又称薯岛、快岛）。用这一地点反推第73、74条，昆仑取270°或265.5°方向到真磁都是105海里，合8.5更。

第131条“真薯与南离，半更开，与大横是乾巽对，七更”，可知真薯在大横［土珠岛，见第157页（14）坎后角、大横］135°方向、86.8海里处。第134条“真薯西，离更半开，与斗屿癸丁对，二十五更”，真薯在斗屿［瓜拉彭亨，见第161页（6）斗峙、斗屿］15°方向、310海里处，也是指奥比岛，说明真薯、真磁实为一处。又第129条“真薯与东竹，壬丙巳亥对，十更”，真薯在东竹［奥尔岛，见第160页（2）斗磁、草磁、东竹］157.5°方向、124海里处，在方向、距离上都有偏差，应该是183°（子午对）、362海里（二十九更），特别是距离误差太大，疑“十更”为“三十更”之误。

第189条“自昆仑去真仕，用甲卯（82.5°），九更”，查考地图，在昆仑82.5°方向海中并无岛屿。此处甲卯，应为甲庚卯酉（82.5°/262.5°）的省称，取262.5°方向，行船111.6海里去真仕。第190条“自真仕去大横，用乾巽，六更”，说明大横在真仕315°方向、74.4海里处，这两处真仕也是对应奥比岛。按闽南语“薯”读若“磁”，与“仕”发音相近，按针路方向及对音，真磁、真薯、真仕为同一处，皆指奥比岛。

（12）假磁、假薯

第114条“真磁与假磁，巳亥对，离有三更远”，假磁在真磁330°方向、37.2海里处。第135条“假薯与大横，乙辛辰戌对，四更”，假薯在大横112.5°方向、49.6海里处，假磁指今越南香蕉岛（Hòn Chuối）。第136条“假薯与真薯，子午壬丙对（352.5°）”方位略有误差，应为巳亥对（332°）。

---

① ［明］张燮：《东西洋考》，中华书局，2000，第174页。

② 《两种海道针经》，向达校注，中华书局，2000，第55页。

（13）玳瑁

第75条“昆仑外过，约一更开，以艮坤（45°/225°，实为45°），八更取玳瑁”与第82条“昆仑内过，以艮放近寅（约52.5°），十六更是玳瑁”都是从昆仑至玳瑁的航线。二者方向接近，距离上，前者为九更（一更开，加上八更），后者为十六更。虽然一从昆仑外，一从昆仑内过，但相差七更之多，说明其中之一必有误差。经查，在昆仑52°方向仅有一处较大岛屿，为富贵岛，距昆仑约176海里（合14.2更），与第82条的“十六更”更为接近，第75条误差较大。玳瑁与前述洲鸭一样，都是指富贵岛。玳瑁，又称玳瑁鸭或鸭洲，清代陈伦炯《海国闻见录》载“厦门至暹罗，水程过七洲洋，见外罗山。向南见玳瑁洲、鸭洲，见昆仑”①，也证实玳瑁洲、鸭洲与洲鸭实为一处。

（14）坎后角、大横

第96条“真磁与坎后角，壬丙巳亥对，一更”，坎后角在奥比岛337.5°方向、12.4海里处，对应今越南南部金瓯角（Mui Ca Mau）。第97条“真磁与大横，乾巽对，八更”，大横在真磁315°方向、99.2海里处，对应今越南西南的最远离岛——土珠岛（Dao Tho Chu，又称布罗般洋岛）。《顺风相送》柬埔寨往暹罗路线也说“用乾亥四更见假真糍山。用单辛戌十更取大横”，方位和距离与苏本基本一致。

# 3　越南、柬埔寨、泰国间针路地名

（1）粗背、小横

第95条“真磁与粗背，贸酉对，十八更”，粗背在奥比岛270°方向、223.2海里处，对应今泰国湾克拉岛（Kra Island）。第99条“大横与小横，辰戌对，五更”，小横在越南土珠岛300°方向、62海里处，指今柬埔寨南岸外的威（Wai）岛。《顺风相送》暹罗往福建回针条说：“（笔架山）开洋用单巳及巽巳针，三十五更了大横山，若见是小横山，门中有礁，南边过船，远看小横或三个山俱是树木。”② 与苏本所载略同。

① 〔清〕陈伦炯：《海国闻见录》，收入《文渊阁四库全书》第594册，上海古籍出版社，1993，第20页。

② 《两种海道针经》，向达校注，中华书局，2000，第52页。

（2）笔架

第 98 条“真磁与笔架，乾巽巳亥对”，笔架在奥比岛 315°方向。第 101 条“小横与笔架，乾巽辰戌贪对，至二十三更”，笔架在小横 307.5°方向、285.2 海里处。第 117 条“（小横）以单乾针十更，又乾巽辰戌十五更取笔架”，在小横先取 315°方向、124 海里，再取 307.5°方向、186 海里，到笔架。以上三条航线的指向并不统一，但都在泰国曼谷湾西侧巴蜀（Prachuap Khiri Khan）至碧武里（Phetchaburi）约 50 海里的范围内。但查考地图，这一范围内并无笔架样山峰，甚至连小岛也没有，全是平坦的沙滩。黄省曾《西洋朝贡典录》记载，从柬埔寨南部进入暹罗，“又过大横之山、小横之山。又过笔架之山。又过竹屿，由大峰之山而入港”①，说明从柬埔寨至泰国，是先经过大横、小横、笔架，再经过竹屿［此处指曼谷湾内的阁锡昌岛（Koh Sichang)，与后文竹屿非一处］后，进入曼谷港的。《顺风相送》柬埔寨往泰国航线“用单辛戌十更取大横。用乾戌三十五更取笔架山。用子癸取暹罗港是也”②，在大横以 307.5°方向、434 海里至笔架山，再以 7.5°方向进入暹罗港。这是一条先往西北，再拐往东北的线路。笔架山应在泰国湾与曼谷湾的交汇点，且在曼谷湾东侧而不是西侧，对应今泰国芭提雅西南的阁克兰艾岛（Koh Khram Yai，又称卡蓝大岛、大砍岛、克兰岛）。阁克兰艾岛在真磁 316°方向，直线距离为 346 海里（约合 30 更)，第 98 条方向无误，距离可补充为“三十更”。第 101 条说笔架在小横 307.5°方向、二十三更（285.2 海里）处，实际上应为 324°方向、十七更（209 海里)，苏本的方向略有偏差，笔架与小横的距离比实际多出了六更。

（3）苏梅

泰国苏梅岛（Koh Samui，又称阁沙梅岛）一名，至今仍在使用。第 123 条“大横与苏梅，乙辛卯酉对，三十五更”与第 127 条“小横与苏梅，是卯酉对，二十更”，两条距离误差较大。前者说苏梅在大横 277.5°方向、434 海里处，后者说在小横 270°方向、248 海里处，虽然小横距苏梅略近，但相差十五更之远仍不正常。经查，大横距苏梅 205 海里（十六更半)、小横距苏梅 174 海里（十四更)，大横与小横相距 51 海里（四更)。如以第 127 条中小横与苏梅相距二十更为基准，按照“三角形内两条短边之和大于最长的边”定律，大横至苏梅应不超过二十四更，文中却说“三十五更”，误差较大。第

① 黄省曾：《西洋朝贡典录》，谢方校注，中华书局，2000，第 55 页。

② 《两种海道针经》，向达校注，中华书局，2000，第 83 页。

127 条“二十更”，经实测也只有十四更的距离。这两段距离与上条“笔架”一样，应该是当时航行条件非常差导致的比实际距离和航行时间多出很多的情况。笔架山、苏梅岛分处曼谷湾的东南方与西南方，周围洋流复杂，冬季南海东北季风飘入泰国湾，湾内海流是顺时针，湾内东部却是逆时针；夏季南海盛行西南季风时，湾内仍是顺时针环流，湾口却是逆时针[①]；苏梅岛周围还零星分布着 80 多个岛礁，在这种水文和地理条件下航行必须万分小心，比正常航行速度要慢很多也实属正常。

（4）赤仔

第 122 条“大横与赤仔，是乙辛对，三十更”与第 123 条“大横与苏梅，是乙辛卯酉对，三十五更”方向极为接近，前者为 285°，后者为 277.5°，说明赤仔在苏梅附近，对应今阁沙梅岛之北的阁帕岸岛（Koh Phangan，又称帕岸岛），两者相距仅 8 海里，且面积略小，故称“仔”。

（5）无来有澳

第 125 条“大横与无来有澳，艮坤对坐”，无来有澳在大横 225°方向。128 条“小横与无来有澳，丑未对”，无来有澳在小横 210°方向。虽然两条针路皆未说明距离，但它们的交叉点在无有来澳。结合“澳”多指海边弯曲可停船之地（如澳门），故应指泰国洛坤东部的班巴帕南港（Ban Pak Phanang）。此港位于泰国湾内，与陆地形成一个半包围的“U”形凹槽，由于地势平坦，并不容易捕捞渔产，盖为其得名由来，当今以盛产燕窝著名。

（6）云昌[②]

对比第 192 条“自大横去云昌，用乾巽兼巳亥，六更”与第 193 条“自小横去云昌，用丁未，二更”可知，云昌离小横较近，在其 22.5°方向、24.8 海里处，离大横则较远，在其 322.5°方向、74.4 海里处，对应今柬埔寨西南海岸外的当岛（Koh Tang）。

（7）云昌仔、各造[③]

第 194 条“自云昌去各造，用卯酉（90°/270°，取 270°），十八更，离三更有云昌仔”，各造在云昌 270°方向、223.2 海里处，对应今泰国南部的春蓬府（Chumphon，又称尖喷），为马来半岛最狭窄处。云昌仔距云昌三更

---

① 360 百科，“泰国湾”，https://baike.so.com/doc/5914267-6127178.html。

② 云昌，苏德柳本作“云冒”。见周伟民、唐玲玲《南海天书——海南渔民“更路簿”文化诠释》，昆仑出版社，2015，第 281 页。

③ 各造，苏德柳本作“谷远”。见周伟民、唐玲玲《南海天书——海南渔民“更路簿”文化诠释》，昆仑出版社，2015，第 281 页。

(37.2 海里)，按这一距离，似应指柬埔寨西哈努克市湾的龙岛（Koh Rong）。但“仔”字说明它离云昌很近，且面积略小，龙岛的面积至少是当岛的三倍以上，与“仔”的形象不符。且龙岛在云昌的东北方，与文中270°的方位也不符。故云昌仔极可能指在云昌288°（乙辛）方向的波林岛（Kas Prins），该岛距云昌只有一更，而不是三更。

## 4 越南至马来西亚、印尼间针路地名

（1）丁加宜、吉连州

第67条“昆仑与丁加宜，艮坤寅申对，三十更”，丁加宜（旧又称丁加奴）在昆仑岛232.5°方向、372海里处，指今马来西亚的登嘉楼州。第68条“昆仑与吉连州，甲庚寅申对，三十更”，昆仑至丁加宜的距离与上条至丁加宜的距离相等，都是372海里，但方位更偏南一些，在昆仑岛247.5°方向，吉连州应指今马来西亚登嘉楼州之北的吉兰丹州。

（2）斗磁、草磁、东竹

第69条“昆仑与斗磁，丑未对，二十九更”，斗磁在昆仑岛210°方向、359.6海里处，指马来西亚登嘉楼海岸外的利浪岛（Pulau Redang，又称热浪岛）。第70条“昆仑与草磁，艮坤寅申对，三十更”，草磁在昆仑232.5°方向、372海里处，与上述第67条昆仑至丁加宜的方向、距离均相同，说明草磁在登嘉楼州附近，应指利浪岛西北方的大巴兴地岛（Pulau Perhentian，又称停泊岛）。但三十更（372海里）较实测距离约二十三更（283海里）稍多。

第72条“昆仑与东竹，子午癸丁对，三十八更”，东竹在昆仑岛187.5°方向、471.2海里处，指马来西亚东岸外的奥尔（Aur）岛。有东西双峰对峙，又称上下竺、东西竺、竺屿等。

（3）茶盘、地盘

陈佳荣《古代南海地名汇释》称茶盘“又作苎麻山，即今马来半岛东岸外的潮满（Tioman）岛”[①]，与地盘为同一处。但苏本第107条“在真磁内边身，以丙巳针，二十六更取茶盘”说茶盘在奥比岛157.5°方向、322.4海里

① 陈佳荣、谢方：《古代南海地名汇释》，中华书局，1986，第571页。

处。第108条“真磁西势开船，以丙午，三十八更取地盘”，地盘在奥比岛172.5°方向、471海里处，于方向、距离都偏差较大，不可能为同一处。所以茶盘应在真磁的东南偏南方，指马来西亚阿南巴斯群岛上的巴曹岛（Pulau Bajau）。而地盘指今马来西亚东岸的雕门（Tioman）岛，又称潮满岛、刁曼岛，二者并不能等同。

（4）地盘仔

第85条“（自昆仑）用单未，四十更取地盘仔”，地盘仔在昆仑210°方向、496海里处。第86条“（自昆仑）用丁未，三十八更取地盘仔”说它在昆仑岛202.5°方向，距离则少二更。地盘仔应指地盘西南的西布特岛（Pulau Seri Buat），因与地盘相隔很近，如同依附，且面积略小而得名。后一更路应在前一更路的基础上略微调整方向，更省时省力。

（5）铁镰峙、铁砧峙

第159条“自地盘仔去铁镰峙，用壬丙巳亥，三更收”与第160条“自铁砧峙内边去斗峙，用子午兼二线壬丙，二更”是两条连续的更路。“铁镰峙”即铁砧峙的别称，不仅因二者发音相近，还因更路簿一般具有连续性或发散性（由一处同时向多地发散）编排的特点——这两条更路都指向同一处，即马来西亚彭亨州的关丹（Kuantan）附近。《顺风相送》中称其为铁砧屿、铁砧山。[①]

（6）斗峙、斗屿

第160条“自铁砧峙内边去斗峙，用子午兼二线壬丙，二更”，从关丹取177°方向、24.8海里，应指马来西亚彭亨州的瓜拉彭亨岛（Kuala Pahang）。该岛位于马来西亚中部的最东端，与“斗”上粗下细的形状颇为相似。马来作家鸭都拉1838年著《航海记》（*Pelayaran*）一书载：“取道丁加奴（登嘉楼）时，曾在瓜拉彭亨登岸，沿彭亨河航至华人村，即北干巴鲁（Pekan Bahru）发现有数百名华人和马来人浑身武装，在岸上等着，那时盘陀诃罗（财务大臣）和华人工头已到齐赖的金矿去了，当时华人村的华人是客家人，他们与马来人或巴里女人通婚。”[②] 华人在清代中期就到瓜拉彭亨港挖金矿，间接证明苏本更路簿很有可能是为运送华人到马来亚各港口而产生的。

（7）粟峙

第130条“真薯与粟峙，壬丙巳亥对，三十更”，粟峙在奥比岛157.5°方

① 《两种海道针经》，向达校注，中华书局，2000，第40页。
② ［马］刘崇汉：《彭亨华族史料汇编》，彭亨华团联合会，1992，第37页。

向、372 海里处，指纳土纳群岛中的米代岛（Mulau Midai）。

（8）浮罗唎郁、宏午銮

第 188 条“自昆仑去浮罗唎郁，乾巽巳亥对，二十四更”，浮罗唎郁在昆仑岛 142.5°方向、297.6 海里处，指今纳土纳群岛的大纳土纳岛（Natuna Besar）。第 195 条“浮罗唎郁与宏午銮水船头，乾巽巳亥对”是苏德柳本有而苏承芬本缺失的一条，宏午銮在大纳土纳岛 142.5°方向，应指离大纳土纳岛较近的苏比岛（Subi Besar）。

## 5 柬埔寨、新加坡、印尼间针路地名

（1）长腰

第 152 条“如舟在长腰一更开，以壬子，七更取东竹”，离长腰一更后，取 352.5°方向，驶七更至东竹，加起来一共是八更（99.2 海里）。此条与第 154 条形成往返更路，第 154 条“东竹与长腰，子午对，九更”说长腰在奥尔岛 180°方向、111.6 海里处，往返方向与距离基本相同，应指印度尼西亚廖内群岛的宾坦（Bintan）岛。明代慎懋赏《四夷广记》地满（今马来半岛东岸外的雕门岛）往旧港针路“（东西竹）丙午针十更船取长腰屿”与苏本针位一致，但距离多一更，为 124 海里。经测，东竹与长腰的实际距离为 86 海里（约七更），以苏本更为准确。第 156 条又说“自白石盍灯，用壬丙兼二线巳亥取长腰，七更”，长腰在白石盍灯［白礁，见第 163 页（4）白石盍灯、吉里文］162°方向、86.8 海里处。经测，白礁离宾坦岛仅 24 海里左右，“七更”似为“二更”之误，也可能是因新加坡海峡地形狭窄复杂，而使航行时间延长所致。

（2）猪姆（母）头

第 141 条“舟在长腰，离半更开，以丙午针取猪姆头八更，不可依近，内湾猪母猪仔礁甚多”与第 151 条“以舟在猪姆头一更开，以癸丁针，八更取长腰”形成往返针路。前者是 172.5°方向，后者 15°方向，略有偏差，距离也只相差半更。猪姆头应指印度尼西亚岛礁众多的林加群岛（Kepulauan Lingga）。如果把群岛内最大的林加岛（Lingga Island）比作猪母，那么附近的其他岛礁就是猪仔。第 157 条“自长腰马去猪姆头马，用壬丙，更”与第 141 条一样，都是长腰至猪姆头线路，只是方向由 172.5°变为 165°，“更”前应

遗漏了一个“八”字，为“八更”。第 158 条“自猪姆头去地盘仔，用壬丙，二更收”其中的二更，与地图实测距离的 175 海里（十四更）误差较大。

（3）文肚、旧港

第 144 条“（南梦）又取单针，三更取于灯。逼灯东湾入即是文肚湾，亦可泊舟”可知，文肚应是一处可以泊舟的海湾。第 150 条“旧落（港）与文肚，甲庚寅申坐”，文肚在旧港 67.5°方向，故文肚应指印度尼西亚西部的邦加海峡（Selat Bangka）。文肚盖指其形状而言，邦加海峡地势狭窄，却是巨港至爪哇的必经通道，船行其中，仿佛进入海峡的肚子一般，需小心翼翼。第 149 条“取小横南畔……以癸丁加二线午丙……十一更取旧港”，旧港在小横 192°方向、136.4 海里处，即今印度尼西亚苏门答腊岛东南的巨港（Palembang）。第 150 条“旧落与文肚，甲庚寅申坐”中，按照更路多互相连接，前一更路目的地多为后一更路出发点的规律，旧落应为旧港之误，盖因字形相近而误。

（4）白石盍灯、吉里文

第 155 条“自新洲港出，用卯酉，更取白石盍灯”，白石盍灯在新洲（新加坡）港 90°方向，即今新加坡海峡与南海的交汇口的白礁（Pulau Batu Puteh 或 Pedra Branca）。该地因设有霍斯堡灯塔（Horsburgh lighthouse）而闻名，灯即灯塔之义。第 170 条“自三立去吉里文，用乾巽辰戌，二十九更收”，吉里文即今印度尼西亚爪哇岛北面的卡里摩爪哇（Karimun Jawa）群岛，《顺风相送》《指南正法》中称吉里汶、吉里问山、吉利门等。[①]

（5）漫头峙、梦头峙、仜倒峙

第 142 条“如舟在猪母头，更零开以单丁，三更取漫头峙”、148 条“如舟在猪姆头，以单丁，三更，取梦头峙”与第 164 条“自猪姆头去仜倒峙，用单丁，三更收，东过”这三条都是从猪母（姆）头出发，取单丁（195°）、三更（37.2 海里）到达目的地，且发音相近，故漫头峙、梦头峙与仜倒峙同为一处，皆指今印度尼西亚苏门答腊岛东面的贝哈拉岛（Berhala Island）。

## 6 余论

苏承芬本更路簿“外洋更路”主要记载了海南至越南中部，向西进入柬

① 《两种海道针经》，向达校注，中华书局，2000，第 66、69、86、192 页。

埔寨、泰国曼谷湾，或向南进入马六甲海峡、印度尼西亚的航线。有时是A—B—C—D式首尾连续的航线，有时形成以A为局部中心，驶往B、C、D的发散式航线。苏本在性质上与《顺风相送》《指南正法》一样，皆属于航海更路簿，以记载航海路线为主，并对它们有所借鉴。如苏本“船身不可贪东。前此舟近西，不可贪东。海水澄清，并有朽木飘流，浅成挑，如见飞鸟方正路”等语，应抄录自《顺风相送》中的“船身若贪东则海水黑青，并鸭头鸟多。船身若贪西则海水澄清，有朽木漂流，多见拜风鱼。船行正路，见鸟尾带箭是正路”[①]。苏本中的有些外洋地名，如外罗、昆仑等，与二书记载一致；有些则大同小异，如苏本称铁镰峙、吉里文、猪姆头，二书则称铁砧屿/峙、吉里问山、猪母山等。苏本“外洋更路”中涉及的港口多位于南海沿岸。这些港口盛产海货，海南船只去往这些地点应主要是为贸易经商或运送华侨。南海更路簿在航行过程中可能会学习、抄录其他航海针经，有些针路如大佛至伽倆貌航线，苏本是午丁针（187.5°）、三更（37.2海里），比《东西洋考》的单午针（180°）、二更（24.8海里）更加准确。有些针路如真磁、小横去往笔架的方向和距离，则不如《西洋朝贡典录》和《顺风相送》准确。在考证南海更路簿外洋地名时，可借助谷歌地球等软件，参以其他交通史籍及具体地形特征等进行综合研究。

---

① 《两种海道针经》，向达校注，中华书局，2000，第27页。

# 《顺风相送》南海存疑地名及针路考[①]

李彩霞

《顺风相送》（以下简称《顺风》）是中国航海史上一部重要的海道针经，约成书于16世纪70—90年代。[②] 李国宏《祥芝港在明代泉州海交史上的地位——兼释〈顺风相送〉“长枝”的地望》和周志明《〈顺风相送〉与猫里雾考》[③] 等已对《顺风》中的南海地名如长枝、猫里雾等作了一些研究，但仍有大量地名和更路无法考证。特别是涉及位于今马来西亚、印度尼西亚的地名，由于距离较远、地形复杂，很多还无法确定，极大地影响了《顺风》一书的使用价值。

在已知更路方向和更数的情况下，利用谷歌地球（Google Earth）、百度地图等软件的测距功能，再结合该地地理特征及其他辅助材料，推算出更路的出发点或目的地是完全可能实现的。比如从独猪山“用坤未针，二十更船取外罗山”，即从大洲岛以217.5°（坤未）航行248海里（二十更[④]）到达外罗山。百度地图用中文标注东南沿海和西沙、中沙、东沙和南沙群岛具体岛屿的名称，但未载录外国地名，仅适合考证国内更路；谷歌地球有详细标注的外国地名，适合考证外国更路，但主要是英文标注。其具体使用方法（图1）是：打开谷歌地球软件后，先点击“添加地标”，标出始发地A，再按照更路方位和距离点击“标尺”，牵出该航线所指向的终点B；反之，亦可由终点B推算出始发点A。在始发点A、方位、距离、终点B四要素之中，知晓其中三项方可推算出第四个要素。由于“一更”的距离受风向、风速、洋流和航

---

① 本文原发表于《海交史研究》2019年第2期。

② 张崇根：《也谈〈两种海道针经〉的编成年代及索引补遗》，《国家航海》2013年第1期，第68－80页。

③ 李国宏：《祥芝港在明代泉州海交史上的地位——兼释〈顺风相送〉“长枝”的地望》，《海交史研究》2001年第1期，第126－130页；周志明：《<顺风相送>与猫里雾考》，《中国历史地理论丛》2010年第1期，第148－153页。

④ 更数与距离的换算，有一更等于10海里、12.5海里等不同观点，笔者曾从南海更路簿中随机抽取15条航线的距离，与更数相对应，计算出一更平均值为12.4海里。本文为论述方便亦采用该数值，但实际数值可能略有变化。详见李彩霞《从航海更路簿向渔业更路簿的演变——兼论南海更路簿的分类与分期》，《海南热带海洋学院学报》2017年第1期，第1－9页。

海技术等因素的影响，会有长短的波动，需结合其他史料及前后更路的衔接等进行综合考察，但推算时仍需有一个基本数值作为参考，因此，本文姑以“一更”等于12.4海里为标准，如遇与实际情况不符之处，会作特别说明。

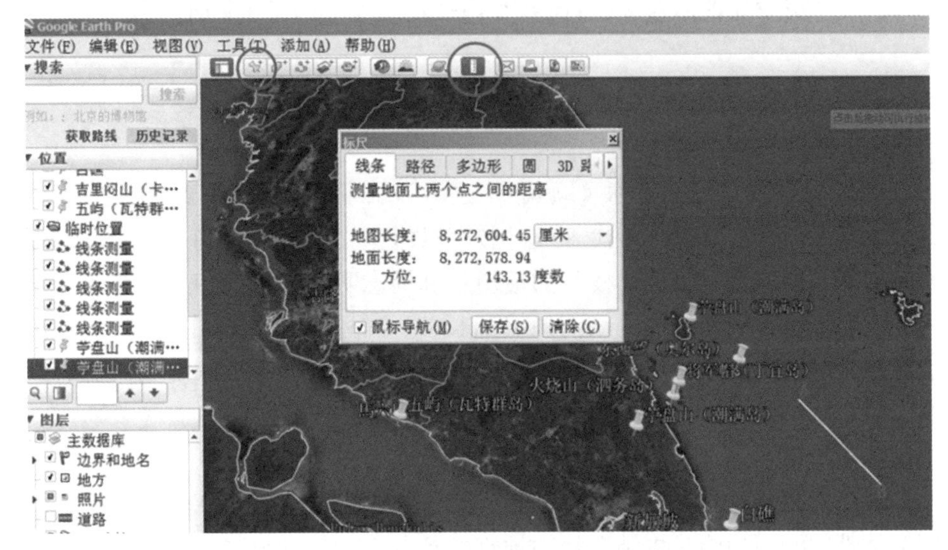


图1　谷歌地球（Google Earth）测距方法图示

## 1　浯屿往大泥、吉兰丹针路（从外罗山起[①]）

（1）茭杯屿、羊屿

从浯屿出发，经广东沿海到达七州列岛，再从独猪山（海南大洲岛）“用坤未针（217.5°）二十更船取外罗山外过。用丙午针（172.5°）七更取校杯屿及羊屿”[②]。这是从大洲岛以217.5°方向行248海里到达外罗山（今李山岛），再从李山岛取172.5°方向行86.8海里到达茭杯屿。茭杯屿指归仁港东面的芳梅（Phuong Mai）半岛的海角，因状如茭杯（占卜用具）而得名。羊屿指归仁港东南面的甘比（Gambir）岛，文中把它与茭杯屿并列而谈，似乎相隔很近，其实尚有三更（37.2海里）的距离。张燮《东西洋考》载：“新

① 由于本文只涉及《顺风相送》中的南海地名，故对福建、广东等国内地名不作讨论。线路也是从外洋路线开始，后同。

② 《两种海道针经》，向达校注，中华书局，2000，第53页。第一部分引文除特殊说明外，皆出自此处。

州交杯屿（两屿相对如交杯状，故名。内打水十八托。用丙午，三更，取羊屿）。”① 新州即归仁港，茭杯屿在归仁港附近。

（2）伽倘貘山、罗湾头、赤坎、吉兰丹

从灵山大佛“用单午针（180°）三更船取伽倘貌山。用丁午针（187.5°）五更取罗湾头。用单坤（225°）及坤未针（217.5°）五更船取赤坎”。从灵山大佛（今华列拉岬②）取180°方向航行37.2海里到达伽倘藐山（Hon Tre，越南芽庄附近的竹岛）。又从竹岛取187.5°方向行62海里到达罗湾头，罗湾头应指藩朗南的巴达兰（Padaran）角。又从巴达兰角先后以225°及217.5°方向行驶62海里到达赤坎，赤坎指今藩切市格嘎（Ke Ga）角。又“用坤未针（217.5°）十五更船取昆仑山外过，用坤申（232.5°）及庚酉针（262.5°）三十更船取吉兰丹港口”。从格嘎角取217.5°方向航行186海里到达昆仑岛，再从昆仑岛以232.5°及262.5°方向行船372海里，到达马来半岛东北部的吉兰丹港口。

（3）六坤、大泥

从马来半岛东北部的吉兰丹港“用单申针（240°）七更船六坤，坤身尾有浅，过西边入港是大泥”。从吉兰丹港以240°方向航行86.8海里到达六坤。关于大泥和六坤，陈佳荣《古代南海地名汇释》（以下简称《汇释》）指出，前者在今泰国北大年（Pattani）府一带，后者在“今泰国的那空是贪玛叻（Nakhon Srithamarat）府及其附近一带。又作洛坤，均为Nakhon译音”③。虽然六坤与洛坤读音接近，但洛坤在吉兰丹316°方向，相距190海里（合十五更余），与文中的单申（240°）、七更（86.8海里）相差甚远。况且这段行程是从福建至大泥（泰国北大年），因此并不需要驶至大泥西北方约110余海里的洛坤之后再折返回大泥。《东西洋考》也说：“六坤，暹罗属国也。其地与大泥相连。”④ 可见六坤与大泥紧密相连。而今泰国洛坤府与大泥相隔110余海里，中间还被博他仑、宋卡等其他城市隔断，并不相连。《东西洋考》又说从六坤西边入港是大泥，说明六坤在大泥之东，对应今北大年东面的巴那雷（Panare）。北大年港是一个弯刀形的半岛港口，船须先绕到其西边才能入港，与文中描述吻合。《指南正法》（以下简称《指南》）也说：“吉兰丹港口用辛

① 〔明〕张燮：《东西洋考》，谢方点校，中华书局，2000，第174页。

② 本文对存疑的对应今地名会作特别说明，但对前人已有定论的对应今地名，且本人没有疑议，则直接采纳前人说法，不再多作解释，后同。

③ 陈佳荣、谢方、陆峻岭编《古代南海地名汇释》，中华书局，1986，第142、222页。

④ 〔明〕张燮：《东西洋考》，谢方点校，中华书局，2000，第176页。

戌（292.5°）七更沿昆身驶见六坤下池，取大泥。起身用壬子五更取孙姑那港口。”① 文中吉兰丹与六坤的距离同《顺风》所载一样都是七更，说明距离并无差错，但《指南》方位从单申针（240°）改为辛戌针（292.5°），结合地图，应以辛戌针更为精准。

下池一地，向达先生说“下池、六坤地势相近，俱在马来半岛东岸大泥之北，今属泰国”②。下池在马来半岛东岸，今属泰国没错，却并不在大泥之北，而应在大泥之东，因北大年府之北只有海洋，并无岛屿或村庄。《顺风》《指南》皆说到，从吉兰丹出发后，先见六坤、下池，再到大泥。说明下池在六坤与大泥之间，对应今北大年的 Talo Kapo 一带，该地有 5 个自然村庄，人口约 7470③，处马来半岛东北海岸，是吉兰丹至北大年港的必经之地。路线见图 2。

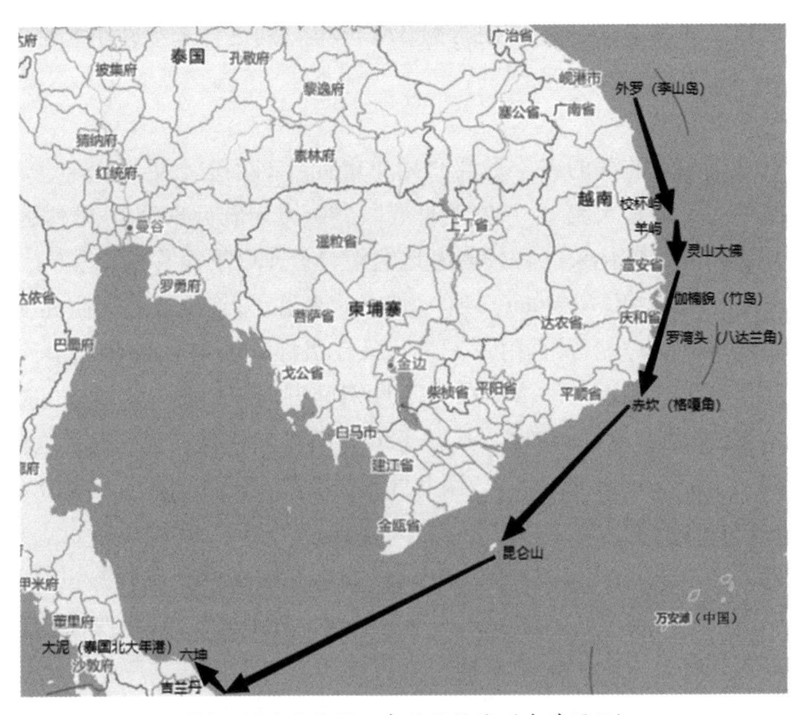

图 2　浯屿往大泥、吉兰丹针路（自外罗始）

① 《两种海道针经》，向达校注，中华书局，2000，第 174 页。
② 《两种海道针经》，向达校注，中华书局，2000，第 210 页。
③ https://en.wikipedia.org/wiki/Yaring_District.

## 2 广东往磨六甲针路（自昆仑山[①]起）

（1）将军帽、火烧山

自昆仑山“用丁未二十更船用单未二十五更船取苧盘山及东西竹将军帽。远看见将军帽内及火烧山”[②]。苧盘山、东西竺分别指马来西亚东岸外的潮满（Tioman）岛和奥尔（Aur）岛，[③] 将军帽指今马来半岛东岸外的丁宜（Tinggi）岛，前人已有定论，无须赘言。火烧山一地则颇难定位，该名仅见于此处及《指南》“浯屿往麻六甲针路”中，两处文字内容略同。《指南》云：“（自昆仑）用坤未、单未四十五更取茶盘及东西竹。远看将军帽在内及火烧山。”[④] 与《顺风》相比，第一句少“将军帽”三字，第二句多“在”字，语句更通顺。《顺风》中前一句说到达将军帽，后一句又说远远看见将军帽，前后矛盾。《指南》明确说仅到达茶盘和东西竺，将军帽和火烧山只是远远看见，并未到达。到底何说为是呢?

弄清楚更路是否到达将军帽，不仅关系到航线的清晰与否，还关系到该针路下一句的出发点在何处。下句说，用“丁未针（202.5°）十五更船取白礁”，出发点是将军帽，还是东西竺呢?从地图可知，将军帽离陆地非常近，如果从将军帽出发，取其西南方202.5°只能延伸到马来半岛内陆；如果从东西竺出发，沿该角度能到达今新加坡海峡附近。可见《顺风》中前一句末尾的“将军帽”为衍文，应去掉，盖受后文影响而衍，而应以《指南》中的描述为准。从东西竺往新加坡海峡，远看见将军帽在马来半岛东岸，相对于马来半岛外侧的茫茫大海，将军帽在马来半岛内侧，故《指南》言“在内”。《顺风》脱落了一个“在”字，使语意晦涩难懂。火烧山应指丁宜岛东南方的泗务（Sibu，又称诗巫）岛，离岸更近，也属于内侧。

（2）白礁、南鞍、罗汉屿

从东西竺“丁未针（202.5°）十五更船取白礁。北及南鞍并罗汉屿”。白礁位于新加坡海峡与南海的交汇点，距马来西亚柔佛州约8海里，距新加坡

---

① 昆仑山，即今越南昆仑岛。

② 《两种海道针经》，向达校注，中华书局，2000，第55页。第二部分引文除特殊说明外，皆出自此处。

③ 《顺风相送》中的“东西竹”，在其他史籍中常作“东西竺”，本文除引文外，统一都写作“东西竺”。

④ 《两种海道针经》，向达校注，中华书局，2000，第192页。

东部约25海里，是一块终年被鸟粪覆盖而呈白色的礁石。

“南鞍”一名仅见于此处。《指南》作“（从东西竺）用丁未十更取白礁及马鞍山并罗汉屿”①，两段文字的始发地、方向均相同，距离接近，且都在白礁、罗汉屿附近，说明南鞍就是马鞍山的别名。“北及南鞍”说明南鞍地处白礁的北方或西北方。《东西洋考》又说：“东西竺，此柔佛地界也。用丁未针，十更，取罗汉屿即柔佛港口。”② 从东西竺（奥尔岛）取202.5°方向航行124海里，罗汉屿就在靠近柔佛港之处。虽然罗汉屿在奥尔岛的西南方，但两地之间地势复杂，并不能直线前进，而需在经过白礁后向西拐入柔佛海峡，在马鞍山、罗汉屿稍作停留，再往西南进入新加坡海峡。这段行程在《四夷广记》中也有类似记载：“（苎麻山）用丁针（195°）七更船平马鞍山及达罗汉屿，并白礁北边进妙，用丁针五更船取龙牙门。”③ 与《顺风》中的描述一样，都带有“北及”“北边”等字眼，说明南鞍在白礁之北。《汇释》称南鞍“在今新加坡海峡，一说指宾坦（Bintan）岛上的大、小宾坦山。一说指巴淡（Batam）岛东北端的鸟岬（Tanjong Burong），又名猪岬（Tanjong Babi）”；罗汉屿“在今马来半岛东南岸外，指利马（Lima）岛”④。这两处解释皆与南鞍、罗汉屿在白礁之北或西北的事实相矛盾，宾坦岛也并不在潮满岛（苎麻山）195°方向。况且这条针路是在经过马来半岛后，从白礁往西经新加坡海峡到达马六甲，根本无须绕到白礁之南的宾坦岛，这般既延长了航程，又十分危险。

结合地图来看，南鞍、罗汉屿应指新加坡与马来西亚交界处的德光（Tekong）岛和小德光岛（Tekong Kechil）。由于“屿”通常指较小的岛屿，“山”通常指较高大的岛屿，故南鞍指德光岛，罗汉屿指小德光岛。德光岛是新加坡离岛最大的岛屿，位于新加坡东北角，小德光岛在德光岛的西面。从新加坡海峡进入之后，须先向北、再往西才能到达这两个岛屿。它们皆位于白礁的西北方、潮满岛的西南方（即《四夷广记》中的丁针/195°），但不是从潮满岛直接往西南航行，而是先往南至白礁，再往西进入新加坡海峡。“南鞍”之名，概因其地处白礁往柔佛港航线以南而得名。

从东西竺至白礁的直线距离仅68海里，不到六更，《顺风》却作“十五

---

① 《两种海道针经》，向达校注，中华书局，2000，第192页。

② 〔明〕张燮：《东西洋考》，谢方点校，中华书局，2000，第176页。

③ 〔明〕慎懋赏：《四夷广记》，转引自余定邦、黄重言等编《中国古籍中有关新加坡马来西亚资料汇编》，中华书局，2002，第403页。

④ 陈佳荣、谢方、陆峻岭编《古代南海地名汇释》，中华书局，1986，第169、515页。

更（186海里）”，《指南》作“十更（124海里）”。相比之下，《指南》比《顺风》更接近事实。但即便作“十更”，仍有一定误差。除了柔佛海峡与新加坡海峡地形狭窄复杂、行船缓慢，使原本的六更延长到了十更的原因之外，[1] 还有一个方面就是，“十更”不仅是东西竺至白礁的距离，可能还包括白礁到南鞍、罗汉屿的距离，只不过因为作者对这段行程笼统言之，使后人以为“十更”只是东西竺到白礁的距离。无论如何，从“十五更”到“十更”的变化，还是能再次印证《指南》对《顺风》的更正意义。

（3）龙牙门、长腰屿、吉里闷山、昆宋屿、前屿、五屿

船从白礁经过之后，再“用单酉（270°）针五更船取龙牙门。夜不可行船，防南边有牛屎礁。过门平长腰屿，防南边沙浅及凉伞礁。用辛戌（292.5°）针三更船取吉里闷山。乾亥针（322.5°）五更船平昆宋屿，单亥针五更船取前屿。乾针（315°）五更取五屿。沿山使取磨六甲为妙”。船在白礁取270°方向航行62海里到龙牙门，龙牙门应指新加坡加海峡。“门”指水道，新加坡海峡因岛礁林立、参差错落，状如龙牙而得名。《航海图》图一五也说：“吉利门五更船用乙辰（112.5°）及丹辰（120°）针取长腰屿，出龙牙门，龙牙门用甲卯（82.5°）针五更船取白礁。”[2] 说明龙牙门就是白礁之西的新加坡海峡，从卡里蒙岛向东行五更之后，再往东南方不远就是长腰屿。《顺风》“赤坎往旧港顺塔”条也说“（东西竺）丙午（172.5°）十更取长腰屿”[3]，说明长腰屿在卡里蒙岛的东南方，且在奥尔岛至旧港的必经之路上，对应今宾坦岛。

从宾坦岛以292.5°方向航行37.2海里至吉里闷山，吉里闷山指今新加坡海峡西部的卡里木（Karimum）岛。从卡里木岛以322.5°方向航行62海里到昆宋屿，《东西洋考》记载吉里闷山至昆宋屿线路时，方向与之相同，都是乾亥针（322.5°），距离为三更，“吉里问山（打水二十七托，两边有浅。用乾亥针，三更，取昆宋屿。）昆宋屿（打水二十五托。用单亥针，五更，取箭屿。）箭屿（打水三十四托。用乾戌（307.5°）针，五更，取五屿。）”[4] 既然方向相同，按该方向，昆宋屿对应今马来西亚柔佛州笨珍县外的香焦

---

① “更”还可以作为时间单位，一昼夜为十更，一更合2.4小时（144分钟）。见郑若曾《筹海图编》（中华书局，2007，第158页）：“更者，每一昼夜分为十更，以焚香枝数为度。”谢杰：《虔台倭纂》（收入《玄览堂丛书续集》第5册，台北正中书局，1985，第52页）：“夜五更，昼五更，故舡行十二时辰为十更。”所以从六更到十更，也可以代表时间的延长。

② 《郑和航海图》，向达整理，中华书局，2000，第49页。

③ 《郑和航海图》，向达整理，中华书局，2000，第64页。

④ 〔明〕张燮：《东西洋考》，谢方点校，中华书局，2000，第177页。

（Pisang）屿，又称披宗屿、毗宋屿或披宋之屿，皆为其音译。香焦屿与卡里蒙岛直线距离24海里，与《东西洋考》的“三更”更为接近，《顺风》的“五更”略有偏差。《郑和航海图》作毗宋屿，“满剌加开船，用辰巽针五更船平射箭山，用辰巽针三更船平毗宋屿，用丹巽针取吉利”[①]，昆与毗盖因字形相近而误，这段行程与《顺风》正好方向相反，可互相印证。

前屿，应为箭屿之误，又称射箭山、射箭屿等。《西洋朝贡典录》卷上，满剌加“（披宋之屿）又五更取射箭之山。又五更至五屿”[②]。前屿地处香焦屿与马六甲的中间点，对应今柔佛州巴株巴辖县的 Bukit Banang。五屿一地，据《瀛涯胜览》“满剌加国”条称“此处旧不称国，因海有五屿之名耳”[③]，《西洋番国志》也说“满剌加国……此处旧名五屿”[④]，可见五屿距离马六甲非常近，且马六甲原本就被称作“五屿”，指马来西亚马六甲港外的瓦特（Water）群岛，主要有 Besar、Dodol、Hanyat、Nangka、Undan 等五个岛。[⑤]路线见图3。

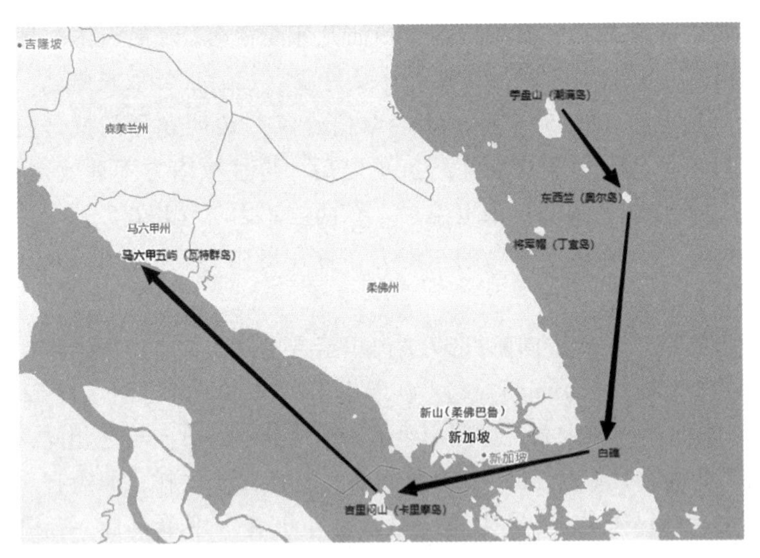


图3　广东往磨六甲针路

① 向达整理《郑和航海图》，中华书局，2000，第50页。

② 〔明〕黄省曾：《西洋朝贡典录》，谢方点校，中华书局，2000，第36页。

③ 〔明〕马欢著，万明校注《明钞本〈瀛涯胜览〉校注》，海洋出版社，2005，第116页。

④ 〔明〕巩珍：《西洋番国志》，向达校注，中华书局，2000，第14-15页。

⑤ 高伟浓：《更变千年如走马：古代中国人阿拉伯人眼中的“黄金半岛”》，马来西亚学林书局，1995，第177页。

## 3 苧盘往旧港并顺塔针路

（1）长屿、龙牙门山、馒头屿、七屿

从苧盘往巨港的针路，是从“苎盘山南边生角尖有山屿。西头低，用丙午针（172.5°）过东西竹山。用丙午针十更取长屿。用丁午针（187.5°）十更取龙牙门山，在马户边来过山。用单午针（180°）三更取馒头屿。用单丁（195°）三更船取七屿。在帆铺边第二山有沉礁。用坤申（232.5°）针取旧港正路”①。从潮满岛出发，按172.5°方向行驶到奥尔岛，再按172.5°方向继续行驶124海里到长屿，长屿即长腰屿的简称。再从宾坦岛以187.5°方向航行124海里到龙牙门山，龙牙门山应指林加群岛中最大的林加（Lingga）岛。从林加岛以180°方向航行37.2海里到馒头屿，馒头屿指与林加岛南北相对的新及（Singkep）岛。又从新及岛以195°方向、三更船取七屿，再以232.5°针取巨港。这段行程应该有误差，因为新及岛在巨港正北方，如果从新及岛先往195°方向，再往232.5°方向走，根本不可能到达其正南方的巨港。又《四夷广记》“爪哇回昆仑针位”条载：“（彭家山）用壬子针三更船，见七屿，用癸针，三更船，取馒头屿。”② 即从邦加岛以352.5°方向航行37.2海里至七屿，七屿对应今印尼占碑省之东的7个小岛礁，其中Tudju最大。以七屿往前反推，《顺风》中从馒头屿“用单丁三更船取七屿”，其中单丁（195°）应改为单巽（135°）才符合实际。

（2）麻横港口、林麻塔、奴沙喇

从巨港“用辰巽针（127.5°）十更船取进峡门。用丙巳（157.5°）针，南边打水四五托，北边打水八九托。用单申针（240°）三更，船打水十托，沙泥港地连坤身。使单丁针（195°）及丁午针（187.5°）五更船，丁未针（202.5°）五更船都取麻横港口”。从巨港以127.5°方向航行124海里（十更）后进入一道峡门，这个峡门应指苏门答腊与邦加-勿里洞省之间的邦加海峡。邦加海峡内的航程并不长，总计约100海里（合约八更），但由于海峡内迂回狭窄，须小心翼翼，故多出二更。麻横港口一地，应是位于从旧港出发后，相继沿127.5°、157.5°、240°、202.5°等方向航行，在曲折潆洄中穿过

---

① 《两种海道针经》，向达校注，中华书局，2000，第56－57页。第三部分引文除特殊说明外，皆出自此处。

② 〔明〕慎懋赏：《四夷广记》，转引自郑鹤声、郑一钧编《郑和下西洋资料汇编》，齐鲁书社，1980，第317页。

邦加海峡后，所到达的苏门答腊岛东南岸。《东西洋考》有介绍都麻横的位置，“三麦屿（过屿用单丁及丁午，五更。单未，五更，取都麻横港口）”[①]。与《顺风》相参照，可发现《顺风》中的“都取麻横港口”有字序颠倒，应改为“取都麻横港口”，都麻横即图朗巴旺（Tulangbawang）之音译。

又从都麻横港口以“单午针（180°）收林麻塔……离了屿用乙辰（112.5°）三更船（37.2海里）见奴沙喇”。从图朗巴旺河口以180°方向取林麻塔，未说明更数，又从林麻塔以112.5°方向航行37.2海里，见奴沙喇。《汇释》称奴沙喇“在今印度尼西亚巽他海峡，位吉打榜东岸外，或谓指Zutphen群岛”[②]，但《东西洋考》明确记载都麻横港口、览邦港口和奴沙喇几乎在一条直线上，“都麻横港口：……用单午针（180°），十更，取览邦港口……外有小屿名奴沙牙，近屿打水八九托。用丁午（187.5°），三更，取奴沙剌”[③]。即从都麻横港口至览邦港口为180°，从览邦港口至奴沙喇为187.5°，三者在苏门答腊岛东南岸呈由北向南的垂直走向。《顺风》“赤坎往旧港顺塔”条所记也基本相同，[④] 所以说，奴沙喇在今巽他海峡的观点并不准确。《汇释》又将“览邦”释为“印度尼西亚苏门答腊岛上古国名Lampung的译音，故地在今楠榜省一带。今该省首府为直落勿洞（Telukbetung），但古时的览邦港口或指吉打榜（Ketapang）”[⑤]。览邦在今印度尼西亚楠榜省东南岸大致没错，读音也可印证，但说览邦港指吉打榜就不对了。今吉打榜在西加里曼丹省，“位于坤甸东南，临卡里马塔海峡”[⑥]，与苏门答腊岛上的楠榜省完全无关。况且览邦港周围还有奴沙牙、奴沙喇等小屿，查考地图，苏门答腊东南岸只有巴果亥尼（Bakauheni）一带有礁石。巴果亥尼至今仍是沟通苏门答腊与爪哇岛的重要门户[⑦]，故奴沙喇应指巴果亥尼（览邦港）南面的礁石。从都麻横港口以单午针（180°）至林麻塔，林麻塔也在苏门答腊岛东南岸、巴果亥尼之北，今拉布汉默林盖（Labuhan Maringgai）一带。

---

① 〔明〕张燮：《东西洋考》，谢方点校，中华书局，2000，第178页。

② 陈佳荣、谢方、陆峻岭编《古代南海地名汇释》，中华书局，1986，第304页。

③ 〔明〕张燮：《东西洋考》，谢方点校，中华书局，2000，第178页。

④ 《两种海道针经》，向达校注，中华书局，2000，第64页。

⑤ 陈佳荣、谢方、陆峻岭编《古代南海地名汇释》，中华书局，1986，第589－590页。

⑥ 中科院地理研究所等编《世界地名词典》，上海辞书书版社，1981，第430、1140页。

⑦ 360百科：“南榜是爪哇岛—苏门答拉（腊）岛交通门户，具有重要的战略地理位置。从爪哇岛的孔雀港（Pelabuhan Merak）到南榜的Bakauheni乘渡轮需2.5小时，乘船45分钟。”https://baike.so.com/doc/7459923－7728410.html.

（3）石旦、顺塔

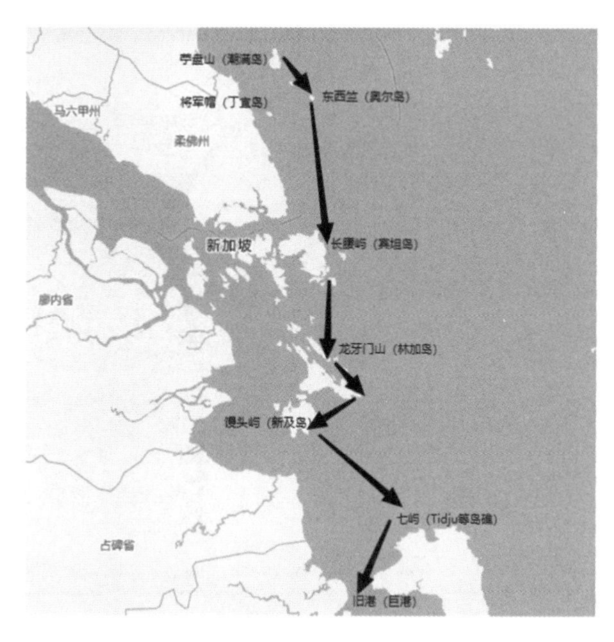


图4　苧盘往旧港针路

从奴沙喇“用丁未针（187.5°）三更（37.2海里）船远望见类旦大。单午针（180°）五更（62海里）船取石旦港口。有五屿在马户边，二屿在帆铺边……前来南边六更船使是顺塔，进入为妙”。从巴果亥尼出发，先以187.5°方向、三更，再以180°方向、五更到达石旦港。《汇释》称石旦“或称锡兰山港口……在今印度尼西亚巽他海峡，位万丹港西北”[①]，也不太准确。首先，文中说有“五屿在马户边，二屿在帆铺边”，说明有5个小岛在船尾[②]，2个小岛在船侧，即港口附近应有7个小岛，而巽他海峡的孔雀港（Merak）附近就是一片平坦的海洋，并没有7个岛礁存在。有众多岛礁的应是万丹湾（Banten Bay），万丹湾内最大的潘姜（Pandjang）岛是印度尼西亚的著名港口，此外还有许多其他的小岛礁。[③] 其次，从巴果亥尼相继以187.5°和180°到达石旦，说明石旦在通达岛的南侧，符合万丹湾的位置。《汇释》将石旦与顺塔搞混淆了，它所解释的石旦，实际上为今顺塔。顺塔是Sunda（巽他）的音译，指位于万丹省西北方的孔雀港。从万丹湾驶入孔雀港，须先往北再往南，故云“前来南边六更船使是顺塔”。由于二者皆位于万丹省西北角，且皆为港口而容易混淆，应该将出发地至目的港的方位、更数，以及沿途岛礁数量等结合起来进行分析。路线见图4、图5。

---

① 陈佳荣、谢方、陆峻岭编《古代南海地名汇释》，中华书局，1986，第243－244页。

② 《两种海道针经》（向达校注，中华书局，2000，第57页）将五屿打上横线，表示专有地名。实际上，此处“五屿”指五个小岛，与后文“二屿”形成数字对应关系，并非专有地名。《顺风相送》中的专有地名“五屿”在马六甲附近，不在此航线中。

③ 王作秋：《世界港口及内陆点索引手册》，人民交通出版社，2004，第19页。

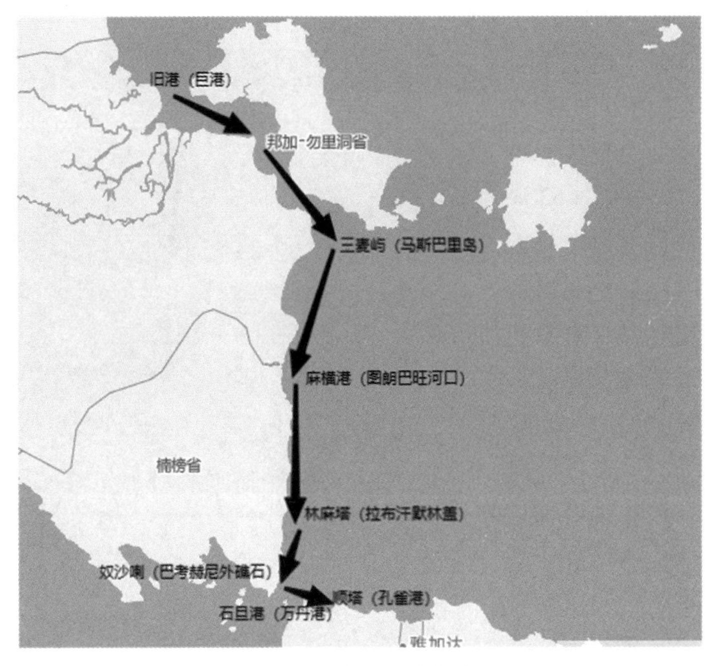


图5 旧港往顺塔针路

## 4 福建往爪哇针路（从东西董山起）

（1）东西董山、东蛇龙山

从大佛山“用丙午针（172.5°）十三更船取东西董山。用丙午（172.5°）十五更，用单午（180°）三十更取东蛇龙山”①。从大佛山出发，沿172.5°方向航行161.2海里至东西董山，东西董山指越南东南岸外富贵岛南面的卡特威克（Catwick）群岛，其中东董为萨巴特（Sapate）岛，西董为大卡特威克（Great Catwick）岛。从卡特威克群岛沿172.5°方向航行186海里，再以180°方向航行372海里至东蛇龙山，东蛇龙山应指纳土纳群岛东南侧的塞拉桑（Serasan）岛。

（2）沙湖屿、鸡笼屿、交兰山

船经过塞拉桑岛之后“入门打水十五托，近看是坤身，门中二边都是小

① 《两种海道针经》，向达校注，中华书局，2000，第57页。第四部分引文除特殊说明外，皆出自此处。

屿平平，号名沙湖屿……用单丁（195°）七更船平大山尾……用丁午（187.5°）四更船平鸡笼屿……丁午针（187.5°）十更平交兰山”。从塞拉桑岛往东到达的沙湖屿，指加里曼丹岛西北岸外的默龙东（Merundung）岛。再从默龙东岛先以195°方向航行86.8海里，再以187.5°方向航行49.6海里到达鸡笼屿，鸡笼屿指今印度尼西亚的卡里马塔（Karimata）岛。从卡里马塔岛沿187.5°方向行驶124海里到达交兰山，交兰山指加里曼丹岛西南岸外的格兰（Gelam）岛，读音吻合。

（3）吉里闷、胡椒山、杜板山

从交兰山出发，“用单午针（180°）三十更取吉里闷。用单午针五更取胡椒山。沿山使用丙午及巽巳针十更船取杜板山，即是爪蛙也”。从格兰岛以180°方向航行372海里到达吉里闷，吉里闷指卡里摩爪哇（Karimun Jawa）岛[①]。胡椒山一地，在《西洋朝贡典录校注》中有两段正好往返的行程：“（吉里门山）又五更平胡椒之山，又三更平那参之山，由是而至杜板。”“（杜板）又五更平那参之山。又四更平胡椒之山。又四更至吉里门之山。”[②]皆说明胡椒山处在卡里摩爪哇岛与拉森（Lasem）之间，既云“胡椒山”，说明它一定是一个岛礁。结合地图，爪哇岛北面海域基本上都是平坦的海面，仅南望湾（Rembang）之外有一些礁石，应该就是胡椒山。言“胡椒”者，盖指其颗粒很小且形状较圆，因印度尼西亚各地皆盛产胡椒，并非它所独有。从胡椒山相继沿172.5°和142.5°方向航行124海里到达杜板山，杜板山即今爪哇岛东北的图班市（Tuban），是13—16世纪东西方汇聚交流的重要港口城市，杜板为音译词。此处方向和距离都有一定误差，图班市实际上位于胡椒山110°方向、73海里处，更数的延长应该主要是靠岸行驶、航速较慢造成的。路线见图6、图7。

① 这段行程误差较大，实际上是188海里，约合十五更。

② 〔明〕黄省曾：《西洋朝贡典录》，谢方点校，中华书局，2000，第18、33页。

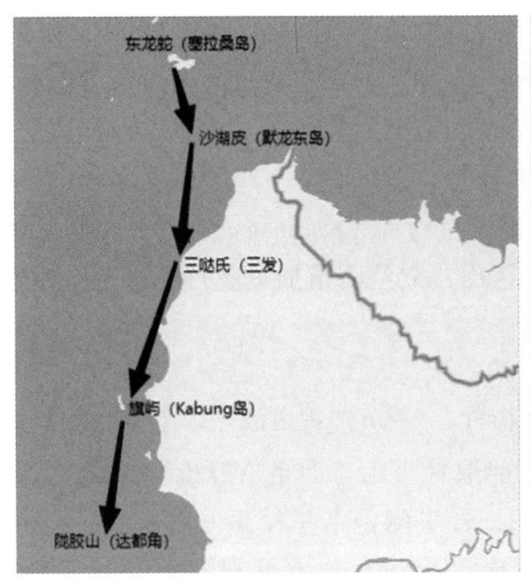


图 6　福建往爪哇针路

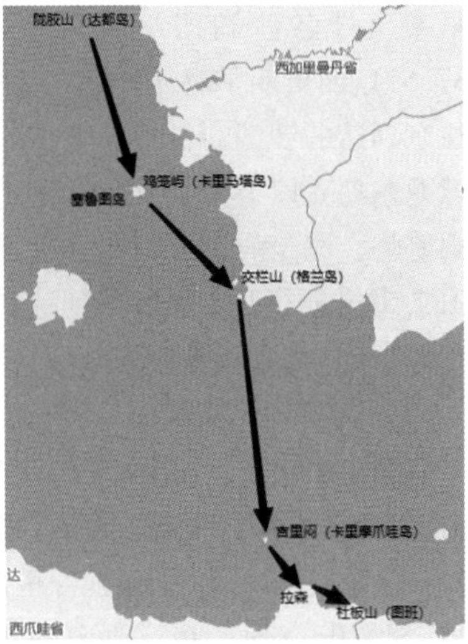

图 7　福建往爪哇针路（陇胶山至杜板山）

## 5　浯屿取诸葛担篮针路（从苧盘、东西竺起）

（1）已养颜

从苧盘、东西竺“用乙辰（112.5°）四更，用乙辰（112.5°）、单乙（105°）四更，又单乙（105°）及乙卯（97.5°）四更，见是独屿，名已养颜”①。从潮满岛、奥尔岛出发，沿 112.5°方向航行 49.6 海里，再沿 112.5°、105°方向航行 49.6 海里，再沿 105°及 97.5°方向航行 49.6 海里，到达已养颜。接着说在已养颜，“南风船在屿北过，见外面独屿四个平长。内面是淡勿兰州府，前去见外屿一列四五个”。船从已养颜北边经过，见外面四块礁石“平长”，“平长”与后文“一列”都是在一条直线上的意思，故已养颜应指淡美兰（Tambelan）群岛最北的门达里（Mendarik）岛，其位于马来半岛与西加里曼丹岛之间的必经之路上，那些与它在一条线上的礁石指淡美兰群岛的其他岛礁。

---

① 《两种海道针经》，向达校注，中华书局，2000，第 72 页。第五部分引文除特殊说明外，皆出自此处。

（2）三哒氏州

从已养颜出发，“内面是淡勿兰州府……又见前头屿生开用单午使开，恐西南风内面湾里屿多，是三哒氏州府”。从门达里岛出发，其南边（内面）就是淡美兰州，三哒氏州即今西加里曼丹省西北的三发（Sambas），为音译词。这段航程中，船从奥尔岛出发，目的地是诸葛担篮（今苏卡达纳港，见下条），总航向是西北—东南走向。但三发并不在这一方向上，因此去三发的目的应该就是贸易，三发自20世纪以来就是华人聚居地和贸易中心，这条航线间接证明渔民远航有进行海外贸易的性质。同时，三发位于门达里岛的正东方，应用单卯针（90°）而不是单午针（180°），文中“单午”应为“单卯”之误，只有在下一句从三哒氏往吉宁马哪（卡里马塔岛，见下条）时才用单午针。

（3）吉宁马哪、竹屿、诸葛担篮

从三哒氏州出发，“恐无风船身挨开，看昆崒内独屿南头高员拖尾，又见前头大小屿生在马户边来是吉宁马哪。丙午收第二门过，又在竹屿边过，用单甲收诸葛担篮是也”。昆崒指沙洲，马户指船尾两边。[①] 文中从三发至吉宁马哪，没有说明方向和距离。向达先生注中称，吉宁马哪即“假里马打”，则应指加里曼丹岛西南的卡里马塔（Karimata）岛。大小两个岛屿在船尾，指卡里马塔群岛的卡里马塔岛（大）和塞鲁图岛（小）。再从卡里马塔岛以172.5°方向从竹屿边经过，从方位来看，文中“竹屿”并非奥尔岛，而是苏卡达纳（Sukadana）港外的马亚（Maja）岛。再从马亚岛以单甲（75°）到达诸葛担篮。虽然没有说明更数，但往该方向前进的苏卡达纳湾是避风停靠的必经港口，距马亚岛约30海里，合二更半。故诸葛担篮指今印度尼西亚加里曼丹岛西岸的苏卡达纳港，为音译词。

（4）然丹山、将军帽

回程时，从苏卡达纳“出港，用辛酉针取竹屿吉宁马哪山门，离了用乾戌五更，若遇西风大在缭使二更用乾戌三更前去见然丹山”。从苏卡达纳港出发，取277.5°方向，到马亚岛和卡里马塔群岛，再取307.5°方向航行62海里到达的然丹山，指卡里马塔岛西北的珀詹坦（Pejantan）岛，发音亦接近。再从珀詹坦岛“用辛戌三更，又用辛戌取将军帽，用壬子取苧盘”，即按292.5°方向航行37.2海里，再沿292.5°方向继续行驶到将军帽。从珀詹坦岛到将军

① 陈佳荣：《再说〈顺风相送〉源自吴朴的〈渡海方程〉》，《海洋史研究》2017年第十辑，第363页。

帽共228海里，约十八更。文中开始走了三更，后来方向没有变化，仍是辛戌，应补上“十五更”三字才是珀詹坦岛到将军帽的完整路线，即“用辛戌三更，又用辛戌十五更取将军帽”。不过既然方向不变，为何不直接写“用辛戌十八更取将军帽”呢？可能是传抄过程中把“辛戌”重复了两遍，而把“十八更”或“十五更”遗漏了等等，由于情况复杂，真实原因就不得而知了。路线见图8。

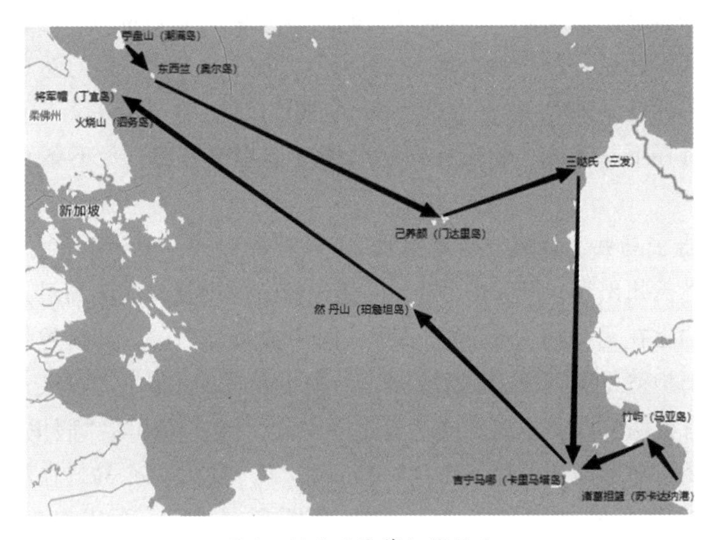


图8　浯屿至诸葛担篮针路

## 6　浯屿往荖维针路（从苧盘山起）

（1）偏舵屿、仙丹山

从苧盘，以“单乙五更见偏舵屿，乙辰十更取仙丹山在正手边”①。从潮满岛出发，以105°方向航行62海里到达偏舵屿。由于此更路从潮满岛出发的目的地是加里曼丹岛西侧的荖维（劳特岛，见下条），故而总体方向105°大致不错。从潮满岛沿该方向航行，只有距其仅10海里（一更）的帕芒吉尔（Pemanggil）岛以及距其101海里（八更）的Repong，并无其他岛屿。但二者与文中的“五更”皆有误差，前者比文中少四更，后者比文中多三更。考虑到

① 《两种海道针经》，向达校注，中华书局，2000，第72页。

这段航程距离较远，没有必要在短距离的岛屿之间频繁停留，笔者认为，将偏舵屿定在离潮满岛东南较远处的 Repong 更为合适，发音也较接近。Repong 位于阿南巴斯群岛南部，地处马来半岛至加里曼丹岛航线的必经之路。从 Repong 取 112.5°方向航行 124 海里到达仙丹山，对应今印度尼西亚淡美兰（Tambelen）群岛一带。

（2）旗屿、荖维、陇胶山

从仙丹山出发，以“单辰七更取旗屿，东边有尖山四个甚尖。单午五更见昆宰，便是荖维港口”。从淡美兰群岛以 120°方向航行 86.8 海里到旗屿，旗屿指加里曼丹岛西岸的 Kabung。文中说，东边有四个尖山，指 Penata Besar 等四个岛礁。从旗屿再以 180°方向航行 62 海里到荖维，荖维指今印度尼西亚坤甸西南的劳特（Laut）岛，发音相近。后文又说：“（旗屿）开势有二个大山名陇胶山，打水八九托，陇胶山门打水二十三托，流水甚紧，乙辰三更老维港口有浅甚远水二三托，入港用丙巳甚妙。”从旗屿开船往南，两个大山应指其南方的特马朱（Temadju）岛和达都（Datu）岛。由于两岛相隔仅 25 海里，沿途还有许多暗礁，因此形成了水势很急的状态。陇胶山指坤甸西岸离荖维较近的达都岛。从达都岛用乙辰（112.5°）、三更（37.2 海里）进入荖维港口。又荖维其实位于旗屿的 160°方向，即东南方，本可沿旗屿东南方向前进，也是因东南方沿途岛礁较多，行船有危险，所以才改为正南（单午）方前行。越接近港口，水的深度越浅，从开始的二十三托①，变为后来的二三托。路线见图 9。

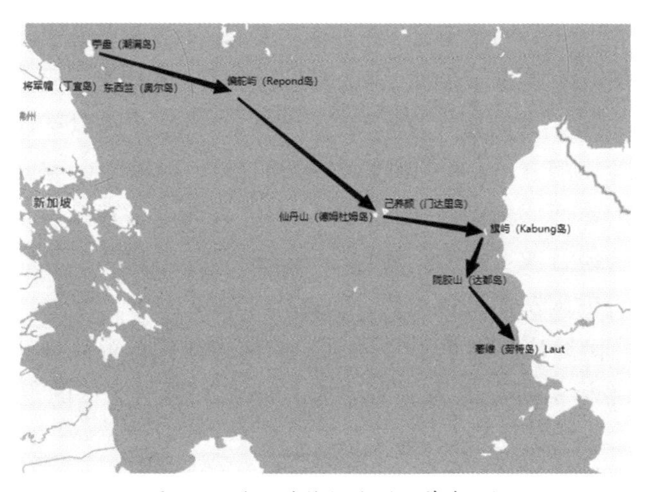


图 9　浯屿往荖维针路（从苎盘始）

① 托，长度单位，每托约五尺（1.7 米）。参许文明、李璞等编著《走向海洋世纪——海洋科学技术》，珠海出版社，2002，第 25 页。

## 7 余论：《顺风相送》与《指南正法》的关联性

《顺风相送》中的南海地名及针路，主要记载了福建至越南中部，再经昆仑岛、奥比岛，向西进入柬埔寨、泰国曼谷湾，或向南进入新加坡海峡、马来半岛、马六甲海峡、印度尼西亚爪哇岛的航线，一般具有首尾连续的特点。由于岛礁众多，命名情况较为复杂。学者历来多从《顺风相送》与《指南正法》的成书年代、流传过程进行研究，但很少进行二书内容的比较。通过对比《顺风》《指南》中"浯屿往大泥吉兰丹""广东往磨六甲"等针路，发现二书内容多有相似性，且很多《顺风》的偏差之处《指南》都有纠正。如"浯屿往大泥吉兰丹针路"中，从吉兰丹到六坤的路线，《顺风》说用单申针（240°），《指南》说用辛戌针（292.5°），证明以后者为是。"广东往磨六甲针路"中，从东西竺至白礁的路线，《指南》去掉了衍文、增加了介词，使句子更加通顺、严谨，避免了歧义的产生。

又如，二书都记载了昆仑岛至苧盘山路线，《顺风》说"用丁未（202.5°）二十更船用单未（210°）二十五更船取苎盘山"。一般，表示该线路需要中途转向或有其他选择时，会用"及""或"等字眼，如"用坤申及庚酉针三十更"表示先用坤申，再用庚酉，一共三十更。此处两个"用"字令人困惑，不知二者是"相连"的关系还是"或者"的关系，距离到底是二十更、二十五更，还是四十五更。《指南》则明确说明"用坤未（217.5°）、单未（210°）四十五更取茶盘"，表示相连的关系，共四十五更。这似乎是有意识地针对《顺风》的问题在进行改进，但也有少数改动以不误为误。如上述昆仑山至苧盘山的方向，《顺风》先用202.5°、再用210°方向，与今天地图方向非常吻合，而《指南》的217.5°、210°方向则略有偏差。这一航线并无明显岛礁需要绕行或者回避，故这一偏差应只是欠缺经验等原因造成，而不是因地理条件的限制而有意为之。总之，《顺风》与《指南》的研究绝不是孤立的，《指南》应是继承了《顺风》的内容，并有意针对其偏差进行了更正与改进，希望本研究能为二书的成书过程和版本流传的追溯提供新的思路。

# 海南民间航海针经——更路簿中“更”字浅析①

赵 静 张争胜 黄奕雄 陈冠琦

更路簿是古代海南渔民世世代代口耳相传或手抄笔录的航海秘籍，通常包括更路和流水表两部分，其中每条更路均记录了岛礁之间的方向和更数。更路簿是历史上海南渔民长期在南海诸岛及其附近海域捕鱼生产和航海作业的实践中，通过创作、补充和修缮而形成的航海指南。最早的更路簿至迟在明朝初期已经形成，其中记载的地名起讫与更路准确详尽，海南渔民利用更路簿导航生产已有六百多年的历史。但随着现代卫星导航技术和各种海图的应用，更路簿日益失去导航功能和价值，如今已经逐渐退出历史舞台。为了更好地保护和传承这一海洋文化瑰宝，我国政府2008年将其列入国家非物质文化遗产保护名录。②

目前学术界对于更路簿文本中“更”的研究相当欠缺，提到更的文献大都是关于其他方面的研究。如周志明对中国古代的行船更数进行了考究，从一昼夜为十更、定更之法、更数的应用等方面做论述。③ 范中义通过更在航海上的应用指出，更由计时单位发展到计程单位，再与罗盘结合在一起，共同指导航海。④ 刘义杰通过对火长的辨正解读，也提到“更”的作用。⑤ 虽然学者们较少正面研究更路簿中的“更”，但国内外学者们对“更”是作为海上计程单位这一论断较为认可，然而对于一更代表多长的距离说法不一，而且各种说法缺乏深入的文献分析与科学研究。本文拟利用林鸿锦版本更路簿记载的西沙、南沙群岛各岛礁之间的更数，与岛礁之间的实际距离进行比较，估算出每更的赋值范围和适宜值。

---

① 本文原题为《海南民间航海针经书〈更路簿〉中“更”浅析》，收录于全国高校“中国地理教学研究会”第七次会议论文集。

② 张苏吕：《基于〈更路簿〉的南海诸岛土地名空间数据库建设及其文化解读》，硕士学位论文，华南师范大学，2014。

③ 周志明：《中国古代“行船更数”考》，《古代文明》2009年第2期，第93－97页。

④ 范中义：《“更”在航海上的妙用》，《航海》1984年第1期，第44－45页。

⑤ 刘义杰：《“火长”辨正》，《海交史研究》2013年第1期，第56－78页。

# 1　古代史籍中的“更”

最初，古人根据自然物候变化的观察，产生时间的概念，还制定出严格的历法——太阴历和太阳历，并形成了干支纪年、纪月、纪日、纪时。最古老的计时仪器是土圭、圭表和日晷。为了摆脱计时中对太阳的依赖，发明了刻漏、漏壶、沙漏、箭漏。还有将生活礼仪中“一炷香”“一盏茶”作为时间参考。先秦出现十时辰制，昼夜各五分，据《隋书·天文志》①，昼为朝、禺、中、晡、夕，夜为甲、乙、丙、丁、戊（后用五更来表示）。到汉代，皇宫中值班人员分五个班次，按时更换，叫“五更”，由此便把一夜分为五更，每更为一个时辰。从此，更就可以表示时间了。宋元祐三年（1088）在苏颂的倡议和领导下，制成一座天文计时仪器——水运仪象台。在不同的时间，水运仪象台里会有不同颜色的小木人报“更”。②

关于“更”表示时间的例子很多，如“更者，每一昼夜分为十更，以焚香支数为度”③“海道不可以里计，舟人分一昼夜为十更”④。然而，“更”在航海中却不只表示时间，还表示在相应的更数下船所行驶的距离。

“更”从何时开始表示距离呢？藏于英国牛津大学波德林图书馆的中国古代海道针经抄本《顺风相送》记载：“凡行船先看风汛急慢，流水顺逆。可明其法，则将片柴从头丢下，与人齐到船尾，可准更数。每一更二点半约有一站，每站者计六十里……”⑤ 此处所讲为定更之法及每更所指距离，可见，当时“更”已用于计程。有研究认为，《顺风相送》中有载祈拜“护国庇民妙灵昭应明著天妃”，“明著天妃”是元世祖封赐妈祖的封号，而“护国庇民妙灵昭应弘仁普济天妃”为明成祖所赐，故《顺风相送》是元代的航海指南，后经明代舟师校正而成。因此，“更”表示距离可追溯至元朝。

“更”数作为航海的路程，是航海指南的重要要素。古代航海家对于各地路程远近、方向、海上的风云气候及海底情况都要熟悉。⑥ 自《顺风相送》

---

① 〔唐〕李淳风：《隋书·志第十四·天文上》，中华书局，1973。

② 胡维佳：《〈新仪象法要〉中的“擒纵机构”和星图制法辨正》，《自然科学史研究》1994年第3期，第244-253页。

③ 郑若曾：《江南经略》卷八上《海程论》，收入《文渊阁四库全书》，台湾商务印书馆，1982，第444页。

④ 〔清〕张廷玉等：《明史》卷三二三，列传第二一一《鸡笼》，中华书局，1974，第8377页。

⑤ 《两种海道针经》，向达校注，中华书局，1961，第25页。

⑥ 《两种海道针经》，向达校注，中华书局，1961，第2-7页。

后，有许多史籍都提到行船更数，有明代《金声玉振集》所收的《海道经》，茅元仪《武备志》中收录的航海图，还有舟子相传的“秘本”《海道针经》《指南正法》《西洋朝贡录》等。更数对于航海指导非常关键，对一更的里程，有一更合百里、六十里、五十里、四十里等多种说法,[①] 一般认为一更约合六十里[②]，但目前没有统一的定论。明朝《郑和航海图》指出，舟行一昼夜大约为十更，每更行程约六十里。[③] 地理类古籍《岭外代答》《诸蕃志》《岛夷志略》《瀛涯胜览》《星槎胜览》《西洋番国志》各书所说大体相似，都认为一更合六十里。清代陈伦炯也认为一更为六十里，“每更约水程六十里。风大倍增，逆风则减更”[④]，从描述可知，受海流、风向及风速的影响，一更也可以大于或小于六十里。[⑤] 也有不同于一更合六十里的观点。与陈伦炯同时代的释大汕认为一更为百里,[⑥] 近代学者朱鉴秋认为一更是四十里,[⑦] 吴凤斌和陈史坚观点相似,[⑧] 他们认为每天五更，帆船每更约行十海里。

对一更所表示的距离大小看法不一，主要是由于帆船行驶受到风力、风向和海流等因素的影响较大，尤其是南海盛行东北季候风，凡南北向航行，均偏向东北和东南，凡东西向航行，均偏向东北和西北。顺风顺流可行六更到七更，二地往返针位和更数不能尽同。故更路簿条文中，两地间更路数据往往有几个。如潭门到西沙北岛，苏德柳本和卢洪兰本为 15 更，李魁茂本则是 17 更。

## 2 海南民间航海针经更路簿中的“更”

更路簿也是古代航海经书的一种，是古代渔民航海的指南，这个指南除

---

① 此处“里”非指海里，是对陆上通用计程单位的借用，1 里≈0.576 公里。可参见朱鉴秋《海上计程单位和深度单位》，《航海杂志》1981 年第 1 期。

② 朱鉴秋、陈佳荣编著《渡海方程辑注》，中西书局，2013，第 8－9 页。

③ 邱光明：《中国古代度量衡》，商务印书馆，1996，第 191－194 页。

④ 陈伦炯：《海国闻见录·南洋记》，收入《文渊阁四库全书》，台湾商务印书馆，1982，第 858 页。

⑤ 《两种海道针经》，向达校注，中华书局，1961，第 2－7 页。

⑥ 释大汕：《海外纪事》卷三，收入《续修四库全书》，上海古籍出版社，2002，第 666 页。

⑦ 朱鉴秋：《海上计程单位和深度单位》，《航海杂志》1981 年第 1 期，第 10－11 页。

⑧ 吴凤斌：《宋元以来我国渔民对南沙群岛的开发和经营》，《中国社会经济史研究》1985 年第 1 期，第 34－43 页；广东省地名委员会编《南海诸岛地名资料汇编》，广东省地图出版社，1987，第 510－515 页。

了包括方向外，还包括更数——路程。各版本中航线的描述大概都是：自（某地）到（某地）用（某方向）（几）更收。如林鸿锦版本更路簿中第二条“北风上东自红草上把兴用乙辛二更收”，这句话的意思是，如吹偏北风，从西沙群岛的南沙洲开往东岛，航向为“乙辛”（罗盘105°），二更时间的航程即可到达。其中的“二更”就是这条更路的关键要素。

从本文分析的15个版本更路簿中可以看出，只有极少数航路是没有更数的（见表1）：卢洪兰本含更数的航路占总航路的98.4%，仅西沙3条无更数；彭正楷本含更条数占97.7%，仅西沙2条、南沙3条无更数；许洪福本含更数条目占总体比为89.1%，仅南沙25条无更数；郁玉清本占95%，仅西沙4条、南沙1条无更数；林鸿锦本占95.1%，仅西沙8条无更数；王国昌本占96.2%，西沙3条、南沙7条无更数；麦兴铣本占95.6%，仅南沙6条无更数；李根深本占98.5%，仅南沙2条无更数；王诗桃本占93.9%，仅西沙11条、南沙2条无更数；李魁茂本占96.2%，仅西沙2条无更数；陈泽民本占97.0%，仅西沙6条无更数；潭门渔民协会存本占98.9%，仅南沙1条无更数；其他版本航海条目均全部包括更数。这些没有更数的航行条目可能是渔民本身无法确定更数、在抄录时有遗漏、抄写字迹不清或有破损，但大部分都是有更数的，由此可见更数在更路簿中的重要性。

更数对航海意义重大，那么一更代表多长的路程呢？

**表1　各版本西沙、南沙航路数与所含更数对比**

| 版本 | 名称 | 西沙航路条数 | 西沙含更条数 | 南沙航路条数 | 南沙含更条数 | 含更数所占百分比 |
|---|---|---|---|---|---|---|
| 苏德柳本 | 《更路簿》 | 29 | 29 | 116 | 116 | 100% |
| 卢洪兰本 | 《定罗经针位》 | 66 | 63 | 120 | 120 | 98.4% |
| 彭正楷本 | 《更路簿》 | 17 | 15 | 200 | 197 | 97.7% |
| 蒙全洲本 | 《去西、南沙水路簿》 | 13 | 13 | 74 | 74 | 100% |
| 许洪福本 | 《更路簿》 | 0 | 0 | 229 | 204 | 89.1% |
| 郁玉清本 | 《更路簿》 | 35 | 31 | 65 | 64 | 95% |
| 陈永芹本 | 《西南沙更路簿》 | 16 | 16 | 83 | 83 | 100% |
| 林鸿锦本 | 《更路簿》 | 59 | 51 | 105 | 105 | 95.1% |
| 王国昌本 | 《顺风得利》 | 42 | 39 | 220 | 213 | 96.2% |
| 麦兴铣本 | 《注明东、北海更路簿》 | 19 | 19 | 116 | 110 | 95.6% |

续表 1

| 版本 | 名称 | 西沙航路条数 | 西沙含更条数 | 南沙航路条数 | 南沙含更条数 | 含更数所占百分比 |
|---|---|---|---|---|---|---|
| 李根深本 | 《东海、北海更流簿》 | 14 | 14 | 120 | 118 | 98.5% |
| 王诗桃本 | 《更路簿》 | 61 | 50 | 183 | 179 | 93.9% |
| 李魁茂本 | 《更路簿》 | 53 | 51 | 0 | 0 | 96.2% |
| 陈泽民本 | 《更路簿》 | 94 | 88 | 104 | 104 | 97.0% |
| 潭门渔民协会存本 | 《驶船更流簿》 | 15 | 15 | 77 | 76 | 98.9% |

# 3 “更”的赋值范围及适宜值估算

## 3.1 估算思路与方法

地球上每两点之间的距离是可以通过球面计算公式计算出来的，同时，自更路簿形成以来，南海诸岛的位置是相对不变的，通过测量岛礁之间的实际距离与更路簿中相应岛礁航路所记载更数的对比，即可大概算出每一更所代表的距离。各个岛礁不是一个小点，而是一个面，本文为了方便计算，将岛礁看作一个点，首先利用“南海诸岛标准地名表”中各岛礁的经纬度，通过取其中间值基本确定岛礁的中心点经纬度位置，再将经纬度的单位换算成度，利用“JWD 距离”软件计算两点之间的球面距离。将所算的每两点之间的距离与相应的更路簿中记载的更数相除，得出每更所行驶的距离（里数）。

本文选择林鸿锦更路簿进行数据分析，一方面是因为林鸿锦本比较全面，既包含西沙航路、南沙航路，也包括流水表，还包括返航路线，可为后续研究打下基础；另一方面是笔者对林鸿锦本已有初步的研究分析，继续研究该版本有利于开展更深入的研究和发现问题。

## 3.2 估算结果分析

本文以渔民航海指南更路簿林鸿锦本为例，得出在不考虑海流和风力、风向的情况下，一更大概表示多少里。林鸿锦本更路簿中，共有西沙航路 59 条，若将返航路线归入，则路线 68 条，其中 9 条未记载更路，4 条未确定地点，故可计算55条；共有南沙航路105条，若将返航路线归入，则有129条，其中30条没记载更路，5条未确定地点，故可计算94条。利用统计产品与服务解决方案（Statistical Product and Service Solutions，SPSS）软件中的分类统计方法，得出表2、表3、图1和图2。其中，图1对应表2，图2对应表3。

表2表明，第5类即每更40～50里区间的航路所占比例最高，达到37%，每更30～40里区间的次之，是16.7%，每更在50～60里区间的占14.8%。这三个区间共同占西沙航线的68.5%。从图1也可以看出，第5类（40～50里/更）是最高的，所占比重最大。表3表明，每更在40～50里区间的南沙航路占36.6%，在30～40里之间的占25.8%，在50～60里之间的占17%。这三个区间共占南沙航路的80.6%。从图2可以明显看出第4类（40～50里/更）所占比重最大。由此推断，林鸿锦本更路簿中的一更大致为45里。

更路簿航路中的更数本身就是渔民运用自己的实践经验计算得出的，难免会存在少许误差，同时，航海受到海流和风向、风力的影响很大，不确定性因素很多，这些极小值可能是在逆风、逆流的情况下行驶而得出的；极大值可能是在顺风、顺流的时候所得出来的结果，这些在本文中暂不考虑。在今后的研究中，将继续分析、对照不同版本更路簿的航路，逐步加入不同的影响因素进行分析。

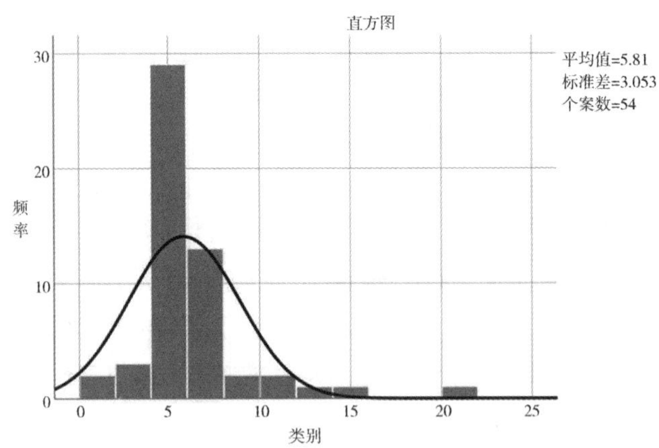


图1　林鸿锦本更路簿西沙航路统计结果

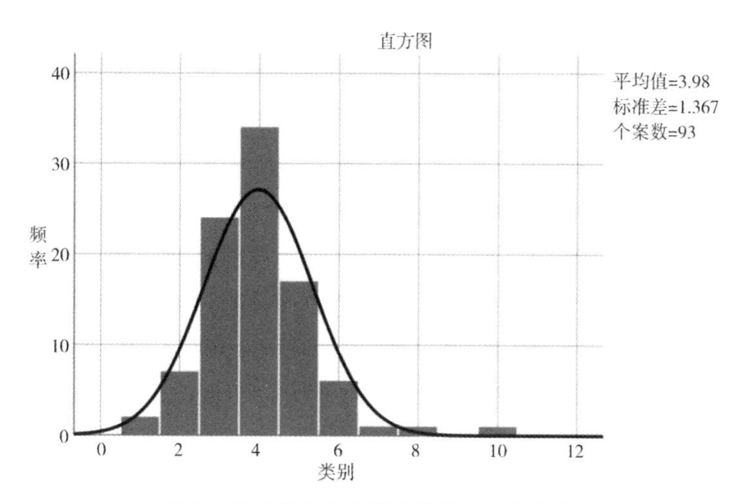


图2　林鸿锦本更路簿南沙航路统计结果

表2　林鸿锦更路簿西沙航路统计结果

| 类别 | 区间（里） | 频率 | 百分比（%） | 累积百分比（%） |
|---|---|---|---|---|
| 1 | 0～10 | 2 | 3. 7 | 3. 7 |
| 3 | 20～30 | 3 | 5. 6 | 9. 3 |
| 4 | 30～40 | 9 | 16. 7 | 25. 9 |
| 5 | 40～50 | 20 | 37. 0 | 63. 0 |
| 6 | 50～60 | 8 | 14. 8 | 77. 8 |
| 7 | 60～70 | 5 | 9. 3 | 87. 0 |
| 8 | 70～80 | 1 | 1. 9 | 88. 9 |
| 9 | 80～90 | 1 | 1. 9 | 90. 7 |
| 10 | 90～100 | 2 | 3. 7 | 94. 4 |
| 12 | 110～120 | 1 | 1. 9 | 96. 3 |
| 15 | 140～150 | 1 | 1. 9 | 98. 1 |
| 20 | 190～200 | 1 | 1. 9 | 100. 0 |
| 合计 | | 54 | 100. 0 | — |

表3　林鸿锦更路簿南沙航路统计结果

| 类别 | 区间（里） | 频率 | 百分比（%） | 累积百分比（%） |
|---|---|---|---|---|
| 1 | 10～20 | 2 | 2. 2 | 2. 2 |
| 2 | 20～30 | 7 | 7. 5 | 9. 7 |
| 3 | 30～40 | 24 | 25. 8 | 35. 5 |
| 4 | 40～50 | 34 | 36. 6 | 72. 0 |
| 5 | 50～60 | 17 | 18. 3 | 90. 3 |
| 6 | 60～70 | 6 | 6. 5 | 96. 8 |
| 7 | 70～80 | 1 | 1. 1 | 97. 8 |
| 8 | 80～90 | 1 | 1. 1 | 98. 9 |
| 10 | 100～110 | 1 | 1. 1 | 100. 0 |
| 合计 | | 93 | 100. 0 | — |

# 4 结论与讨论

在古代，“更”由一个计时单位逐渐演变成一个既表示时间，又表示路程的单位，表示路程主要体现在航海上。“更”是更路簿中一个关键要素，约90%以上的更路簿航海条目是有更数的，它对古代航海起着重要的作用。对于一更所指的范围，说法不一。本文通过分析林鸿锦本更路簿中更数与实际球面距离之比，在不考虑其他影响因素的情况下，得出一更大约为45里。每更45里与朱鉴秋所认为的每更40里相差不大，与大多数学者认可的一更60里则相差15里。

本文对“更”的研究只是一个初步的探索，更路簿有很多版本，本文只研究其中一个版本，其他版本还有待研究。此外，在分析“更”所代表的距离时，笔者暂时未考虑风向、风力和海流因素，而这些因素对航海的影响又很大，因此，在今后的研究中要逐步深入，全面地分析。

# 《癸亥年更流部》苏州码子释读[①]

李文化　陈　虹

## 1　引言

在航海科技不发达的古代和近代，海南渔民前往南海从事捕捞活动，主要依靠有丰富航海经验的“船老大”，他们在总结航海经验基础上独创的航海手册——更路簿，是一项非常了不起的“航线”指南。更路簿记载的主要内容是“更路”，每种更路簿记录的更路条目数不相同，从数十条到数百余条不等。“更路”不限于单纯的航海，而是跨越天文、气象、海洋、历史、地理等学科领域，以及造船业、渔业和海洋资源等，目前，发现并收藏于广东、海南各地博物馆、图书馆和海南渔民手中的南海更路簿约有 50 册。

虽然不同更路簿记录的更路条目数不完全相同，但每条更路的表述形式则有明显的相似之处，绝大部分更路均包含四大要素，即起点、讫点（终点）、针位（航向）、更数（航程）。如王诗桃抄本一的南沙更路第 6 条“自红草去第三峙用艮坤三更收”，表示从“红草（西月岛）”去“第三峙（南钥岛）”，用“艮坤（45°/225°）”针位航向（针位一般对应两个方向，但渔民很清楚这条更路指的是 225°，因为第三峙位于红草的西南方向），约“三更（约 37.5 海里）[②]”到达。

“起点、讫点”一般指南海岛礁、港口、望山，指该条“航线”记录了渔民从某地启航、到达某地的情况。“针位”指该条“航线”的航行方向，与罗盘上的 24 方位对应，海南渔民根据航海经验总结，形成了对针、缝针、线针的表述风格。“更”记录该条航线的航程。

---

① 本文原发表于《南海学刊》2020 年第 4 期。

② 海南渔民与部分学者原普遍认为一更约为 10 海里，李文化经过大量更路统计分析，认为南海更路一更约 12.5 海里更为精确，此处按后者测算。

不同更路簿，更路表述有一定差异。有的更路会在后面增加一些方位词，特别是较早期的更路簿，如苏德柳簿也是南沙更路第 6 条“自红草下第三峙用艮坤三更收对西南”，就比王诗桃簿相同的更路增加了“对西南”，是对针位“艮坤”的补充，即清楚地指明了针位是指“225°”这个方向。也有更路簿根据前后更路连贯性的特点，省略部分起点或讫点；有的更路由于航程较短而省略更数或针位，在后期传抄的更路簿中，也逐渐出现用角度代替针位，或用里程数代替更数的情况，如苏标武家收藏的两种特殊更路簿就是如此。①

2020 年年初，笔者在海口市演丰镇林诗仍老船长（1938 年生）家发现了三本祖传南海更路簿，以及英文南海海图 10 余张。其中有一本更路簿封面印有“癸亥年更流部”字样（如图 1 所示，为表述方便，根据更路簿命名习惯，将其称为《癸亥年更流部》，简称《更流部》），英文海图标题有“中国海 - 南部”及“根据 1891 年的最新勘测汇编，修正到 1923 年”的英文，全部为 1907—1923 年印制。林称这些更路簿和海图原为其父林树教（1888 年生）所用。林父年轻时长年在东南亚一带从事渔业活动，他在青年时代曾跟随父亲到过越南与暹罗湾②一带，后主要在海南岛近海从事渔业活动。

图 1　《癸亥年更流部》封面

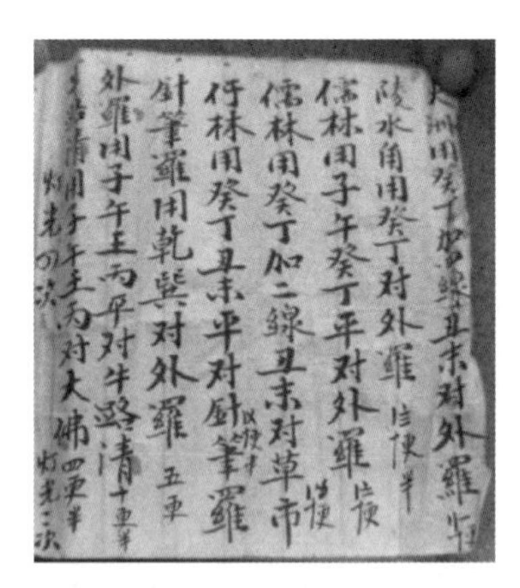

图 2　《更流部》用苏码记数更路

由于保存不善，该簿后半部分破损极为严重，部分文字不可辨识，而且许多地名（渔民俗称）为已发现更路簿中首次出现，解读较为困难。更为特别的是，该簿部分更路的“更数”用一种比较独特的文字表述，这在现今已发现的所有更路簿中从未出现过，如图 2 所示。笔者虽然请教过多位同行，甚至一些研究海道针经的前辈，均回答未见过相关表述，亦

① 李文化、陈虹、袁冰：《苏标武两种特殊藏本更路簿研究》，《南海学刊》2020 年第 1 期。

② 暹罗湾，泰国湾的旧称。出于渔民使用习惯与更路簿记录原貌，本书仍使用“暹罗湾”称谓，后不再说明。

不知其含义。后经分析，认为该部分文字仍应指“更数”，即表示航程的“数字”，再从网络上查找古代表示“数字”的特殊符号，最终发现，它就是古代、近代民间普遍使用的“苏州码子”。

《更流部》封面的“癸亥年”，应指干支纪年1983、1923、1863年等，结合林父使用的英文海图，以及该簿的纸张、破损程度及所采用的苏州码子（见后文介绍），至少应为1923年，或为更早的“癸亥年”，极为珍贵。

# 2 苏州码子及其应用

## 2.1 苏州码子的概念

苏州码子是明清以来流行于民间的一套“商用数字”，也称“苏州码”“苏码”“花码”等，它广泛应用于日用杂货店、钱庄、银号等经商场合。[①]一般认为，它最初产生于中国明代工商业最发达的城市——苏州。苏码流行的地域极为广泛，除了苏州周边的江、浙、沪外，还有东北、云南、广东等地，台湾后来甚至开发了还有苏州码转换器。[②] 在民间运用中，由于地区和行业的不同，苏州码子的叫法也有所不同。如在华南称“番码”，在四川称“川码字”，在河南称“码子字”，等等。[③]

此外，苏州码子在农家账簿[④]、铁路里程碑上的里程标记（图3）[⑤]、丝绸织物的度量数码（图4）[⑥] 等均有应用。自阿拉伯数字普及以后，这种记数法逐步被取代，目前仅在港澳台地区还有零星使用（图5）[⑦]。

---

① 冷东、潘剑芬：《英国剑桥大学图书馆藏怡和洋行中文档案》，《历史档案》2019年第4期。

② 张斌、李子林：《数字人文背景下档案馆发展的新思考》，《图书情报知识》2019年第6期。

③ 邱建立、李学昌：《并不神秘的民间速记文字——“花数”》，《华东师范大学学报（哲学社会科学版）》2011年第2期。

④ 蒋勤、曹树基：《清代石仓农家账簿中数字的释读》，《社会科学辑刊》2016年第5期。

⑤ 周晨：《结缘“苏州码子”》，《苏州杂志》2020年第2期。

⑥ 张剑锋：《近代丝绸织物的度量数码识别与历史价值》，《江苏丝绸》2020年第1期。

⑦ Richor：《字游香港》（2017年8月30日），https://www.douban.com/note/635334158/。

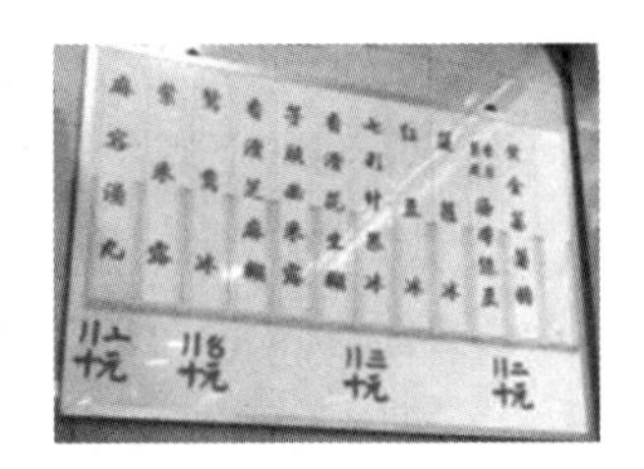

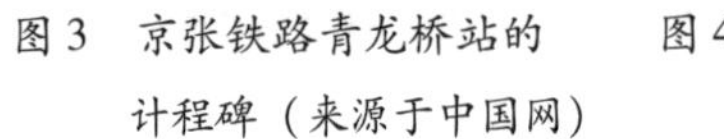

图3　京张铁路青龙桥站的计程碑（来源于中国网）

图4　丝绸上的苏州码子（来源于张剑锋作品）

图5　香港糖水铺的苏州码子（来源于Richor网络作品）

明代程大位在《算法统宗》中称其为“暗码”，有学者经考证认为，苏州码子是从中国古代算筹不断演变而来的，与现在使用的阿拉伯数字进制是对应的，“在公元1573年左右甚至以前就成熟定型了并记录在算术书中”①。这与李约瑟认为16世纪后出现的“商业体”是从中国古代算筹体演变而来的论述是一致的②。

## 2.2　苏州码子记数法

阿拉伯数字“0、1、2、3、4、5、6、7、8、9、10”，对应汉字小写数码为“〇、一、二、三、四、五、六、七、八、九、十”，对应大写数码为“零、壹、贰、叁、肆、伍、陆、柒、捌、玖、拾”，对应苏州码子为“〇、〡（竖）、〢（两竖）、〣（三竖）、〤（交叉）、〥、〦（一竖加一横）、〧（一竖加两横）、〨（一竖加三横）、〩（类似反文旁）、十”，对应关系如表1所示。识记苏州码子非常容易，“〇、〡、〢、〣”很快就能记住，“〦、〧、〨”也有规律，关键是记住“〤、〥、〩”（4、5、9）。有学者认为汉字“廿”“卅”“卌”是由多个苏码“十”组合而来的，分别代表“二十”“三十”“四十”。③

“1、2、3”的写法有“〡、〢、〣”或“一、二、三”横竖两种，当其组合并列时，为避免连写混淆，可采取横竖结合方式。如记录“231”时，苏码可记为“〢三〡”。图5第3、4两个价格“〢三（“23”）”　“〢二（“22”）”就是这种情况。

---

① 杜翔：《小议馆藏契约中的记数符号“苏州码”》，《首都博物馆论丛》2017年第0期。

② ［英］李约瑟：《中国科学技术史》第三卷：数学，科学出版社，1978，第13页。

③ 周晨：《结缘“苏州码子”》，《苏州杂志》2020年第2期。

**表 1　阿拉拍数字、汉字与苏州码子对应**

| 阿拉伯数字 | 0 | 1 | 2 | 3 | 4 | 5 | 6 | 7 | 8 | 9 | 10 |
|---|---|---|---|---|---|---|---|---|---|---|---|
| 汉字 | 〇 | 一 | 二 | 三 | 四 | 五 | 六 | 七 | 八 | 九 | 十 |
| 苏州码子 | 〇 | 〡 | 〢 | 〣 | 〤 | 〥 | 〦 | 〧 | 〨 | 〩 | 十 |

苏州码是一种十进制记数系统，它的位数常用文字来标识，且没有小数点的设计。完整的苏州码记数一般写成两行，首行是苏州码表示的数值，第二行记量级和计量单位。如：

〩〥〢三←苏州码子数字

千百　元←汉字位数标记符与单位标记符

第一行是“9 5 2 3”，第二行是“千百　元”，表示第一行的第 1 个数字“9”是“九千”，第 2 个数字是“五百”。两行合在一起，表达“九千五百二十三元”。

多数时候，第二行的记量级并不会全写，如刚才的“9523”，苏码的第二行并没有将“十”这一量级写出来，有时只须写出“千”即可。又如图 3 所示，虽在第二行只标识了一个“丈”，但不影响整个苏码表示“三丈七尺二寸”之意。普通民众在使用苏州码时，有时常会有意无意地省略第二行的“千”“百”等位数标记符，甚至两行并为一行，如“〩〥〢三元”。

# 3　南海更路簿数字人文研究实践

## 3.1　更路簿数字化研究主要计算模型

笔者曾推演过 Web 墨卡托投影等角航线模型下，两点（岛礁、港口或望山）之间的航向与航程计算公式①如下：

航向计算公式：$K = \arctan(\Delta\theta / \Delta D)$　　(1)

航程计算公式：$S = \sec K \times \Delta X$　　(2)

式中，$\Delta\theta = \theta_2 - \theta_1$，$\Delta D = [\ln \tan(\pi/4 + \phi/2)]_{\phi_1}^{\phi_2}$，$(\theta_1, \phi_1)$ 是起点坐标，

① 李文化：《南海“更路簿”数字化诠释》，海南出版社，2019。

($\theta_2$, $\phi_2$) 是讫点坐标，$\Delta X = a \times (\phi_2 - \phi_1)$，$a$ 指地球半径，按平均值6371 km计。

需要注意的是，式（1）、式（2）中的起、讫点的经纬度，需要将标准的“度分”格式转换为以“度”为单位的数值格式，如“大横（土周岛）”的坐标本是（103°28′E，9°19′N），在公式中应转换为（103.47°，9.31°），如果是西经、南纬则为负值。

### 3.2 更路数字化的两个重要统计数据

笔者对苏德柳等20册近3000条更路的数字化统计结果是每更约12.0海里（综合实际调整为12.5海里），这一结论得到了相关历史文献的佐证，从数字人文视角，以更精确的数据重新诠释了更路簿的“更”义[①]，在海南渔民所认为的“每更约10海里”的基础上提高了精度，为更路簿定量研究提供了依据。

这近3000条更路，数字化后的针位角度，与理论最短航程航向角度相比，平均偏差12.1°。苏承芬修正本中有89条更路，用角度代替针位，这些更路的角度，与理论航向角度比较，平均偏差仅为3.9°[②]，说明随着航海技术的进步，航向的精确度也得到明显提高。

## 4 带有苏州码子的《癸亥年更流部》更路释读

《更流部》虽然整体上破损严重，但其中的暹罗湾更路条文完好率较高，共有30余条，更路地名与航海线路清晰，且与郑和下西洋多次经过暹罗湾的航线重合度很高，为相关更路的苏码准确释读与分析提供了线索，对郑和航海研究亦有极高的参考价值。

### 4.1 《更流部》含有苏州码子的更路数字化

《更流部》有非常明显的更路轨迹：从海南文昌的铺前港出发，经海南岛

---

① 李文化、夏代云、陈虹：《基于数字“更路”的“更”义诠释》，《南海学刊》2018年第1期。

② 李文化：《南海“更路簿”数字化诠释》，海南出版社，2019，第49、55页。

东线的急水门、铜鼓角、榆林港等，再到越南东岸的针笔罗、外罗等，共 12 条更路；以及越南东岸经昆仑往马来西亚、新加坡和泰国等航线，共有海外更路 140 余条，为目前所发现更路簿中海外更路最多的一种。

用苏码表示更数，在南海更路簿中为首次发现。该簿至少有 31 处，图 2 所示更路中对应表 2 的第 29—33 条更路（编号以《更流部》全部更路为序）。为节省篇幅，更路原稿不附全图，仅贴出苏州码子部分。对部分起点或讫点，只能推测大致位置，日后尚需进行更深入的研究，在此暂不给出数字化分析结果。

**表 2　《癸亥年更流部》采用苏州码子记录更数的更路一览①**

| 编号 | 更路 | 苏州码子 | 起点俗称 | 讫点俗称 | 针位航向（°） | 更数 | 起点标准名 | 讫点标准名 | 航程（海里） | 平航航速（海里/更） | 理论航向（°） | 角偏（°） |
|---|---|---|---|---|---|---|---|---|---|---|---|---|
| 029 | 大洲用癸丁加四线丑未对外罗二十一更 | [illegible] | 大洲 | 外罗 | 201.0 | 21 | 燕窝岛 | Culao Re | 212.90 | 10.14 | 201.7 | 0.7 |
| 030 | 陵水角用癸丁对外羅十八更半 | [illegible] | 陵水角 | 外羅 | 195.0 | 18.5 | 大头 | Culao Re | 189.05 | 10.22 | 196.7 | 1.7 |
| 031 | 儒林用子午癸丁平对外羅十七更 | [illegible] | 儒林 | 外羅 | 187.5 | 17 | 榆林港东角 | Culao Re | 169.16 | 9.95 | 189.1 | 1.6 |
| 032 | 儒林用癸丁加二线丑未对草市十五更 | [illegible] | 儒林 | 草市 | 198.0 | 15 | 榆林港东角 | 茶崩江入海口 | 171.04 | 11.40 | 195.3 | 2.7 |
| 033 | 儒林用癸丁丑未平对针笔羅十四更半 | [illegible] | 儒林 | 针笔羅 | 202.5 | 14.5 | 榆林港东角 | 占婆岛 | 142.69 | 9.84 | 201.3 | 1.2 |
| 043 | 崑崙用癸丁丑未平对地盘三十八更 | [illegible] | 崑崙 | 地盘 | 202.5 | 38 | 昆仑岛 | Tioman | 351.27 | 9.24 | 183.4 | 19.1 |
| 044 | 崑崙用癸丁加一线丑未对（有破损）东竹三十九更半 | [illegible] | 崑崙 | 东竹 | 196.5 | 39.5 | 昆仑岛 | Pulau Aur | 376.64 | 9.54 | 174.1 | 22.4 |
| 047 | 崑崙用丑未艮坤平对斗祖二十九更 | [illegible] | 崑崙 | 斗祖 | 217.5 | 29 | Con Dao | Pulau Tenggul | 291.10 | 10.04 | 216.7 | 0.8 |

① 《癸亥年更流部》中所载渔民俗称用字较为复杂，存在同一地点多种名称的情况，且简体字、繁体字、异体字甚至生造字混用，为保留历史文献原貌，更鲜明地体现渔民用字特征，本文及后篇《癸亥年更路部》相关地名考文章保留更路簿条文中原用字，特此说明，后不再赘述。

续表2

| 编号 | 更路 | 苏州码子 | 起点俗称 | 讫点俗称 | 针位航向（°） | 更数 | 起点标准名 | 讫点标准名 | 航程（海里） | 平航航速（海里/更） | 理论航向（°） | 角偏（°） |
|---|---|---|---|---|---|---|---|---|---|---|---|---|
| 069 | 北文浪散尾用乾巽巳亥平对大乳散尾十一更半 | [illegible] | 北文浪 | 大乳散尾 | 142.5 | 11.5 | 洛神府 | 北大年府 | 112.75 | 9.80 | 145.6 | 3.1 |
| 082 | 斗祖用壬丙巳亥平对各志昌四十九更 | [illegible] | 斗祖 | 各志昌 | 337.5 | 49 | Pulau Tenggul | 阁裕岛 | 483.74 | 9.87 | 344.1 | 6.6 |
| 083 | 灯加羅用癸丁对云瀼二十八更 | [illegible] | 灯加罗 | 云瀼 | 15.0 | 28 | 登嘉楼 | 宅岛 | 282.20 | 10.08 | 18.2 | 3.2 |
| 084 | 新市用癸丁对斗祖二十三更 | [illegible] | 新市 | 斗祖 | 195.0 | 23 | 薯岛 | Pulau Tenggul | 227.87 | 9.91 | 197.8 | 2.8 |
| 085 | 棉花用癸丁对巴櫵市二十四更 | [illegible] | 棉花 | 巴櫵市 | 15.0 | 24 | 棉花岛 | Fausse Obi | 236.03 | 9.83 | 18.4 | 3.4 |
| 086 | 棉花用癸丁加一线子午对雲瀼二十九更 | [illegible] | 棉花 | 雲瀼 | 13.5 | 29 | 棉花岛 | 宅岛 | 286.80 | 9.89 | 16.4 | 2.9 |
| 115 | 昆仑头用乙辛卯酉平对新市□十九①更半 | [illegible] | 昆仑头 | 新市 | 97.5 | 29.5 | 卡农角 | 薯岛 | 301.51 | 10.22 | 100.0 | 2.5 |
| 135 | 猪姆头旧港用子午兼二线癸丁十一点五更 | [illegible] | 猪姆头 | 旧港 | 177.0 | 11.5 | 林加岛东 | 旧港入海口 | 121.87 | 10.60 | 179.2 | 2.2 |
| 137 | 乙辛角对第弍角用巳亥兼一线壬丙二更五 | [illegible] | 乙辛角 | 第弍角 | 151.5 | 2.5 | 乙辛角、第二角、第三角、三立、三马油等疑为新加坡、印度尼西亚周边海岸、岛礁 | | 19.59 | 7.83 | 149.9 | 1.6 |
| 138 | 第二角对第三角用乾巽兼三线巳亥二更半 | [illegible] | 第弍角 | 第三角 | 139.5 | 2.5 | | | 22.97 | 9.19 | 139.3 | 0.2 |
| 141 | 三立对马油乾巽兼四线巳亥二十更半 | [illegible] | 三立 | 三马油 | 141.0 | 20.5 | | | 220.18 | 10.74 | 144.2 | 3.2 |
| 143 | 三马油对大/用乙辛卯酉平十五更半 | [illegible] | 三马油 | 大揺 | 97.5 | 15.5 | 安南迪县海外 | 大吧罗 | 152.72 | 9.85 | 94.8 | 2.7 |
| 144 | 三马油青肥巷用乙辛辰戌平十三更半 | [illegible] | 三马油 | 青肥港 | 112.5 | 13.5 | 安南迪县海外 | 士吧垫 | 130.90 | 9.70 | 110.2 | 2.3 |

① 拍照时被手指盖住一部分，后证该部分苏码的第一行为“〢文半”。

续表2

| 编号 | 更路 | 苏州码子 | 起点俗称 | 讫点俗称 | 针位航向（°） | 更数 | 起点标准名 | 讫点标准名 | 航程（海里） | 平航航速（海里/更） | 理论航向（°） | 角偏（°） |
|---|---|---|---|---|---|---|---|---|---|---|---|---|
| 145 | 三马油对尖里问用卯酉兼二线甲庚十二更 | [illegible] | 三马油 | 尖里问 | 87.0 | 12 | 安南迪县海外 | Parang | 115.13 | 9.59 | 76.9 | 10.1 |
| 146 | 吉里汶线尾水九对大揺用卯酉兼一线甲庚十三更 | [illegible] | 吉里汶 | 大揺 | 88.5 | 13 | 井里汶 | 大吧罗 | 132.42 | 10.19 | 88.0 | 0.5 |
| 148 | 大揺对半更开用乙辛兼一线辰戌对千里伴对丁船十一更半 | [illegible] | 大揺 | 千里伴 | 106.5 | 11.5 | 大吧罗 | 东爪哇省海岸 | 105.11 | 9.14 | 112.0 | 5.5 |
| 149 | 大揺对半更开用乙辛兼三线卯酉对之龙头尾二十更 | [illegible] | 大揺 | 之龙头 | 100.5 | 20 | 大吧罗 | 苏民纳县 | 184.99 | 9.25 | 100.7 | 0.2 |
| 150 | 马蛮用乙辛兼一线卯酉对千里伴丁船七更半 | [illegible] | 马蛮 | 千里伴 | 103.5 | 7.5 | 为印度尼西亚东爪哇省海岸一带岛礁或港口 | | 65.12 | 8.68 | 102.6 | 0.9 |
| 151 | 千里伴丁船用卯酉对之龙头尾九更 | [illegible] | 千里伴 | 之龙头 | 90.0 | 9 | | | 84.25 | 9.36 | 90.7 | 0.7 |

以下4条更路起、讫点位置不能肯定，疑为印尼东爪哇省海岸一带和暹罗湾某处。

| 编号 | 更路 | 苏州码子 | 编号 | 更路 | 苏州码子 |
|---|---|---|---|---|---|
| 153 | 脱之龙头用壬丙兼三线巳亥（160.5）对石椿排四更半（苏码，4.5更） | [illegible] | 154 | 三门丁对石椿排丁用壬丙（165）三更半（苏码，3.5更） | [illegible] |
| 156 | 石椿排对岑厘凌丁用辰戌（120）四更半（苏码，4.5更） | [illegible] | 158 | 小贝用子午癸丁（187.5）对暹罗浅顶灯二十二更半（苏码，22.5更） | [illegible] |

由于《更流部》以东南亚海外更路为主，绝大部分更路在其他簿中未曾出现过，经查，表2中部分更路在苏德柳等簿中发现有同航路更路（起、讫点相同）的情况。对这些更路进行数字化分析，可发现《更流部》用苏码记录"更"数的这些更路，与其他簿相关更路的表述大部分接近，部分甚至几乎完全相同，从另一个侧面佐证了其可信度。详细分析见表3。

表3 《癸亥年更流部》苏码更路与其他簿同航线更路对比一览

| 编号 | 更路 | 起点标准名 | 讫点标准名 | 平航航速（海里/更） | 角偏（°） | 相关更路［苏德柳本更路参见《南海天书》①，其他更路参见《数字化诠释》附录三②，更路括号后的数字分别为航速（海里/更）与角偏（°）］ |
|---|---|---|---|---|---|---|
| 029 | 大洲用癸丁加四线丑未对外罗二十一更 | 燕窝岛 | Culao Re | 10.14 | 0.7 | 苏德柳簿"大洲去外罗丑未加乙线丁贰拾更"（10.65，6.8）；卢家炳簿"子午加一线丁十八更收"（11.83，20.2）；吴淑茂簿"癸丁丑未对二十一更"（10.14，0.8）。与本簿更路接近。 |
| 030 | 陵水角用癸丁对外羅十八更半 | 大头 | Culao Re | 10.22 | 1.7 | 苏德柳簿"陵水去外罗子午癸丁对十七更收"（11.12，9.2）；吴淑茂簿"陵水与外罗子午癸丁十七更"（11.12，9.2）。本簿更路角偏更小。 |
| 031 | 儒林用子午癸丁平对外羅十七更 | 榆林港东角 | Culao Re | 9.95 | 1.6 | 苏德柳簿"宇林与外罗子午对十四更"（12.08，9.1）；吴淑茂簿"行笼去外罗癸丁对十八更"（9.59，4.4）。苏簿航速更快。 |
| 033 | 儒林用癸丁丑未平对针笔羅十五更半 | 榆林港东角 | 占婆岛 | 9.84 | 1.2 | 苏德柳更路"榆林与尖笔罗子午癸丁对十四更"（10.19，13.8）。苏德柳更路角偏稍大。 |
| 043 | 崑崙用癸丁丑未平对地盘三十八更 | 昆仑岛 | Tioman | 9.24 | 19.1 | 苏德柳簿"昆仑去地盘……用丁未三十八更取地盘仔"（9.24，19.1）。与本簿更路完全相同。 |

## 4.2 《癸亥年更流部》用苏州码子记录更数的更路统计

如表2所示，用苏码记录更数的31条更路，航速在7.83～11.40海里/更范围，平均为9.78海里/更，与较为系统、完整的《更流部》暹罗湾31条更

① 周伟民、唐玲玲：《南海天书——海南渔民"更路簿"文化诠释》，昆仑出版社，2015，第278－279页。

② 李文化：《南海"更路簿"数字化诠释》，海南出版社，2019，第317、453、473页。

路航线的平均航速 10.37 海里/更[1]非常接近，与海南渔民“每约 10 海里”的认知相符，略小于《南海“更路簿”数字化诠释》对 20 册更路簿约 3000 条更路的统计平均航速 12.01 海里/更，这可能与《更流部》记载的更路基本上为东南亚近海更路，航速受到浅滩、岛礁影响较大有关。这些数据说明《更流部》用苏码记录更数的这些更路整体上是可信的，符合实际情况。

另外，这 31 条更路的针位航向与计算航向的平均偏差为 3.9°，与有现代导航技术指导的《苏承芬修正本》更路簿的平均值接近，说明该簿记录的更路航向非常精准。

## 4.3　《癸亥年更流部》所用苏州码子特点

整体上讲，《更流部》采用的苏州码子书写格式，除了第 30、33 两条更路中的苏码外，其余全是按传统两行格式书写，第一行为数值，第二行为量级（如“十”）和计量单位（如“更”）。该簿的特点主要有以下五点：

第一，整册更路簿，只在表达航程更数和水域深浅两类数值的地方采用苏州码子。其中，表示水域深浅的有两处（图6），即第 5 条更路的“×××打水（四乇五）浅”，和第 6 条更路的“×××（五尺九）水深”，这里的计量单位分别为“乇[2]”和“尺”，其余更路中的苏码单位均为“更”。

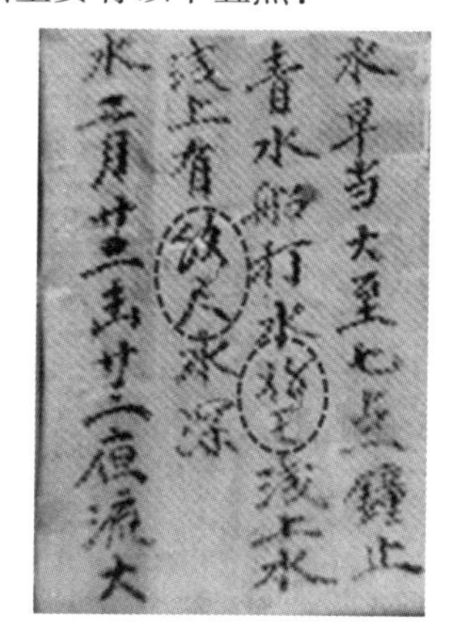

图6　表水域深浅的苏码

第二，无实质意义的苏码“0”。如第 145 条更路的“12 更”，第 151 条更路的“9 更”，其第一行的最后一位为“0”，均表示“.0”；如果没有，也不影响数值。特别是第 151 条的“”，完全可以用“九更”书写。

第三，用“半”替代“〥”。第 44、69、115、138、141、143、144、148、150、153、156、158 等 12 条更路用苏码表示的更数，第一行最后一位

---

① 李文化、高之国、黄乐：《〈癸亥年更流部〉暹罗湾地名的数字人文考证》，《地理研究》2021 年第 40 卷第 5 期，第 1529－1542 页。

② “乇”即“托”，是古代航海测海水深浅的长度单位。张燮《东西洋考》“谓长如两手分开者为一托”，一托长度约 1.5 米。

的“半”，按传统的苏码书写习惯，应为“〥”，即用“半”替代了“〥”。而第135、137条更路用苏码表示的更数，第一行最后一位用“〥”，与以上更路的“半”是同等含义，均为“0.5更”之意。

第四，“半”放在第三行。第30、33条更路用苏码表示的更数，共有三行，其中第三行均为“半”，与第44、69、115等12条更路将“半”放在第一行最后不同。

第五，苏码表示的更数，基本上为两位数或带有“半更”的更数，而仅有第151条更路为“9更”，也许是其后加“0”的主要原因。

# 5　余论

在目前发现的全部更路簿中，《更流部》是唯一采取苏州码子记录更数的，是苏州码子在海南渔民航海手册中的典型代表案例，进一步说明了苏码的使用范围之广、影响力之大。由于“苏码”的特殊性，对该现象的深入研究将有助于分析研究《更流部》产生的年代、来源与流传等，对南海更路簿的综合研究将产生积极的影响。

原琼山县（今海口市琼山区）云龙镇云龙村[①]、旧州镇聊丰村、府城镇金花村、龙塘镇潭门村[②]等宗祠捐资碑上出现有“商码”，说明在海南民间，苏州码子的使用是有一定的群众基础的。

卫月望曾对暹罗瓷币有过专门研究[③]，并指出这类“汉文瓷质钱，是同治、光绪之际，华侨华工在当地采矿时，由资方烧制的，是在该矿区流通使用的货币”。其中贴出一种特别钱币〡〢〥分，并称“其字表示一钱二分五厘，〥是泰国一种通用文字，不识。”笔者认为其应是用苏州码子表示的钱币（将传统的两行苏码格式写成一行），可能为“125分”之意，而非卫所言“一钱二分五厘”。林明明对《暹京商场街道图》129处苏码表示的电话号码进行解读，说明泰国也曾是华人频繁活动和苏码广泛流行的区域。[④]

① 李云并：《海南民间碑刻遗存考略》，《中国书法》2018年第14期。
② 周文彰主编《海南碑碣匾铭额图志（琼山卷）》，海南出版社，2016，第181、204、266页。
③ 卫月望：《暹罗（泰国）瓷钱通宝》，《内蒙古金融研究》2003年第3期。
④ 林明明：《泰国曼谷地区中文地名研究》，华东师范大学博士论文，2016，第57－58页。

起源于丝绸发源地苏州的“苏州码子”，是中国长期使用的一套成熟、科学的计量数码，承载了中华民族独特的智慧和杰出的创造力，蕴含着华夏不同历史阶段的生产生活、经济贸易以及社会发展等方面的信息。它不仅在古代、近代社会生活中发挥过非常重要的作用，而且作为一项中国民间文化的独创遗产，是传统优秀文化的重要组成部分。此次发现的海南渔民更路簿中留存有大量苏州码子印迹，再一次打破了海南是“文化沙漠”的偏见，这将会为深入探究传统海上丝绸之路的文化底蕴提供科学依据，对 21 世纪海上丝绸之路建设产生积极的影响。

# 《癸亥年更流部》暹罗湾地名数字人文考证①

李文化　高之国　黄　乐

## 1　前言

在航海科技不发达的古代，海南渔民经略的航海经验总结——“南海更路簿”充分体现了海南渔民几百年来的耕海与海贸文化。② 南海更路簿中南海岛礁有独特的俗称命名文化体系③，文献价值极高，目前，这些更路簿主要收藏于广东、海南的一些博物馆、图书馆及民间，海南大学图书馆收藏有近30册影印件或原本。现存更路簿原抄本存量较少、海外更路覆盖范围小，以及后期抄本同质化严重等因素，造成研究内容有很多疑问待解，所以在研究方式及方法上还需要更多学科参与论证。

在深入了解南海地理状况、海南渔民耕海文化、南海更路簿基本特征等基础上，笔者综合运用航海学、地理学和应用数学等交叉学科方法，选取Web墨卡托等角航线模型，用数字方法全面解读南海更路，提出了更路系列计算模型，并对《南海天书》④ 所录20册更路簿近3000条更路进行数字化处理，对更路簿进行更为全面、科学的解读，用计算机绘制覆盖20册更路簿472条更路的航路图，从多学科交叉融合的数字人文视角对更路簿进行综合研究⑤，使结论更为可信。

---

① 本文原发表于《地理研究》2021年第5期。

② 许桂灵、司徒尚纪：《海南〈更路簿〉的海洋文化内涵和海洋文化风格》，《云南社会科学》2017年第3期，第101－107页。

③ 朱海天：《南海岛礁地名分析》，《地理研究》2018年第11期，第2344－2354页。

④ 周伟民、唐玲玲：《南海天书——海南渔民“更路簿”文化诠释》，昆仑出版社，2015。

⑤ 李文化、陈虹、李冬蕊：《数字人文视域下的南海更路簿综合研究》，《大学图书馆学报》2020年第2期，第1－8页。

## 1.1 更路簿研究的主要计算模型

笔者曾对20余册更路簿进行数字化研究与分析，其中最为关键的是Web墨卡托投影等角航线模型下两点之间的航向与航程计算模型（公式）。这种计算是基于理想化“两点”之间的距离进行的。更路的起点、讫点是岛礁，而岛礁有大小之分，故以岛礁平均经纬度值进行计算的理论航向、航程与实际的航向、航程是存在误差的。如果更路中起、讫点带有“头、首、尾……”等字眼，则计算结果与实际值之间的误差可能更加明显，因此，有必要进行误差估算，于是又有了航向、航程与航速的偏差估算模型。①

本文研究对象为《癸亥年更流部》暹罗更路表述，暹罗湾（现泰国湾）地处南海，亦属典型的更路簿形式，故相关计算模型亦应适用于该簿。下文应用于测算该文献记载的岛礁之间的航向、航程的计算公式如下：

航向计算公式：$K = \arctan(\Delta\theta / \Delta D)$ (1)

航程计算公式：$S = \sec K \times \Delta X$ (2)

式中，$\Delta\theta = \theta_2 - \theta_1$，$\Delta D = [\ln \tan(\pi/4 + \phi/2)]_{\phi_1}^{\phi_2}$，（$\theta_1$，$\phi_1$）是起点坐标，（$\theta_2$，$\phi_2$）是讫点坐标，$\Delta X = a \times (\phi_2 - \phi_1)$，$a$指地球半径，按平均值6371 km计。

需要注意的是，式（1）、式（2）中的起、讫点经纬度需要将标准的“度分”格式转换为以“度”为单位的数值格式，如“大横（土周岛）”的坐标本是（103°28′，9°19′），在公式中应转换为（103.47°，9.31°），如果是西经、南纬，则为负值，故后文表2中的经纬度在代入公式运算时均需要转换成以“度”为单位数值。

## 1.2 更路簿常见针位表述形式

中国古代渔民海上行船主要依靠罗盘识别航向，而罗盘上的24方位严格按照天干地支与八卦相结合进行划分，这24个方位在南海更路簿中均被用作航行针位，称为“单针”，如“子”“癸”“午”；相邻单针之间是“缝针”，用相邻二字表述，如“子癸”，共构成48个基本针位（单针和缝针各24个）。

罗盘上相对的两个基本针位构成“对针”，两个相对的单针或两个相对的缝针都可以构成对针，如“子午”“子午癸丁”，在更路簿中大量使用对针表

---

① 李文化：《南海“更路簿”数字化诠释》，海南出版社，2019，第11－14、42－48页。

述两地之间的往返针位。随着航海技术的提升，航向不断精细化，对不处于基本针位上的对针，以某一基本针位为基础，向另一针位加1～4“线”的方法确定针位，称为“线针”。有学者认为，每“线”表示3°①，但笔者认为1.5°的可能性更高，与夏代云的看法比较一致。②

南海更路簿大量使用对针和线针，且出现用对针形式记录单向针位情况③，至于为何能以隐含两个方位的对针来表示一个方位的单向针位，那是因为渔民对南海岛礁的大致方位熟记于心，绝不会出现“南辕北辙”这样的情况。

本文研究对象《癸亥年更流部》中有大量更路采用“对针”与“线针”表述。

## 1.3 更路数字化的两个重要统计数据

第一，更路航程计量单位“更”有多种说法，从每更约10海里、40里、60里甚至100里的都有。近3000条更路的数字化统计结果是，每更约12.0海里（综合实际调整为12.5海里），这一结论得到了相关历史文献的佐证。该结论从数字人文视角以更精确的数据重新诠释了更路簿的“更”义④，在海南渔民认为的“每更约10海里”的基础上提高了精度，为更路簿定量研究提供了依据。

第二，将苏德柳等簿近3000条更路数字化后得出针位角度与理论最短航程航向角度平均偏差12.1°。其中苏承芬修正本中有89条更路用角度代替针位，这些更路的角度与理论航向角度平均偏差3.9°⑤，说明随着航海技术的进步，航向的精确度也得到了明显提高。

这两个统计数据对更路及地名的合理性分析将起到非常关键的作用。

## 1.4 海外更路研究概况

更路簿地名基本为海南渔民俗称，如果不借助相关文献资料与渔民口述

---

① 逄文昱：《〈更路簿〉上的对针和线针》，《南海学刊》2017年第3卷第3期，第47－53页。

② 李文化：《南海“更路簿”数字化诠释》，海南出版社，2019，第24页。

③ 同第一条。

④ 李文化、夏代云、陈虹：《基于数字“更路”的“更”义诠释》，《南海学刊》2018年第1期，第48－57页。

⑤ 同第二条，第49、55页。

佐证，要弄清其准确位置是很困难的。《南海天书》对起、讫点均为海南岛沿岸或南海岛礁的更路进行了比较完整的诠释（部分有误），而对于海外更路，只给出了36条解读，绝大部分海外更路（如苏德柳本180余条海外更路[①]）书中仅仅列出条文。其主要原因是，这些海外更路中的渔民俗称所对应的标准名因没有更多有价值的文献可供参考，一时难以辩识。

夏代云对卢业发、吴淑茂、黄家礼更路簿中的47条海外更路进行了详细分析，[②] 但多与越南及新加坡有关，未见暹罗湾更路。

刘义杰从商贸视角对10册更路簿488条海外更路进行过渔民作业线路分析，除对部分中转港的历史地位给出评价外，对这些更路未作深入研究。[③]

李彩霞借用谷歌地球及相关史料，对苏承芬祖辈传承更路簿中的海外更路部分地名进行了考证，涉及暹罗湾地名9个。[④]

# 2 《癸亥年更流部》简况

2020年年初，笔者在海口市演丰镇82岁老船长林诗仍家（后简称林家）发现了3本祖传南海更路簿和3本林诗仍亲自抄写的航海资料，以及中文南海海图4张、英文版南海海图10张，大部分海图上有林诗仍按其父林树教（1888年生）的要求做的地名标注，极为珍贵。

## 2.1 林家3本祖传更路簿基本情况

林父年轻时长年在东南亚（主要是泰国）沿海以为雇主开船谋生，他所使用的3本更路簿均为毛笔、竖行自右向左顺序书写，右侧棉线装订，自左往右翻页。

---

① 周伟民、唐玲玲：《南海天书——海南渔民“更路簿”文化诠释》，昆仑出版社，2015，第306－312页。

② 夏代云：《卢业发、吴淑茂、黄家礼〈更路簿〉研究》，海洋出版社，2016，第152、269、352页。

③ 刘义杰：《〈更路簿〉中的海外更路试析》，载厦门大学海洋法与中国东南海疆研究中心编《中国海洋法学评论》2017年卷第1期，总第25期，第73－96页。

④ 李彩霞：《苏承芬本〈更路簿〉外洋地名考证》，《海南大学学报（人文社会科学版）》2019年第37卷第2期，第10－17页。

其中一本封面印有比较模糊的“癸亥年更流部”字样（图 1），内容均为典型的更路条目，如“暹羅浅用癸丁加三線丑未对笔架九更”。可惜，由于保存不善，后半部分破损极为严重。为表述方便，将其称为《癸亥年更流部》（简称《更流部》）。此簿比较独特的地方是，部分更数用苏州码子来表述。该簿有非常明显的更路轨迹：从海南文昌的铺前港出发，经海南岛东线的急水门、铜鼓角、榆林港等，再到越南东岸的针笔罗、外罗等，共 12 条更路；以及越南东岸经昆仑岛往马来西亚、新加坡和泰国等航线，共有海外更路 140 余条，为目前所发现更路簿中海外更路最多的一种。这些航路与郑和下西洋时多次经过的暹罗湾的航线重合度高，因此对郑和航海研究有极大的参考价值。

图 1　《癸亥年更流部》

第二本更路簿记录的更路更多，内容更丰富，既有海南至东南亚更路 600 余条，也有短航更路约 100 条，又有铜鼓岭、外罗等 10 余幅手绘山形图，是一套比较完整的航海指南，内页有多处“梁居明书柬”印鉴字样。

第三本更路簿无明显的题名，记载更路几乎与《更流部》一致，但部分更路顺序有调整，且将大部分“苏码”改为大写数字形式，部分岛礁俗名有少许变化，为表述方便起见，本文称其为《癸亥年更流部抄本》（简称《更流部抄本》）。该本也有破损和虫蛀问题，但 95% 以上内容清晰可辨。

## 2.2　林家收藏海图情况

林家收藏的海图有英文版南海海图 10 张，海图标题基本上有“中国海 - 南部”英文及“根据 1891 年的最新勘测汇编，修正到 19 ×× 年”等英文，有 1907—1923 年几种，另外还有 20 世纪 60 年代的中国海图 4 张。林家部分海图在部分岛礁、港口处涂有褐色标记，部分重要港口、岛礁或望山位置有林按其父要求标注的俗称地名（图 2）。

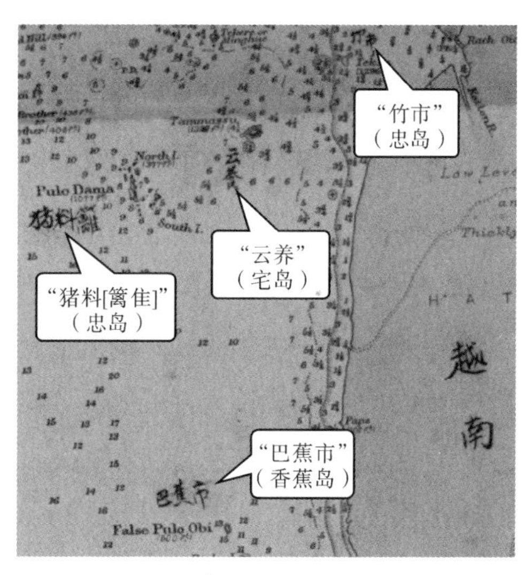


图 2　林诗仍收藏海图（局部）

## 2.3　《更流部》抄写年代分析

《更流部》封面的“癸亥年”，应指干支纪年，癸亥对应公元 1983、1923、1863 年等，结合林父使用的英文海图均为 1907 年至 1923 年的版本，以及该簿的纸张、破损程度及所采用的古老的苏码形式（见后文介绍），至少应为 1923 年，或更早的“癸亥年”。

## 2.4　《更流部》特色内容简介

（1）苏州码子

苏州码子（后简称苏码），也叫花码、草码、商码等。它脱胎于中国文化历史上的算筹，产生于中国的苏州，常用于旧时契约、账表、当票等涉及数字的凭据中，现几近绝迹，但在港澳地区偶尔可见。苏码因其形象性很强，极易掌握与熟练地书写，在商业、金融及普通百姓生活中，特别是使用竖写账本的记账中被广泛应用，所以又被称为“商业数字”。海南渔民老船长苏德柳自制并流传下来的《德柳制置》古账记法就有大量苏码计数内容。

苏码一至九的写法如图 3 所示。记数符号一般写成两行，首行记数值，第二行记量级和计量单位。当苏码的前〡、〢、〣位数组合并列时，为避免数字连写混淆，可将偶数位写作横式，例如〡、〢、〣，可写成〡二〣。

| 0 | 1 | 2 | 3 | 4 | 5 | 6 | 7 | 8 | 9 |
|---|---|---|---|---|---|---|---|---|---|
| 〇 | 一 | 二 | 三 | 〤 | 〥 | 〦 | 〧 | 〨 | 〩 |
|  | 〡 | 〢 | 〣 |  |  |  |  |  |  |

图 3

《更流部》部分更路的更数用苏州码子表示。用苏码表示更数，这在南海更路簿中为首次发现。该簿至少有十几处使用苏码，其中暹罗湾更路有 6 处。图 4 对应表 1 更路 26—33 条，其中更路 29 的〤〩表示“49 更”，更路 32 的〢〤表示“24 更”。

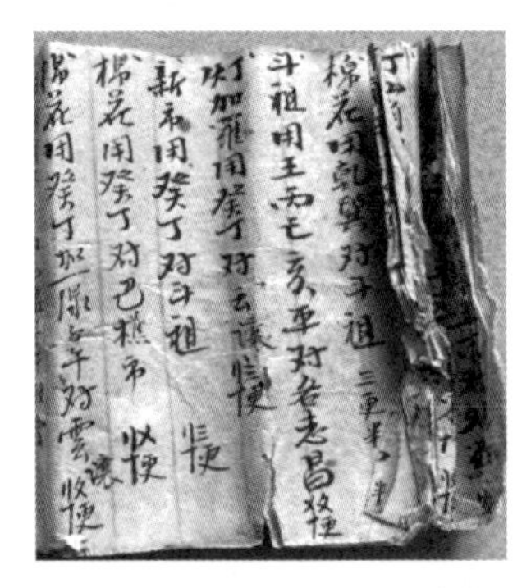

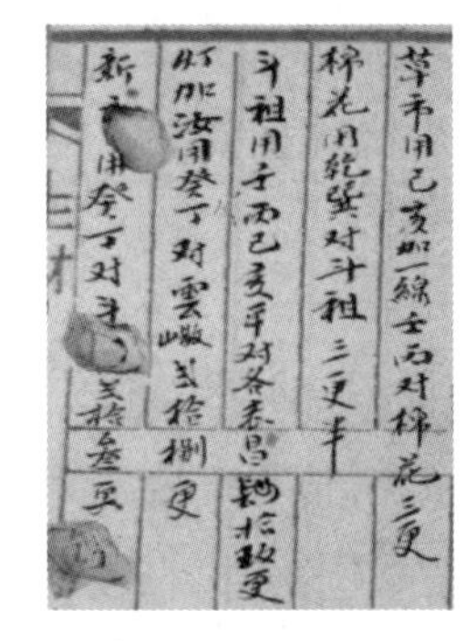

图 4　《癸亥年更流部》苏码与另簿大写数字对照

（2）记录灯光次数

《更流部》大量更路后带有“灯光 × 次”，应是指更路所经海域有航标灯闪烁。航标灯通过发出不同的闪光信号向船员发出与航道有关的信息，从而给航行船只提供正确的航行指引，其闪光信号是有统一标准规定的。

## 3　《癸亥年更流部》暹罗湾更路地名分析

《更流部》所述海外更路在其他簿中极为少见，许多地名为首次出现，没有更多的更路簿资料可参考，很多地名（渔民俗称）不为同行所熟悉，解读极为困难，但其暹罗湾更路比较系统、完整，保护也相对完好，加上有林家使用的海图可以相互印证，利用数字人文方法进行考证，就可以得出比较可靠的结论。

以起、讫点在暹罗湾内为统计依据，《更流部》共有暹罗更路 31 条，另有4条邻近更路夹在这些更路中间，还有7条属于暹罗湾内外岛礁之间的更路。详见表1。

**表1　《癸亥年更流部》暹罗湾更路一览**

| 编号 | 林树教《癸亥更流部》暹罗湾更路 | 起点俗称 | 讫点俗称 | 备注（海图标注） |
| --- | --- | --- | --- | --- |
| 参照 | 崑崙用甲庚加二线寅申对新市十更半 | 崑崙 | 新市 | 暹罗湾外第一条更路 |
| 1 | 新市用辰戌加一线乾巽对大横九更半 | 新市 | 大横 | 有“新市、大堤”标注 |
| 2 | 新市用巳亥加二线壬丙对剑尾十更半 | 新市 | 剑尾 | 有“剑尾”标注 |
| 3 | 大横用壬丙加三线巳亥对雲湯六更 | 大横 | 雲湯 | 有“雲摊”标注 |
| 4 | 大横用艮坤丑未平对剑尾五更 | 大横 | 剑尾 | 有“大堤”标注 |
| 5 | 大横用乾巽加三巳亥对小横五更 | 大横 | 小横 | 有“小堤”标注 |
| 6 | 剑尾用乾巽对石壁门六更 | 剑尾 | 石壁门 | （1）更路7、8、9在《更流部》中有破损，据《抄本》补充<br>（2）“云鸡骨、过资密、云幕昭”标注 |
| 7 | 石壁门用巳亥加一线乾巽云佳骨（后半破损） | 石壁门 | 云佳骨 | |
| 8 | 云佳骨用乾巽对各之密八更半（后半破损） | 云佳骨 | 各之密 | |
| 9 | 各之密用卯酉加一线乙辛对云谟招三更（后半破损） | 各之密 | 云谟招 | |
| 10 | 虎山糕用乾巽辰戌平对乌土浅五更 | 虎山糕 | 乌土浅 | |
| 11 | 乌土浅用寅申加三线艮坤对暹羅浅五更 | 乌土浅 | 暹羅浅 | 有“泰国浅灯”标注 |
| 12 | 暹羅浅用癸丁加三线丑未对笔架九更 | 暹羅浅 | 笔架 | 有“笔架”标注 |
| 13 | 乌土浅用子午加四线癸丁对笔架六更 | 乌土浅 | 笔架 | |
| 14 | 笔架用癸丁加四线丑未对簿又头八更 | 笔架 | 簿又头 | |
| 15 | 簿又头用丑未对巴向三更（灯光二次） | 簿又头 | 巴向 | |
| 16 | 北文浪散尾用乾巽巳亥平对大乳散尾11.5更灯光二次 | 北文浪散尾 | 大乳散尾 | |
| 17 | 昆仑头对散尾用巳亥加四线壬丙五更（灯光二次） | 昆仑 | 散尾 | 有“昆仑”标注 |
| 18 | 巴向用乾巽巳亥平对粗佩七更半 | 巴向 | 粗佩 | 有“粗佩”标注 |

续上表

| 编号 | 林树教《癸亥更流部》暹罗湾更路 | 起点俗称 | 讫点俗称 | 备注（海图标注） |
|---|---|---|---|---|
| 19 | 崑弄头用乾巽对各莉七更半 | 崑弄头 | 各莉 | |
| 20 | 各莉用子午癸丁平对省脚七更 | 各莉 | 省脚 | |
| 21 | 各莉用壬丙巳亥平对大乳缐尾九更（灯光二次） | 各莉 | 大乳缐尾 | |
| 22 | 省脚用乙辛对大乳缐尾四更半（灯光二次） | 省脚 | 大乳缐尾 | |
| 23 | 大乳缐尾用乙辛辰戌对山子头更半（看灯光二次） | 大乳缐尾 | 山子头 | |
| 24 | 山子头用乾巽加二线辰戌对丁山角五更半看灯在闪光三次 | 山子头 | 丁山角 | |
| 25 | 丁山角用乾巽加二线辰对针角三更半（后半破损） | 丁山角 | 针角 | （1）更路25～35为暹罗湾外更路，含部分暹罗湾外岛礁与暹罗湾内岛礁之间的更路<br>（2）更路25讫点及更数、更路26针位在《更流部》中破损缺失，根据《更流部抄本》补充<br>（3）有“巴蕉市”“雲养”标注 |
| 26 | 针角用乾巽加二辰戌（破损）对草市二更半 | 针角 | 草市 | |
| 27 | 草市用巳亥加一线壬丙对棉花三更 | 草市 | 棉花 | |
| 28 | 棉花用乾巽对斗祖三更半 | 棉花 | 斗祖 | |
| 29 | 斗祖用壬丙巳亥平对各志昌49更 | 斗祖 | 各志昌 | |
| 30 | 灯加羅用癸丁对云瀼28更 | 灯加羅 | 云瀼 | |
| 31 | 新市用癸丁对斗祖23更 | 新市 | 斗祖 | |
| 32 | 棉花用癸丁对巴樵市24更 | 棉花 | 巴樵市 | |
| 33 | 棉花用癸丁加一線子午对雲瀼29更 | 棉花 | 雲瀼 | |
| 34 | 斗祖用癸丁加四線子午对雲 | 斗祖 | 雲 | |
| 35 | 棉花用癸丁对雲 | 棉花 | 雲 | |
| 36 | 新市角用壬丙加巳亥平对巴樵市二更 | 新市角 | 巴樵市 | |
| 37 | 巴樵市用癸丁对竹市六更 | 巴樵市 | 竹市 | 有“竹市”标注 |
| 38 | 巴樵市用子午加二線癸丁对雲五更 | 巴樵市 | 雲 | |
| 39 | 新市用子午癸丁平对竹市八更半 | 新市 | 竹市 | |
| 40 | 雲山散用艮坤寅申平竹市一更半 | 雲山散 | 竹市 | |

续上表

| 编号 | 林树教《癸亥更流部》暹罗湾更路 | 起点俗称 | 讫点俗称 | 备注（海图标注） |
|---|---|---|---|---|
| 41 | 猪橑礼用寅申对雲式更 | 猪橑礼 | 雲 | 有“猪料［篱佳］”标注 |
| 42 | 剑尾用庚加四线卯酉对竹市四更半 | 剑尾 | 竹市 | |

## 3.1 地名的数字人文分析

（1）新市、新市角

更路1前面有更路“崑崙用甲庚加二线寅申对新市十更半”，这里的“崑崙”即“昆仑”，指越南南部的昆仑群岛（Con Dao），渔民习惯称之为“昆仑头”或“大昆仑”，西边不远是“小昆仑”，是南海最重要的航道中转地，古有“去怕七洲，回怕昆仑”之说，即指此地。以“昆仑头”为起点，在线针位“甲庚加二线寅申”即252°（在甲庚位255°基础上向寅申位245°偏转2线即3°）航向上搜索航程约为10.5更的港口、岛屿或望山，发现越南南部，古称“真屿”、现称“薯岛/快岛（Khoai）”[①] 的地方比较吻合（Con Dao到Khoai的理论距离为105.19海里，平均航速10.02海里/更；理论航向261.0°，与针位偏差9.0°，因Con Dao范围大，这样的偏差正常）。

暹罗更路第1、2、31、36、39条的“新市”均按“薯岛”解释，平均航速正常，计算航向与针位航向偏差均小于10°，林家收藏的海图在此处标注“新市”二字。更路36的“新市角”经分析认为其是“新市”与越南金瓯省与陆地相连的最南角更为合理。

（2）大横、小横

与航海针路有关的古文献中，暹罗湾的“大横”与“小横”常一起出现，包括本簿暹罗湾第5条更路（表1）。为论述方便，在此将“大横”与“小横”的位置一起分析。

在确认了“新市”位置后，更路1表示，从薯岛出发，以“巳亥加二线壬丙”针位，即121.5°/301.5°航向航行。其中，以121.5°方向航行9.5更，所至是一片大海；而301.5°方向正指向“暹罗湾”，这与众多航海文献提到“大横”“小横”在“暹罗湾”是吻合的。且航程约9.5更的位置疑为土周（Panjang）岛，数字化结果表示可信度非常高。林家收藏海图在该岛位置上标

① 陈佳荣、朱鉴秋：《中国历代海路针经》，广东科技出版社，2016。

记为“大堤”，应指“大横”。这与米尔斯（J. V. G. Mills，后称米氏）在对《郑和航海图》考证后说大横山是越南南端海中的Panjang①，以及《新编郑和航海图集》（后称《新图集》）认为“大横”是土珠岛（即土周岛）②，都是吻合的。更路1、3、4、5条的“大横”按“土周岛”解读，数字化结果均正常。

“小横”又作“小横山”，一般谓指柬埔寨的威（Wai）岛。更路5“小横”按“威岛”解读，平均航速与航向偏差的数值计算结果（见表2相关更路）非常合理。林家地图在该岛边上标记有“小堤”字样。

刘义杰对“大横”“小横”所指，执与笔者相同的观点。③

（3）剑尾

以第2条更路“新市用巳亥加二线壬丙对剑尾十更半”对“剑尾”位置进行分析，前面已确认了“新市”的位置为薯岛（Khoai），“巳亥加二线壬丙”指153°/333°方向，此更路应是薯岛往暹罗湾航路，即指333°。而从薯岛出发，以333°为航向，航程约为10.5更的位置处疑为越南西南部海岸的富国（Phu Quoc）岛。该岛面积较大，其中西海岸的“阳东”有港口，林家海图在此附近标有“剑尾”二字，也可能指富国岛南部凸向大海的“岛尾”某处，因其形似“剑尾”，故名。更路4、42条也验证了此处为富国岛南部（靠近厂岛）最为合理。

（4）雲湯（云汤）

更路3“大横用壬丙加三线巳亥对雲湯六更”出现“雲湯”（也有多条更路出现“雲”或“雲”开头的地名，但并不是“雲湯”，后续有详细分析）。

前面已分析“大横”为Panjang岛，“壬丙加三线巳亥”指161.5°/341.5°方向。以Panjang岛为起点，用161.5°航向航行6更所到位置是一片汪洋，且有“回程”之嫌，似不合理。如果用341.5°方向航行6更，则所到位置疑似是高当岛（Kaoh Tang）、波林岛附近，亦有可能是“龙松伦岛”（均为天地图名）。另有胡志明市南岸“云壤港”与“云汤”一名接近，但从地图上看角度似乎偏差较大，因此高当岛位置最合适。

林家海图在高当岛（Kaoh Tang）、波林岛边上分别标记有“云摊”“云

---

① Ma Huan, *Ying-yai Shen-lan: The Overall Survey of the Ocean's Shores* (1433), trans. J. V. G. Mills (White Lotus Press, 1997), Appendix 1, pp. 181-235.

② 海军海洋测绘研究所、大连海运学院航海史研究室编《新编郑和航海图集》，北京人民交通出版社，1988，第50、90页。

③ 刘义杰：《〈顺风相送〉研究》，大连海事大学出版社，2017年，第232页。

巴”字样。“云摊”与“云汤”对音，故基本可以确认“雲湯”即为“高当岛”。

（5）石壁门、云佳骨、各之密、云谟招

更路6“剑尾用乾巽对石壁门六更”出现“石壁门”。以“剑尾”（富国岛）位置为起点，以乾巽（135°/315°）为航向，如果按135°航向，设航程约为6更，搜索可能的讫点范围，只有越南金瓯市西北海域的安明县境内海岸较有可能，但未发现有任何港口和明显的望山。而从315°航向，设航程约为6更，搜索可能的讫点范围，则“石壁门”为柬埔寨西哈努克市西边的高龙岛和高龙撒冷岛的可能性较大，后经数字化分析得到了证实。故“石壁门”应为高龙岛与高龙撒冷岛之间的水道。

《更流部》更路7、8的讫点因破损而有缺失或不全，根据此部分更路的前后连贯性及《更流部抄本》相关更路情况，更路7、8的讫点应就是“云佳骨”“各之密”。再依据更路7起点“石壁门”（高龙岛）及更路11讫点“暹罗湾”的大致位置，结合两条更路的针位航向，基本可以知道“云佳骨”“各之密”大致为泰国东海岸“梭桃邑”南面海上的“阁骨岛”“沙美岛”，再加上林家地图上在这两个岛礁旁边标注有“云鸡骨”“过资密”字样，在海南方言中，“云佳骨”与“云鸡骨”、“各之密”与“过资密”的读音几乎相同，再结合计算结果，基本可以确定就是指这两座岛屿。

《更流部》更路9的讫点因破损缺失，只有偏傍部首可读，根据另一抄本相关更路，疑为“云谟招”，林家海图在“梭桃邑”附近的“阁雷岛”边上标“云幕昭”字样，与其近音。经测算，可确定此条更路的讫点为“云谟招”，是今泰国湾东海岸的“阁雷岛”。

（6）暹羅浅、笔架

更路12起点“暹羅浅”即“暹罗浅”，亦即“泰国浅”，应指古代泰国内河入暹罗湾出海口处的浅滩，林家海图在该处标有“泰国湾浅”字样。“癸丁加三线丑未”应为199.5°航向，而“笔架”应是“笔架山”的简称。

与暹罗湾有关的多个古代航向文献都出现了“笔架”或“笔架山”的针路，但对“笔架”所指位置的理解有不同观点：一说为暹罗湾西岸三百岭县（Khao Sam Roi Yot），如陈佳荣和刘义杰[1]认为“笔架山”为今泰国“讪瑞约

① 陈佳荣、朱鉴秋：《中国历代海路针经》，广东科技出版社，2016，第1160页；刘义杰：《〈顺风相送〉研究》，大连海事出版社，2017。

山”（Khao Roi Yot），在天地图上标为“三百峰”，《新图集》执相同观点①。另一说认为其在暹罗湾东海岸，即今泰国曼谷湾内克兰岛（Khram）。② 黎道纲也认为笔架山并不在暹罗湾西海岸，而是在东海岸的色桃邑（梭桃邑），与克兰岛相隔不远。

对更路12的“暹罗浅”到“笔架山”更路，分别用以上三种观点测算，“笔架”按东岸“梭桃邑”或“克兰岛”理解，角度偏差均大于30°，偏高；而按刘义杰所言西岸的“三百峰”位置理解，则航速（9.37海里/更）与角度偏差（5.5°）均更合理一些。林家海图在“三百峰”处标有“笔架”二字，故基本可以确定本簿的“笔架”为“三百峰”。后面的更路13、14据此理解所作相关计算结果均非常合理。

（7）乌土浅、虎山糕

“乌泥浅”一般认为是暹罗湾内的锡昌（Sichang）岛③。本簿的“乌土浅”名称与“乌泥浅”非常相似，但将锡昌岛作为“乌土浅”代入相关更路11、13进行数字化分析，发现航向角度与航程差异均非常大，应无可能。而根据这两条更路分析，“乌土浅”不可能在暹罗浅北面，只能在暹罗湾内，故疑为碧武里的帕别角。经数字化分析，这种猜测与更路11、13的航向与航程均非常吻合，很好地印证了“乌土浅”是今暹罗湾内的“帕别角”。

“虎山糕”在相关文献中未发现，在“乌土浅”定位为帕别角后，通过更路10及前面更路所呈暹罗湾东岸航线走势，“虎山糕”疑为东岸梭桃邑附近的“克兰岛”（林家海图在“克兰岛”旁边标识有“克兰”字样），代入数据分析，结果非常合理，比较可信。

（8）薄又头、巴向、粗佩

根据此部分更路的整体走势，结合更路14“笔架癸丁加四线丑未（201°）对簿又头航程8更”、更路15“簿又头丑未（210°）对巴向航程3”、更路18“巴向乾巽巳亥（142.5°）对粗佩航程7.5更”等信息，分析出“簿又头”疑为泰国南部的班坦通，“巴向”疑为泰国南部西岸的“春蓬府（尖喷）”东边海港，而“粗佩”为大苏梅岛（林家海图在该岛边上标有“粗佩”字样）。经计算，结果均非常合理。

---

① 海军海洋测绘研究所、大连海运学院航海史研究室编《新编郑和航海图集》，北京人民交通出版社，1988。

② 陈佳荣：《中国古代南海地名汇释——筆架山条》，http://www.world10k.com。

③ ［泰］黎道纲：《〈郑和航海图〉暹罗湾地名考》，《郑和研究》2000年第1期，第29－37页。

（9）北文浪散尾、大乳散尾、大乳綟尾、散尾

更路16、17、21、22、23分别出现了“散尾、綟尾”地名，其中只有“北文浪”位置信息较为清晰，其余地名在相关文献中均未有发现。另外，更路16、17的字迹明显与前后更路不同，疑为后加，这与更路15的讫点为更路18的起点，以及这两条更路的起、讫点与更路15、18没有直接关系是相吻合的。

“北文浪”应为“北汶浪”，指泰国南部西岸的洛坤府北汶浪港口，因其入海口的支流较多，水流比较分散，故形象地取名“北汶浪散尾”。更路14显示，从“北汶浪港口”出发，以142.5°航向航行11.5更左右到达“大乳散尾”。从地图上看，所到目的地疑为泰国南部西岸的北大年港，此港口亦有较多支流与暹罗湾海域交汇，且为泰国著名港口。相关理论计算结果与更路记载数据也非常吻合。

而更路17“昆仑头对散尾用巳亥加四线壬丙五更”中的“散尾”所指则有些困惑：这里的“昆仑头”，很容易让人理解为是越南南部“昆仑岛东北角”（海南渔民习惯称岛礁东北角为“头”[①]），进而分析出更路17中的“散尾”为湄公河入海口（Dung岛），而且航向角度与平均航速均非常吻合，看似合理，但分析完后面的更路就会发现，此部分更路仅本条从泰国西岸“跳”到越南南部，与更路记载习惯极不相符，所以需要反思“昆仑头”为“昆仑岛东北角”的理解是否有误。

对此不妨换一种角度思考：海南渔民有将相邻或相近更路中出现的同一地名用简写甚至省略的习惯，那么，这里的“散尾”是否为“北文浪散尾”或“大乳散尾”之意？

分别以“北文浪散尾”“大乳散尾”为讫点，以更路17记载的针位巳亥加四线壬丙（156°/336°）为航向，寻找航程约为5更的起点，发现泰国南部西岸苏梅岛（为更路18的讫点）对面的“卡农县”东北角与“北汶浪港口”之间的航路比较吻合。经测算，“卡农县”东北角至“北汶浪港口”的理论航向角为157.2°，与针位156°偏差极小，平均航速10.42海里/更，非常合理。

故此可以推定，“昆仑头”为“卡农头”的对音，而“散尾”是“北文浪散尾”的简写。进一步分析，更路19的“崑弄头”其实与更路17的“昆仑头”是同一位置，下节详述。

---

① 刘南威：《现行南海诸岛地名中的渔民习用地名》，《热带地理》2005年第6期。

另外，在分析更路21、22、23中“大乳线尾”位置时，开始认为其与“大乳散尾”可能是不同位置，但无论如何都找不到比较合适的地名，最后试着将其按“大乳散尾”的位置北大年港理解，发现所有相关更路的其他起点或讫点均很容易找到合理位置。

故知，本簿更路17的“散尾”为“北文浪散尾”，即“洛坤府港口”；“大乳散尾”与“大乳线尾”均指“北大年港口”。

（10）昆仑头/崑弄头、各莉、省脚

更路19中的“崑弄头”，开始疑与越南南部的“昆仑岛”有关，但综合分析其针位航向及航程，无法找到与之匹配的讫点“各莉”，后与更路17的起点“昆仑头”一并分析，疑两者为同一地名，且都与“昆仑岛”无关，并根据此部分更路整体为泰国的暹罗湾西海岸的特点，最终确定“昆仑头”与“崑弄头”应在卡农县东北角。

如果以卡农县东北角为起点，以更路19针位东南向乾巽（135°）为航向，航程约为7.5更所至位置，是在洛神府北汶浪港口一带，但卡农县东北角至洛坤府北汶浪港口的理论航向角为157.2°，偏离针位航向135°过多，平均航速也偏低，而其东稍偏南的海面某处才更为合理，将天地图显示比例调高到11级以上，果然发现在北汶浪港口东稍偏南海面上有一处显示为“阁加岛”，但无法看到岛屿形状，疑此处即为更路19的讫点“各莉”。

以此（阁加岛）为起点，根据更路20针位187.5°和航程7更的信息，发现讫点位置似在宋卡港一带，经测算，相关数据非常合理。宋卡又名孙姑那，在《海国闻见录·南洋记》译作“宋脚”，与“省脚”对音。

这样的理解与前面的“大乳线尾”的分析结合，也印证了更路21、22的充分合理性。

综上所述，“昆仑头/崑弄头”为今泰国暹罗湾卡农县东北角；“各莉”为暹罗湾的“阁加岛”；“省脚”为“宋卡港”。

（11）山子（仔）头、丁山角

更路23描述“大乳线尾用乙辛辰戌（112.5°）航向1.5更到达山子头”。“大乳线尾”在前面分析了是北大年港，在其东偏南不远的地方为“班马罗河”东北角，应是“山子头”；“大乳线尾”至“哥打巴鲁”港的理论航向角为133.3°，理论航程约57海里，与更路24“山子头用乾巽加二线辰戌对丁山角五半”的描述非常吻合。故山子头（更路24为“山仔头”）应指“班马罗河”东北角处；“丁山角”指“哥打巴鲁”港。

（12）棉花、斗祖、灯加羅、针角、草市

这五处都属于暹罗湾外地名，“棉花”应指马来西亚半岛的“棉花岛”，斗祖应指“Tenggul”[1]，“灯加羅”应指马来西亚的“丁加奴/丁佳奴”[2]，按此理解，相关更路计算结果非常合理，另“针角”“草市”应在哥打巴鲁与棉花岛之间。

（13）雲瀼/雲

从更路30的起点丁佳奴港出发，以癸丁（15°/195°）为航向，其中195°方向28更（[illegible]，苏码）指向陆地深处应无可能，以15°为航向所致位置指向越南建江省西南部海域的“忠岛”“宅岛”“竹岛”一带，其中林家海图在“宅岛”旁标注有“云养”二字（图2）。

经测算，丁佳奴港至“宅岛”，理论航向为18.2°，与针位15°偏差极小，理论航程282.20海里，平均航速10.08海里/更，非常合理。所以，“宅岛”为本条更路的讫点与相关信息是吻合的，即“云瀼”为今越南建江省西南部海域的“宅岛”。

不仅如此，更路33中的“雲瀼”与更路34、35、40、41中的“雲”（即雲瀼的简写）均可解释为今越南的“宅岛”，其实，这种简写用法在更路簿中比较普遍。

（14）巴樵市、竹市

更路32以马来西亚的“棉花岛”为起点，以癸丁针位（15°）为航向（另一方向195°是内陆）航行24更（[illegible]，苏码），所指为越南金瓯省西南泰国湾内，其中该区域的“香蕉岛”（又称“fausse obi”岛，《顺风相送》称其为“假屿”[3]）最合适，林家海图在该岛礁旁标注有“巴樵市”字样（图2），应指此礁。更路36、37、38中的“巴樵市”解释为今越南泰国湾内的“香蕉岛”（fausse obi），计算结果均正常。

更路36的起点“新市角”，如果按“新市”一角理解，则计算航速达到18海里/更以上，航速偏大；而以“金瓯角”计算则正常，故“新市角”应是今泰国湾内的“金瓯角”。

---

① 陈佳荣、朱鉴秋：《中国历代海路针经》，广东科技出版社，2016，第1167页。

② 同上条，第1166页。

③ 同上条，第1179页。

更路37以“巴樵市”即“fausse obi”岛为起点，以癸丁针位15°/195°航行6更，如果是15°航向，所至目的地指向越南建江省海域，其周边岛礁及海边望山均有可能。在天地图或百度地图中放大该区域，发现两者均在靠近建江省东北海角的一个小岛标示有“竹岛”二字，另查看林家海图，发现在该位置附近标有“竹市”二字，极有可能就是本更路所指的“竹市”。经数值计算，相关数据均非常合理，故“竹市”即今越南建江省东北角的“竹岛”。经更路39、40、42的验证，准确无误。

但也需要注意，在天地图中，“宅岛”西南方向的“忠岛”边上也显示有“竹岛”字样，但对应的航向角与195°的偏差稍大，合理性较差，应加以区分。

（15）雲巇、猪橑礼

更路40以建江省的“竹岛”为讫点，搜索针位艮坤寅申（52.5°/232.5°）航向、1.5更航程的起点，如果是52.5°，指向越南建江省海域的“宅岛”；而以232.5°为航向，指向越南建江省海岸一凸角（104.99°，10.09°）。经测算，从“宅岛”到“竹岛”的理论航向角为53.5°，与针位52.5°偏差1.0°，平均航速10.78海里/更；而从建江省海岸一凸角到“竹岛”的理论航向为228.0°，与针位232.5°偏差4.5°，平均航速7.68海里/更，相比较于附近更路，航速偏低40%以上。

比较而言，起点为“宅岛”的可能性更高，但“宅岛”在前面的更路中是按“雲瀼”来理解的，虽雲巇与“雲瀼”第一字相同，但后两字差异较大，难道是传抄自不同更路簿？

更路41的讫点“雲”可能与前面出现的“雲”同理，为“雲巇”的简写，即也指“宅岛”。那么，以“宅岛”为讫点，以可能的针位角寅申（60°）为航向，航程约为2更的起点，指向其西南方向的“忠岛”。经测算，“忠岛”到“宅岛”的理论航向角为65.3°，与针位航向偏差5.3°，平均航程为8.81海里/更，比较合理，结合林家海图在该处标有“猪橑礼”的标示，可确定“猪橑礼”为今越南建江省西南海域的“忠岛”。

## 3.2 《更流部》暹罗湾更路图

更路1—24及36—42的数字化结果如表2所示。

表 2 《更流部》暹罗湾更路数字化结果一览

| 编号 | 起点俗称 | 讫点俗称 | 起点标准名 | 起点经度 | 起点纬度 | 讫点标准名 | 讫点经度 | 讫点纬度 | 平均里程（海里） | 平均航速（海里/更） | 计算航向（°） | 针位航向（°） | 计算与针位差（°） |
|---|---|---|---|---|---|---|---|---|---|---|---|---|---|
| 1 | 新市 | 大横 | 薯岛 | 104°50′E | 8°26′N | 土周岛 | 103°28′E | 9°19′N | 96.71 | 10.18 | 303.2 | 301.5 | 1.7 |
| 2 | 新市 | 剑尾 | 薯岛 | 104°50′E | 8°26′N | 富国岛 | 104°1′E | 10°1′N | 107.6 | 10.24 | 332.8 | 333.0 | 0.2 |
| 3 | 大横 | 雲湯 | 土周岛 | 103°28′E | 9°19′N | 高当岛 | 103°8′E | 10°19′N | 62.68 | 10.45 | 341.6 | 340.5 | 1.1 |
| 4 | 大横 | 剑尾 | 土周岛 | 103°28′E | 9°19′N | 富国岛 | 104°1′E | 10°1′N | 53.01 | 10.60 | 38.0 | 37.5 | 0.5 |
| 5 | 大横 | 小横 | 土周岛 | 103°28′E | 9°19′N | 威岛 | 102°57′E | 9°55′N | 47.74 | 9.55 | 319.4 | 319.5 | 0.1 |
| 6 | 剑尾 | 石壁门 | 富国岛 | 104°1′E | 10°1′N | 高龙岛 | 103°16′E | 10°42′N | 60.61 | 10.10 | 313.4 | 315.0 | 1.6 |
| 7 | 石壁门 | 云佳骨 | 高龙岛 | 103°16′E | 10°42′N | 阁骨岛 | 102°34′E | 11°40′N | 78.87 | — | 324.2 | 328.5 | 4.3 |
| 8 | 云佳骨 | 各之密 | 阁骨岛 | 102°34′E | 11°40′N | 沙美岛 | 101°27′E | 12°33′N | 84.80 | 9.98 | 309.1 | 315.0 | 5.9 |
| 9 | 各之密 | 云谟招 | 沙美岛 | 101°27′E | 12°33′N | 阁雷岛 | 100°58′E | 12°34′N | 28.66 | 9.55 | 271.2 | 271.5 | 0.3 |
| 10 | 虎山糕 | 乌土浅 | 克兰岛 | 100°50′E | 12°44′N | 帕别角 | 100°4′E | 13°10′N | 51.32 | 10.26 | 300.1 | 307.5 | 7.4 |
| 11 | 乌土浅 | 暹羅浅 | 帕别角 | 100°4′E | 13°10′N | 泰河入口 | 100°36′E | 13°31′N | 38.01 | 10.86 | 55.2 | 55.5 | 0.3 |
| 12 | 暹羅浅 | 笔架 | 泰河入口 | 100°36′E | 13°31′N | 三百峰 | 99°59′E | 12°15′N | 84.36 | 9.37 | 205.0 | 199.5 | 5.5 |
| 13 | 乌土浅 | 笔架 | 帕别角 | 100°4′E | 13°10′N | 三百峰 | 100°1′E | 12°12′N | 57.89 | 9.65 | 183.6 | 186.0 | 2.4 |
| 14 | 笔架 | 簿又头 | 三百峰 | 99°59′E | 12°15′N | 班坦通 | 99°31′E | 10°54′N | 85.58 | 10.70 | 199.1 | 201.0 | 1.9 |
| 15 | 簿又头 | 巴向 | 班坦通 | 99°31′E | 10°54′N | 春蓬 | 99°17′E | 10°30′N | 27.80 | 9.27 | 210.9 | 210.0 | 0.9 |
| 16 | 北文浪散尾 | 大乳散尾 | 洛神府 | 100°10′E | 8°30′N | 北大年府 | 101°14′E | 6°57′N | 112.8 | 9.80 | 145.6 | 142.5 | 3.1 |

续上表

| 编号 | 起点俗称 | 讫点俗称 | 起点标准名 | 起点经度 | 起点纬度 | 讫点标准名 | 讫点经度 | 讫点纬度 | 平均里程（海里） | 平均航速（海里/更） | 计算航向（°） | 针位航向（°） | 计算与针位差（°） |
|---|---|---|---|---|---|---|---|---|---|---|---|---|---|
| 17 | 昆仑 | 散尾 | 卡农角 | 99°50′E | 9°19′N | 洛神府 | 100°10′E | 8°30′N | 52. 68 | 10. 54 | 157. 5 | 156. 0 | 1. 5 |
| 18 | 巴向 | 粗佩 | 班坦通 | 99°31′E | 10°54′N | 大苏梅岛 | 99°58′E | 9°32′N | 71. 19 | 9. 49 | 145. 1 | 142. 5 | 2. 6 |
| 19 | 崑弄头 | 各莉 | 卡农角 | 99°50′E | 9°18′N | 阁加岛 | 100°45′E | 8°25′N | 75. 96 | 10. 13 | 134. 1 | 135. 0 | 0. 9 |
| 20 | 各莉 | 省脚 | 阁加岛 | 100°45′E | 8°25′N | 宋卡港 | 100°36′E | 7°13′N | 73. 19 | 10. 46 | 187. 0 | 187. 5 | 0. 5 |
| 21 | 各莉 | 大乳线尾 | 阁加岛 | 100°45′E | 8°25′N | 北大年府 | 101°14′E | 6°57′N | 92. 95 | 10. 33 | 161. 7 | 157. 5 | 4. 2 |
| 22 | 省脚 | 大乳线尾 | 宋卡港 | 100°36′E | 7°13′N | 北大年府 | 101°14′E | 6°57′N | 41. 20 | 9. 16 | 112. 3 | 105. 0 | 7. 3 |
| 23 | 大乳线尾 | 山子头 | 北大年府 | 101°14′E | 6°57′N | 班马罗东北 | 101°31′E | 6°52′N | 17. 47 | 11. 65 | 107. 2 | 112. 5 | 5. 3 |
| 24 | 山子头 | 丁山角 | 班马罗东北 | 101°31′E | 6°52′N | 哥打巴哈鲁 | 102°13′E | 6°13′N | 56. 96 | 10. 36 | 133. 3 | 132. 0 | 1. 3 |
| 更路 25—35 平均航速 9. 95 海里/更，计算与针位航向平均偏差 3. 73°，与暹罗湾更路接近 | | | | | | | | | | | | | |
| 36 | 新市角 | 巴蕉市 | 金瓯角 | 104°43′E | 8°37′N | Fausse Obi | 104°31′E | 8°57′N | 23. 04 | 11. 52 | 330. 3 | 337. 5 | 7. 2 |
| 37 | 巴蕉市 | 竹市 | Fausse Obi | 104°31′E | 8°57′N | 竹岛 | 104°51′E | 9°58′N | 63. 85 | 10. 64 | 17. 9 | 15. 0 | 2. 9 |
| 38 | 巴蕉市 | 雲 | Fausse Obi | 104°31′E | 8°57′N | 宅岛 | 104°38′E | 9°48′N | 51. 59 | 10. 32 | 7. 3 | 3. 0 | 4. 3 |
| 39 | 新市 | 竹市 | 薯岛 | 104°51′E | 9°58′N | 竹岛 | 104°51′E | 9°58′N | 92. 76 | 10. 91 | 359. 9 | 367. 5 | 7. 6 |
| 40 | 雲山散 | 竹市 | 宅岛 | 104°38′E | 9°48′N | 竹岛 | 104°51′E | 9°58′N | 16. 17 | 10. 78 | 53. 5 | 52. 5 | 1. 0 |
| 41 | 猪橑礼 | 雲 | 忠岛 | 105°4′E | 9°57′N | 宅岛 | 104°38′E | 9°48′N | 26. 95 | 13. 48 | 251. 1 | 240. 0 | 11. 1 |
| 42 | 剑尾 | 竹市 | 富国岛 | 104°1′ E | 10°1′N | 竹岛 | 104°51′E | 9°58′N | 49. 07 | 10. 90 | 93. 4 | 81. 0 | 12. 4 |
| 平均 | | | | | | | | | | 10. 37 | | | 3. 46 |

根据前面的地名论证与更路数字人文分析，《更流部》更路示意图如图 5 所示。

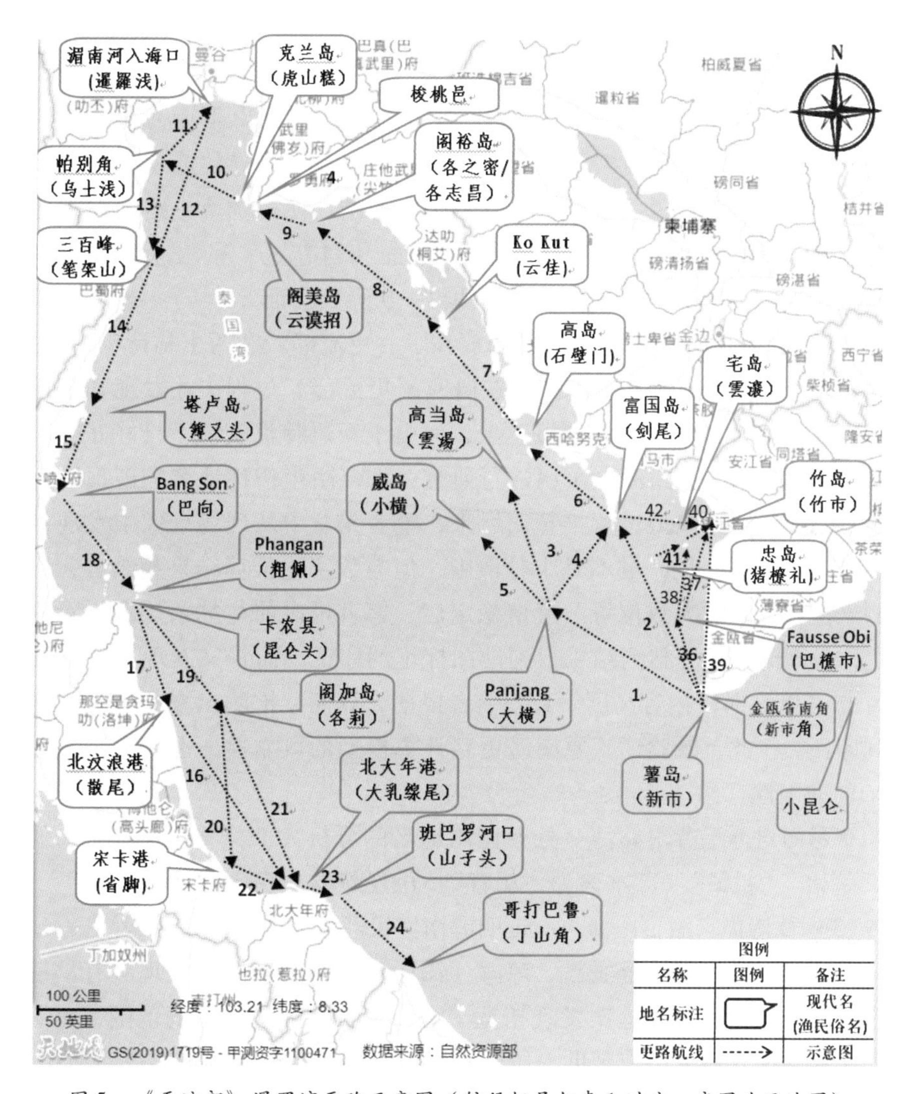


图 5　《更流部》暹罗湾更路示意图（航段标号与表 1 对应，底图为天地图）

## 4　结论与展望

（1）《更流部》暹罗湾更路数值模拟结果合理性超过其他更路簿

基于更路计算模型与林家海图标记的数值分析，《更流部》暹罗湾全部更路平均航速为 10.37 海里/更，且全部集中在 9.16～13.48 海里/更，小于《南海“更路簿”数字化诠释》对 20 套更路簿 3000 条左右更路的统计平均航速 12.01 海里/更，这主要是因为暹罗湾部分更路为近海更路，航速受浅滩、岛石影响较大，是符合实际情况的；针位航向与计算航向的平均偏差值为 3.46°，不仅远小于《南海“更路簿”数字化诠释》中 20 册南海更路簿的平均统计结果 12.12°，而且略小于有接近现代导航技术指导的苏承芬修正本更路簿的平均值 3.9°。说明长期的实践和不断总结，使得林簿更路的精确性大大提高，体现出林父在南海航行的勤劳、智慧和创造。

（2）南海更路簿计算模型的科学性再一次得到验证

笔者第一次到林家，将主要精力放在了《更流部》和两个林诗仍抄本上，而没有想到要认真拍摄林家海图。在研究《更流部》过程中才发现其破损严重，还有部分内容因卷曲而拍摄不全，但由于新冠肺炎疫情，只好守在家里对通过拍照复制的更路簿电子稿进行研究，许多陌生俗称地名和破损缺少的内容只能利用计算模型进行推算。后来，笔者无意中从现场录像中发现林家海图有一些文字标记，虽不是十分清晰，但与数字化推算结果相结合，可以猜测出多数地名的大致位置。疫情稳定后，笔者再次前往林家认真查看这些海图，发现绝大部分猜测结果得到地图标记的印证，而且又发现《更流部抄本》与《更流部》内容高度一致，笔者根据计算模型推测出来的缺失内容也得到印证。至此，既验证了原南海更路计算模型的可靠性，也证实了《更流部》的准确性。

李彩霞对苏承芬更路簿 9 处泰国湾地名的分析大部分与本文一致，但仍有“笔架”“粗佩”（苏本称为“粗背”）位置与本文不符。

（3）林诗仍家藏更路簿再次证明海南渔民经略南海的广度和深度

该簿所在地海口是继文昌、琼海（潭门）后，第三个被发现藏有早期更路簿原本的海南市县。这次发现拓宽了海南渔民更路簿文化的范围，对海南渔民更路簿文化研究极有帮助。研究表明，与文昌、琼海流传的更路簿相比，林家藏更路簿既有与之相同的地方，也有自己的特色，清晰地反映了海南渔民从事渔业活动的范围从南海向纵深范围发展，对中国渔民开发南海和海南人民的海洋文化研究极有价值。

（4）为《郑和航海图》暹罗湾地名、《顺风相送》暹罗针路等研究提供借鉴

受限于古时的传承方式与手段，更路簿中出现的地名（渔民俗称）有很多“谐音字”“近音字”“变形字”，甚至“讹字”，随时间的流逝与历史的变

迁，统一性考证变得非常困难，对同一地名存在不同的理解与认定在所难免。所以，黎道纲对已有基本考证结论的《郑和航海图》暹罗湾地名进行再次论证，提出许多新的见解。如他认为暹罗湾的“笔架山”“大横山”“小横山”的位置并不是大家认定的那样，并列举了大量文献和史实资料为证。但从数字人文角度看，其见解依然存在值得商榷的地方。而《更流部》记载的更路基本上是对实际航行线路的总结，更路之间的起、讫点大部分是首尾相连的，特别是暹罗湾更路，比较系统、完整，加上林家使用的海图印证，地名确认可靠性强，比苏德柳更路簿仅以手册罗列东南亚（含暹罗）更路[1]更易检验其地名的准确性。

（5）林家更路簿内容丰富，资料齐全，特色鲜明，值得深入研究

笔者目前已完成了对暹罗湾以外80%以上海外更路的研究，但因部分地名缺少相关资料，全部完成仍需时日。为了传承好这份宝贵的文化财富，一是要尽快修复更路簿，妥善保存；二是抓紧时间组织更多的学者从各个方面进行研究；三是要做好更路簿的文化宣传工作，努力保护、研究和传承好中华文化。

两位匿名审稿专家对本文学术梳理、针位理解、地图与地名使用规范等给予了专业指导，刘义杰教授在南海海道历史文化方面给予了帮助，陈虹对更路文化给予了补充意见，此一并致谢！

---

① 周伟民、唐玲玲：《南海天书——海南渔民“更路簿”文化诠释》，昆仑出版社，2015，第279页。

# 数字人文方法下的《郑和航海图》暹罗湾地名考证[1]

李文化　袁　冰

## 1　林树教《癸亥年更流部》简介

海南省海口市演丰镇林诗仍老船长家收藏有三套祖传更路簿和林亲自抄写的三套更路簿，以及若干张中、英文南海海图。其中一套《癸亥年更流部》（后简称《更流部》）为线装古书，封面印有“癸亥年更流部”字样，内容均为典型的更路条目，如“笔架用癸丁加四线丑未对簿又头八更”，成书时间最晚为 1923 年，更路形成时间肯定更早。可惜，由于时间久远、保存不善，该簿破损极为严重，但幸有另一套祖传簿对相关更路进行了传抄，仅有少量更数表述方式改变，绝大部分内容相同或相近。该簿有非常明显的东南亚更路航线轨迹，一条经西南方向到达马来西亚的地盘，再向东南方向前往新加坡；另一条是直接经暹罗湾[2]至曼谷港，再沿暹罗湾西岸往马来西亚及新加坡海峡。

林家收藏的 1907—1923 年英文海图在部分位置涂有褐色标记，部分重要岛礁或望山有林诗仍根据其父指导标注的地名，均为俗称，如在越南西南部“大横山”处标有“大堤”，“小横山”处标有“小堤”，“竹岛”处标有“竹市”等（图 1）。

---

① 本文原发表于《图书馆杂志》2021 年第 8 期。感谢福建师范大学刘义杰教授对本文针路文化的专业指导。

② 暹罗湾（Gulf of Siam）：泰国湾的旧称，位于南海西南与马来半岛之间，泰国（部分）、柬埔寨、越南位于其北，泰国（部分）、马来西亚位于其西。海湾范围从越南金瓯角至马来西亚哥打巴鲁附近。

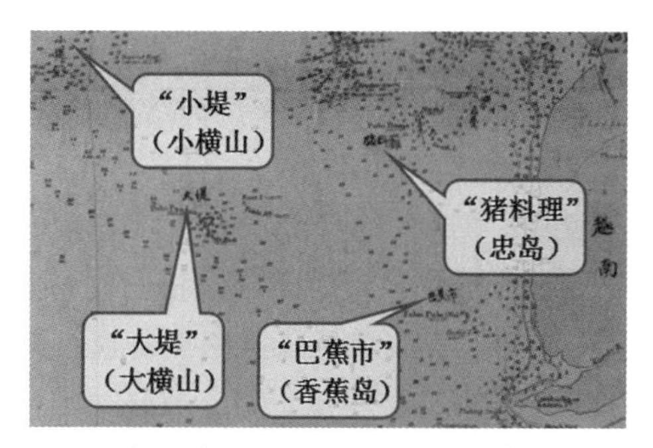


图1　林家所藏英文海图，部分地方有中文标注

《更流部》记载的暹罗湾更路较为系统、完整，为其他更路簿所少见，在对其进行数字化解读与计算机模拟过程中，笔者发现许多从未见到过的渔民俗称，为弄清其所指，查找了与暹罗湾地名有关的文献资料。目前笔者所知与古地名直接相关的资料不多，主要以航海针经类文献为主，尤以与《郑和航海图》（简称《海图》）有关的暹罗湾地名考证为主，如《新编郑和航海图集》（简称《新图集》）、黎道纲《〈郑和航海图〉暹罗湾地名考证》[①]（简称《地名考》）等。

# 2　更路计算模型及《更流部》数值模拟结果介绍

## 2.1　南海更路簿计算模型的提出及应用[②]

笔者在深入了解南海更路簿相关文化背景的基础上，综合运行航海学、地理学和数理知识等交叉学科方法，选取 Web 墨卡托等角航线模型作为南海更路簿的投影模型，提出南海更路系列计算模型，并对《南海天书》著述的苏德柳等 20 册更路簿近 3000 条更路进行数字化处理，用计算机绘制覆盖 20 册更路簿的 472 条航路和 1069 条航线，从数字人文视角对更路簿进行综合研究，有多项结论得到同行的认可。其中主要有：①南海更路每“更”约 12.0 海里（综合实际调整为 12.5 海里），得到相关历史文献佐证，以更精确的数据重新诠释了南海更路簿的“更”义，相比渔民认为的“每更约 10 海里”提高了精度，为更路簿定量研究提供了更科学的依据；②20 册更路簿近 3000 条数字化更路的针位

① ［泰］黎道纲：《〈郑和航海图〉暹罗湾地名考》，《郑和研究》2000 年第 1 期，第 29－37 页。

② 李文化、陈虹、李冬蕊：《数字人文视域下的南海更路簿综合研究》，《大学图书馆学报》2020 年第 2 期，第 1－8 页。

角度与理论最短航程航向角度平均偏差为12.1°，其中苏承芬根据祖传更路簿结合自身实践进行创新的修改本更路簿中有89条更路直接用角度代替针位，这些更路的航向角度与理论航向角度平均偏差3.9°，航向精确度明显提高。

这两个统计数据对更路及地名的合理性分析将起到非常关键的作用，对严重偏离12.0海里/更或针位航向与计算航向偏差12.1°且无合理解释的更路提出质疑，利用计算机进行文本检索与数据挖掘，找出同类更路进行比较分析，并尽可能对照更路簿原稿、影印稿，有条件的话还可以找到渔民证实，目前已对20余条极度存疑更路提出新解。这些研究以定量分析为主，发现问题更精准；结合人文历史背景重新解读，结果更令人信服。

## 2.2 《更流部》暹罗湾更路数字化

以起、讫点在暹罗湾内为标准计，《更流部》暹罗更路从“新市用辰戌加一线乾巽对大横九更半”开始，沿越南南部、柬埔寨南部，再到泰国东岸“乌土浅用寅申加三线艮坤对暹羅浅五更”入暹罗港，后又从“暹羅浅用癸丁加三线丑未对笔架九更”沿西岸，一直到“巴向用乾巽巳亥平对粗佩七更半”到大小苏梅岛，并继续向马来西亚航行，后又从马来半岛回到越南南部，从“剑尾用庚加四线卯酉对竹市四更半”结束暹罗湾程，共有暹罗湾内更路31条。

基于更路计算模型与林家海图标记的数字化分析，林簿暹罗湾全部更路平均航速为10.42海里/更，且集中在8.86～13.48海里/更，针位航向与计算航向的平均偏差值3.64°。航路示意图如图2所示①，其整体趋势与郑和第七次下西洋的暹罗湾航线（图3左）重合度非常高。同时，《更流部》暹罗湾航线上的更路，没有更多的更路簿资料可参考，很多林家所用俗称不为大家所熟悉，所以需要借助更路计算模型的数字化分析，结果与林家海图有标记位置岛礁高度吻合。

# 3 《郑和航海图》暹罗湾地名考证针路数字化分析

郑和是我国古代的伟大航海家，在明永乐三年（1405）至宣德八年

① 李文化、高之国、黄乐：《〈癸亥年更流部〉暹罗湾地名的数字人文考证》，《地理研究》2021年第5期，第1529－1542页。

（1433）间，他率领庞大的舰队七次远航西洋，遍访亚非 30 多个国家和地区，对促进中国与亚非各国的友好往来及经济文化交流作出重大贡献。《海图》详细表示郑和下西洋所经的地区、山形水势及航行针路等，是研究中国航海史、中西交通史和海图制图史的珍贵资料。

但对读者来说，《海图》比较难懂，且只是一个示意图，并不是真正意义上的航线图，其上标记的山形水势及礁山之间的位置均只是示意而非真实的地理关系，这也为后人确认这些地名的真实地理位置带来了困难。图 3 是《海图》昆仑山至爪哇岛局部（即昆仑岛到暹罗国再到印度尼西亚航线示意图）。

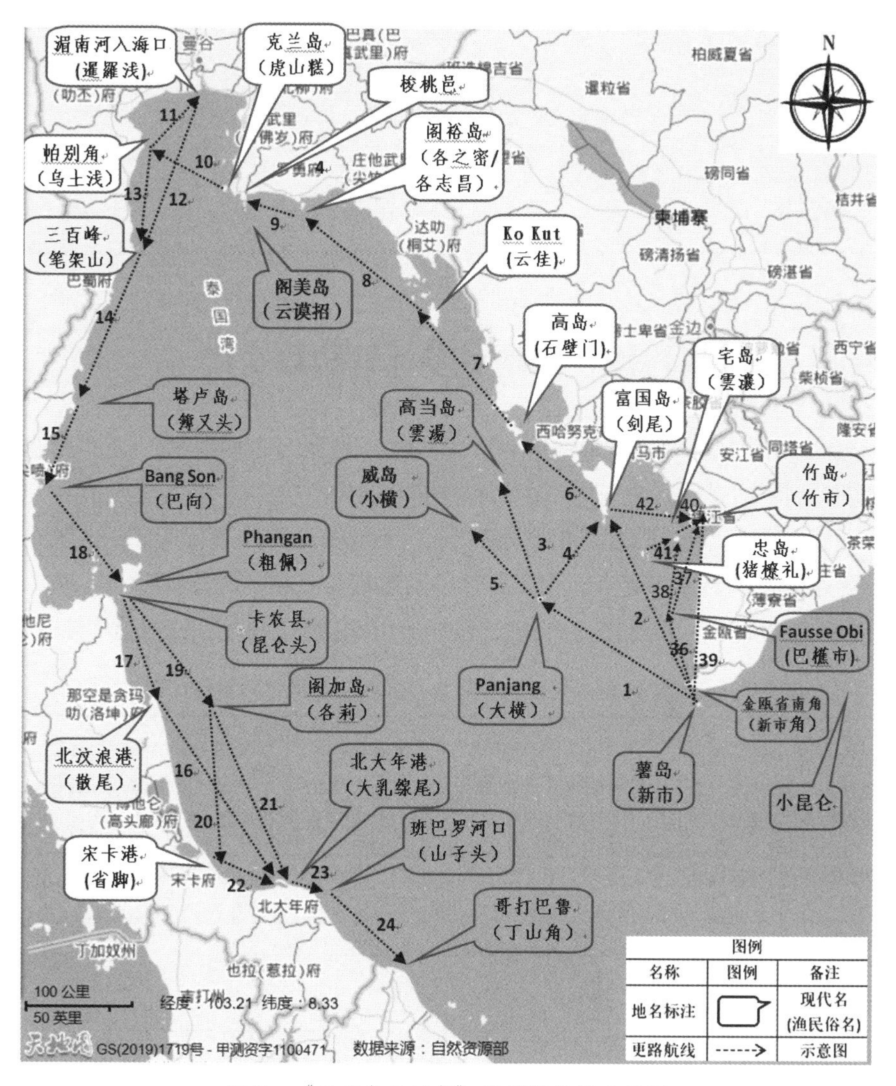


图 2 《癸亥年更流部》暹罗湾更路示意图

对《海图》地名位置考证，基本上是依据其记载针路（如图3“昆仑山外过用癸丑针十五更船取赤坎山用丑艮及丹艮”）和山形水势图来解读的，因《海图》在暹罗湾段没有针路记载，《新图集》据《东西洋考》和《海国广记》相关针路进行考证，而《地名考》依据《顺风相送》等多种针经考证，并得出多个与众不同的地名考证结论①，也许与考证所依据的针经不同有很大关系。

图3 《郑和航海图》东南亚航线局部（左）及昆仑山至爪哇岛段（右）（摘自《新图集》）

## 3.1 《新图集》暹罗湾地名考证针路数字化

《新图集》昆仑往暹罗港针路地名（部分）是据《东西洋考》之“昆仑山往暹罗”针路（表1）进行考证的，而从暹罗港往马来西亚半岛航线地名（部分）是据《海国广记》之“暹罗往满剌加”针路（表2）进行考证的。鉴于针路与更路的基本要素（起点、讫点、针位及航程）一致，外加暹罗湾与南海处在相同的纬度范围，故经南海更路验证过的计算模型②同样适用于暹罗湾针路。

**表1 《新图集》据《东西洋考》之“昆仑山往暹罗”针路③数字化**

| 序号 | 航行针路（部分内容省略，括号内为《新图集》考证位置） | 起点标准名 | 起点经度（°） | 起点纬度（°） | 讫点标准名 | 讫点经度（°） | 讫点纬度（°） | 平均里程（海里） | 平均航速（海里/更） | 计算航向（°） | 针位航向（°） | 计算与针位差（°） |
|---|---|---|---|---|---|---|---|---|---|---|---|---|
| 1 | （昆仑山）用单庚及庚酉三更取小昆仑（两兄弟岛） | 昆仑岛 | 106.60 | 8.69 | 大蛋岛 | 106.14 | 8.62 | 27.43 | 9.14 | 260.9 | 255.0<br>262.5 | 5.9<br>1.6 |

① ［泰］黎道纲：《〈郑和航海图〉暹罗湾地名考》，《郑和研究》2000年第1期，第29－37页。
② 李文化：《南海“更路簿”数字化诠释》，海南出版社，2019，第14－15、26－27页。
③ 海军海洋测绘研究所编《新编郑和航海图集》，人民交通出版社，1988，第90页。

续表1

| 序号 | 航行针路（部分内容省略，括号内为《新图集》考证位置） | 起点标准名 | 起点经度（°） | 起点纬度（°） | 讫点标准名 | 讫点经度（°） | 讫点纬度（°） | 平均里程（海里） | 平均航速（海里/更） | 计算航向（°） | 针位航向（°） | 计算与针位差（°） |
|---|---|---|---|---|---|---|---|---|---|---|---|---|
| 2 | 小昆仑山……用庚酉及单酉八更取真屿（快岛） | 大蛋岛 | 106.14 | 8.62 | 薯岛 | 104.85 | 8.42 | 77.76 | 9.72 | 261.1 | 262.5<br>270.0 | 1.4<br>8.9 |
| 3 | 真屿……远过……便是假屿*1（Fausse Obi）……从真屿东北出水……用庚（辛）针五更取大横山（土珠岛） | 薯岛 | 104.85 | 8.42 | 土周岛 | 103.47 | 9.31 | 98.10 | 19.62 | 303.3 | 292.5 | 10.8 |
| | | Fausse Obi | 104.52 | 8.95 | 土周岛 | 103.47 | 9.31 | 65.96 | 13.19 | 289.4 | 292.5 | 3.1 |
| 4 | 大横山到此是暹罗界……南边见小横山（威岛） | 土周岛 | 103.47 | 9.31 | 威岛 | 102.93 | 9.92 | 48.28 | 9.66 | 318.5 | 307.5 | 11.0 |
| 5 | 小横山……辛戌十更单戌十更乾戌十更取笔架山（讪瑞约山） | 威岛 | 102.93 | 9.92 | 三百峰 | 99.99 | 12.25 | 222.3 | 7.41 | 309.0 | 292.5<br>300.0<br>307.5 | 16.5<br>9.0<br>1.5 |
| 6 | 笔架山……壬亥五更取陈公屿及犁头山（塔基亚普山） | 三百峰 | 99.99 | 12.25 | Takiap | 99.98 | 12.52 | 16.26 | 3.25 | 357.9 | 337.5 | 20.4 |
| 7 | 犁头山……用壬子针五更取圭头浅*2 | 塔基亚普山 | 99.98 | 12.52 | 锡昌岛 | 100.80 | 13.16 | 61.28 | 12.26 | 51.2 | 352.5 | 58.7 |
| 8 | 圭头浅……用单乾三更取竹屿（佛丕河口） | 锡昌岛 | 100.80 | 13.16 | 佛丕河口 | 99.96 | 13.27 | 49.39 | 16.46 | 278.0 | 315.0 | 37.0 |
| 9 | 竹屿浅口……用壬子及乾亥……尾即暹罗 | 佛丕河口 | 99.96 | 13.27 | 曼谷港 | 100.52 | 13.68 | 40.75 | — | 52.8 | 352.5<br>322.5 | 74.5<br>90.3 |

*1《新图集》认为此针路段的针位与更数是指“真屿”到“大横山”，但实际是“假屿”到“大横山”：①如果是“真屿”到“大横山”，其平均航速达到19.62海里/更，远远超过此部分针路的其他航段，也远超过《南海天书》20册更路簿中更路所载平均航速，而调整为“假屿”就比较正常；②该针路段“真屿……远过，只七八托，便是假屿……用庚（辛）戌针，五更取大横山。”表达的就是“假屿”到“大横山”。

*2《新图集》未说明“圭头浅”指何处，多认为是曼谷湾东北“Ko Sichan”①，但如此理解下的“犁头山（塔基亚普山）”到“圭头浅（锡昌岛）”的计算航向与针位航向偏差58.7°，过大，“圭头浅（锡昌岛）”到“竹屿（佛丕河口）”的平均航速16.46海里/更也过高，这种异常与塔基亚普山和佛丕河口靠近西岸而锡昌岛在东岸的实际情况是相符的。如果“圭头浅”是指《更流部》的“乌土浅”（帕别角），则恢复正常。

① 陈佳荣：《中国古代南海地名汇释》“圭頭淺”条，南冥网，http://www.world10k.com。

另外，“笔架山”往“陈公屿、犁头山”针路段的平均航速3.25海里/更过低，《新图集》对此没有给出合理的解释，疑与此航段浅滩多有关；至于最后竹屿往暹罗段的航向偏差过大，可能与湄南河弯曲的河道有关。

表2　《新图集》据《海国广记》之“暹罗往满剌加”针路数字化（地名按《新图集》解）

| 序号 | 航行针路（括号内为《新图集》考证位置）起点标准名 | 起点标准名 | 起点经度（°） | 起点纬度（°） | 讫点标准名 | 讫点经度（°） | 讫点纬度（°） | 平均里程（海里） | 平均航速（海里/更） | 计算航向（°） | 针位航向（°） | 计算与针位差（°） |
|---|---|---|---|---|---|---|---|---|---|---|---|---|
| 1 | 离浅用丙午针十更船平笔架山（讪瑞约山） | 湄南河入海口 | 100.54 | 13.47 | 三百峰 | 99.99 | 12.25 | 80.14 | 8.01 | 203.5 | 172.5 | 31.0 |
| 2 | 用单丙针五更平龟屿（古比亚岛）[*1] | 三百峰 | 99.99 | 12.25 | 古比亚岛 | 105.80 | -5.80 | 1137.5 | 227.5 | 162.3 | 165.0 | 2.7 |
|  |  | 三百峰 | 99.99 | 12.25 | 凯特角 | 106.08 | -3.23 | 997.6 | 199.5 | 158.7 | 165.0 | 6.3 |
| 3 | 用丙午针十更平佛屿（库拉岛） | 古比亚岛 | 105.80 | -5.80 | 库拉岛 | 99.28 | 10.25 | 1039.6 | 104.0 | 338.0 | 352.5 | 14.5 |
|  |  | 凯特角 | 106.08 | -3.23 | 库拉岛 | 99.28 | 10.25 | 905.8 | 90.58 | 333.3 | 352.5 | 19.2 |
| 4 | 用单丙针十更[*2]大小苏梅山（萨木伊岛）…… | 库拉岛 | 99.28 | 10.25 | 大苏梅屿 | 100.00 | 9.45 | 64.30 | 6.43 | 138.3 | 165.0 | 26.7 |
| 5 | 用单午针十五更船平玳瑁屿（克拉岛） | 大苏梅屿 | 100.00 | 9.45 | 阁加岛（内） | 100.45 | 8.41 | 67.91 | 4.53 | 156.9 | 180.0 | 23.1 |
| 6 | 用丙午针十更[*3]船平孙姑那（宋卡）……外过 | 阁加岛（内） | 100.45 | 8.41 | 宋卡港（外） | 101.10 | 7.37 | 73.65 | 7.37 | 148.2 | 172.5 | 24.3 |
| 7 | 用丁午针五更船取六坤下池（北大年湾） | 宋卡港（外） | 101.10 | 7.37 | 北大年港 | 101.32 | 6.91 | 30.35 | 6.07 | 155.1 | 187.5 | 32.4 |
| 8 | 用单丙针七船平吉阑丹（哥打巴鲁）港口 | 北大年港 | 101.32 | 6.91 | 哥打巴鲁港 | 102.24 | 6.22 | 68.79 | 9.83 | 127.1 | 165.0 | 37.9 |

*1《新集图》在航行针路解读中注明“龟屿”为“古比亚岛”①，而在地名解读中“古比亚岛”被解释为“鬼屿（Pulau Kupiah，古比亚岛）在苏门答腊岛东南端”，另有一处“龟屿”被解读为“凯特角（Tanjuang Kait）在苏门答腊岛东南岸”②，均不在暹罗湾。根据其提供的地理位置，计算结果见表2，两种解读下的相关更路的航速从90.58～227.51海里/更，均极不可信，而陈佳荣在《古代南地名汇释》中考证为“巴蜀府东岸”（林家海图标有“马板”字样），测算结果见表3，有一定合理性。

*2 & *3 相关针路的更数在《海国广记》中均为“十更”，但《新海图》均有“（应作五更）”标注，未找到相关解释，而相关地名按《新海图》解读进行测算，与前后更路段相比较，“十更”下的平均航速6.43/7.37海里/更偏低，而“五更”下的航速又稍高。

① 海军海洋测绘研究所编《新编郑和航海图集》，人民交通出版社，1988，第90页。

② 海军海洋测绘研究所编《新编郑和航海图集》，人民交通出版社，1988，第53-54页。

表3 “龟屿”按“巴蜀府东岸”解读下的相关针路测算结果

| 航行针路 | 起点标准名 | 起点经度（°） | 起点纬度（°） | 讫点标准名 | 讫点经度（°） | 讫点纬度（°） | 平均里程（海里） | 平均航速（海里/更） | 计算航向（°） | 针位航向（°） | 计算与针位差（°） | 推测地名 |
|---|---|---|---|---|---|---|---|---|---|---|---|---|
| 用单丙针五更平龟屿 | 三百峰 | 99.99 | 12.25 | 巴蜀府东岸 | 99.83 | 11.76 | 30.68 | 6.14 | 198.1 | 165.0 | 33.1 | 龟屿—巴蜀府东岸 |
| 用丙午针十更平佛屿 | 巴蜀府东岸 | 99.83 | 11.76 | 库拉岛 | 99.28 | 10.25 | 96.39 | 9.64 | 199.9 | 172.5 | 27.4 | 龟屿—巴蜀府东岸 |

## 3.2 黎道纲《地名考》主要考证针路数字化

黎道纲在《地名考》中以《东西洋考》（下称《洋考》）、《顺风相送》（下称《相送》）等文献为基础，结合历史沉船事件对《海图》中的暹罗湾地名进行综合考证，对多个重要地名提出与众不同的结论。

（1）《相送》福建往暹罗针路暹罗段（下称《相送》福建条）数字化结果见表4。

表4 黎道纲《地名考》据《相送》福建条针路数字化（地名按黎道纲考证）

| 序号 | 航行针路（部分内容省略，括号内为黎考证位置） | 起点标准名 | 起点经度（°） | 起点纬度（°） | 讫点标准名 | 讫点经度（°） | 讫点纬度（°） | 平均里程（海里） | 平均航速（海里/更） | 计算航向（°） | 针位航向（°） | 计算与针位差（°） |
|---|---|---|---|---|---|---|---|---|---|---|---|---|
| 1 | 假屿（Fausse Obi）……用辛戌针五更取大横山（K Ko. Kut） | Fausse Obi | 104.52 | 8.95 | K Ko. Kut | 102.53 | 11.61 | 198.4 | 39.68 | 323.7 | 292.5 | 31.2 |
| 2 | 小横山（Ko. Lao Ya Nai）……辛戌针十更船，单戌针十更船，用乾戌十更船取笔架山（梭桃邑） | Ko. Lao Ya Nai | 102.48 | 11.82 | 梭桃邑 | 100.87 | 12.64 | 106.5 | 3.55 | 297.4 | 292.5<br>300.0<br>307.5 | 4.9<br>2.6<br>10.1 |
| 3 | 用壬亥针五更，船取陈公屿（Ko Lan 岛）及黎头山（Ko Phai） | 梭桃邑 | 100.87 | 12.64 | Ko Lan 岛 | 100.85 | 12.92 | 17.09 | 3.42 | 356.6 | 337.5 | 19.1 |
| 4 | 用壬子针取乌泥浅（Ko Sichan） | Ko Lan 岛 | 100.85 | 12.92 | Ko Sichan | 100.81 | 13.15 | 14.21 | 2.84 | 350.4 | 352.5 | 2.1 |
| 5 | 用单乾针三更，船取竹屿（湄南河入海口） | Ko Sichan | 100.81 | 13.15 | 湄南河入海口 | 100.60 | 13.49 | 23.81 | 7.94 | 329.2 | 315.0 | 14.2 |
| 6 | 用单子针五更，船到浅（曼谷港） | 湄南河入海口 | 100.60 | 13.49 | 曼谷港 | 100.49 | 13.70 | 13.72 | 2.74 | 331.7 | 360.0 | 28.3 |

经综合考证后，黎认为“大横山”“小横山”“笔架山”“黎头山”等地名实际位置与《新图集》的结论决然不同。他认为这些岛礁或望山均在今曼谷湾东岸沿海，而《新图集》认为其在暹罗湾中部或西岸沿海，表4的针段1和针段2的平均航速极度异常，与“大横山”“小横山”“笔架山”位置认定有直接关系。而针路3、4及6航速偏低的原因前已说明。

（2）《相送》暹罗往大泥彭亨磨六甲针路（回针）暹罗段（下称《相送》大泥条）数字化结果见表5。

表5　黎道纲《地名考》据《相送》之大泥条回针路数字化（地名按黎道纲考证）

| 序号 | 航行针路（部分内容省略，括号内为黎考证位置） | 起点标准名 | 起点经度（°） | 起点纬度（°） | 讫点标准名 | 讫点经度（°） | 讫点纬度（°） | 平均里程（海里） | 平均航速（海里/更） | 计算航向（°） | 针位航向（°） | 计算与针位差（°） |
|---|---|---|---|---|---|---|---|---|---|---|---|---|
| 1 | 自吉兰丹（哥打巴哈努）港口单子七更取六坤下池，是大泥（北大年）港口 | 哥打巴哈努 | 102.21 | 6.21 | 北大年 | 100.96 | 6.89 | 85.06 | 12.15 | 298.4 | 292.5 | 5.9 |
| 2 | 壬子五更取孙姑那（宋卡港）港口，是即堀头垅 | 北大年 | 100.96 | 6.89 | 宋卡港 | 100.59 | 7.22 | 29.73 | 5.95 | 311.8 | 352.5 | 40.7 |
| 3 | 壬子十更取玳瑁州（Ko Krah岛）内过 | 宋卡港 | 100.59 | 7.22 | 洛坤屿 | 99.98 | 8.57 | 89.18 | 8.92 | 336.0 | 352.5 | 16.5 |
| 4 | 单子十五更取大小苏梅山门中过 | 洛坤屿 | 99.98 | 8.57 | 苏梅岛 | 100.01 | 9.51 | 56.30 | 3.75 | 1.8 | 0.0 | 1.8 |
| 5 | 壬子十更取佛屿 | 苏梅岛 | 100.01 | 9.51 | 春蓬府 Ko Phra | 99.30 | 10.39 | 67.30 | 6.73 | 321.4 | 352.5 | 31.1 |
| 6 | 壬子十更取龟山（三百峰） | 春蓬府 Ko Phra | 99.30 | 10.39 | 三百峰 | 99.99 | 12.25 | 118.9 | 11.89 | 20.2 | 352.5 | 27.7 |
| 7 | 壬子五更取笔架山（梭桃邑） | 三百峰 | 99.99 | 12.25 | 梭桃邑 | 100.87 | 12.64 | 56.26 | 11.25 | 65.4 | 352.5 | 72.9 |
| 8 | 单子五更取陈公屿（Ko Lan岛） | 梭桃邑 | 100.87 | 12.64 | Ko Lan岛 | 100.85 | 12.92 | 17.09 | 3.42 | 356.6 | 360.0 | 3.4 |
| 9 | 子癸五更取竹屿昆辛，船尾坐竹屿，进去是港 | Ko Lan岛 | 100.85 | 12.92 | 湄南河入海口 | 100.60 | 13.49 | 37.42 | 7.48 | 337.1 | 7.5 | 30.4 |

从以上针路数字化结果可以发现，部分地名解读得不到模型计算结果的支持，如针路段7的计算航向与针位航向偏差达到72.9°，涉及地名有“龟山”与“笔架山”。

# 4 《郑和航海图》暹罗湾部分争议地名辨析

《海图》暹罗湾大部分地名有比较统一的认识，此不重复，只对争议较大的地名再议。

## 4.1 大横/大横山、小横/小横山位置

林家《更流部》暹罗更路中的“大横”为土周岛、“小横”为威岛是明确的，刘义杰认为《相送》暹罗针路亦有相同结论，但黎对《海图》中“大横”“小横”所指有不同意见：一方面，他认为“《东西洋考》说：大横山‘到此是暹罗界，……，船在南边见小横山。’……真屿、假屿是柬埔寨边境岛屿，从此行半日（五更）即至大横山，入暹罗境。因此，大横山是暹罗边境内的搁库岛 Ko Kut……”① 他判断“大横”是“Ko Kut”的两点依据值得商讨：一是“真屿、假屿是柬埔寨边境岛屿”在《洋考》中未发现有此说法；二是《洋考》记述“大横山在暹罗境”应指在“暹罗湾”境内而非泰国境内。

另一方面，黎亦认为“据《相送》，大横山之北是‘小横山或三个山’，所以‘小横山’应是今桐艾府搁库岛北面的 Ko Rang，Ko Kradat（格达岛）和 Ko Hmak（槟榔屿）三个小岛”。他的依据是“《相送》表述小横山‘……’”及“据《指南正法》中的小横山‘……’正是此三岛的写照。”我们认为，仅就山形水势推测小横山的位置，证据似乎不足。

从另一个方面来说，以黎之说法，如果大横指 Ko Kut，小横指 Ko Rang，则会发现《相送》暹罗条载“假屿”至“大横山”辛戌针五更不吻合：理论航向与针位航向偏差 31.2°，平均航速 39.68 海里/更，极不正常；也与《相送》的柬埔寨往彭坊西此针路记载的“（大横山）用辛戌，五更，取小横山”不符：理论航向与针位航向偏差达到 53.4°，平均航速为 2.55 海里/更，极不合理；详细数据见表 1。在“笔架/笔架山”位置讨论时，也发现大横、小横位置与黎认为的“笔架山”位置有冲突。而将大横、小横按《更流部》地名解读，除《相送》彭坊西条的“大横至小横辛戌针五更”的计算航向与针位航向偏差 26.0°稍大外，其余均非常合理。《更流部》“新市（薯岛）”到“大

---

① ［泰］黎道纲：《〈郑和航海图〉暹罗湾地名考》，《郑和研究》2000 年第 1 期，第 29－37 页。

横”及“大横”至“小横”更路数据与计算结果更加吻合：两条更路的理论航向与针位航向偏差仅为1.8°与1°。以上详细分析示意图如图4，数据见表6。

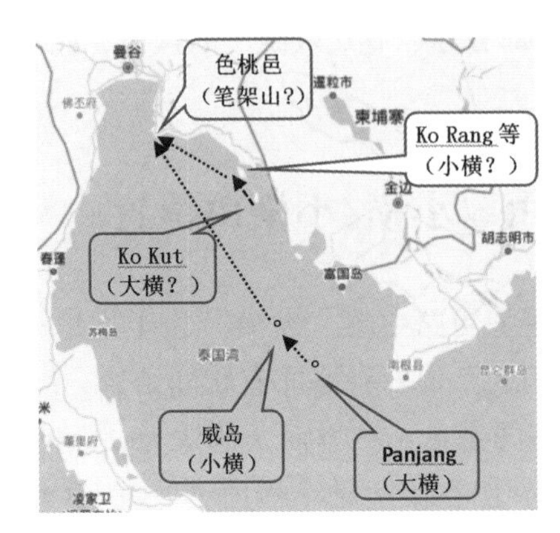


图4　暹罗湾“大横”“小横”可能位置示意图

表6　“大横、小横”位置分析（加“L”地名表示黎道纲观点，余为多数文献观点，下同）

| 更路段 | 起点俗称 | 讫点俗称 | 针位 | 更数 | 起点标准名 | 起点经度（°） | 起点纬度（°） | 讫点标准名 | 讫点经度（°） | 讫点纬度（°） | 平均里程（海里） | 平均航速（海里/更） | 计算航向（°） | 针位航向（°） | 计算航向与针位差（°） |
|---|---|---|---|---|---|---|---|---|---|---|---|---|---|---|---|
| 《相送》福建条 | 假屿 | 大横 L | 辛戌 | 5 | 威岛 | 104.52 | 8.95 | Ko. Kut | 102.53 | 11.61 | 198.4 | 39.68 | 323.7 | 292.5 | 31.2 |
| | | 大横 | | | 威岛 | 104.52 | 8.95 | 土周岛 | 103.47 | 9.31 | 65.96 | 13.19 | 289.4 | 292.5 | 3.1 |
| 《更流部》 | 新市 | 大横 | 辰戌一线乾巽 | 9.5 | 薯岛 | 104.85 | 8.42 | 土周岛 | 103.47 | 9.31 | 98.10 | 10.33 | 303.3 | 301.5 | 1.8 |
| 《相送》彭坊西条 | 大横 L | 小横 L | 辛戌 | 5 | Ko Kut | 102.53 | 11.61 | Ko Rang | 102.48 | 11.82 | 12.73 | 2.55 | 345.9 | 292.5 | 53.4 |
| | 大横 | 小横 | | | 土周岛 | 103.47 | 9.31 | 威岛 | 102.93 | 9.92 | 48.28 | 9.66 | 318.5 | 292.5 | 26.0 |
| 《更流部》 | 大横 | 小横 | 乾巽加三巳亥 | 5 | 土周岛 | 103.47 | 9.31 | 威岛 | 102.93 | 9.92 | 48.28 | 9.66 | 318.5 | 319.5 | 1.0 |

另，黎考的小横（Ko Rang）至笔架山（梭桃邑）的理论航程为106.45海里，平均航速3.55海里/更，在远航针路中也是不可理解的。可见，黎之“大横”“小横”考证位置（指“Ko Kut”“Ko Rang”）基本不可信。

## 4.2　竹屿、圭头浅位置

黎认为“竹屿”是古时湄南河入海口处的‘水中长洲’，而《新集图》认为是西岸佛丕河口处的岛屿，今都不存在，两者差异不明显；黎认为“圭头浅”为今湄南河入海口东南部的搁世浅 Ko Sichan，《新图集》未做说明。

陈佳荣认为“竹屿或指 Sichang 岛”[①]，经测算，几乎所有相关针路的数值模拟都不支持该论断。

## 4.3 笔架山、龟山、陈公屿、犁头山位置

与暹罗湾有关的多个针路中，陈公屿及犁头山与笔架山经常一并出现在越南往暹罗相关暹罗湾东线针路中，而龟山与笔架山经常一并出现在暹罗往马来西亚暹罗湾西线针路中。而这些地名的考证位置均存在两处或两处以上的说法：

其一，《新图集》、刘义杰及米氏认为“笔架山”应为今“三百峰”（即刘义杰所说的“讪瑞约山 Khao Roi Yot”），林家《更流部》的“笔架”更是明确指向“三百峰”。陈佳荣一说支持“三百峰”[②]，但另一说认为其在暹罗湾东海岸即今泰国曼谷湾内克兰（Khram）岛[③]，林家海图在附近疑标示有“克兰”二字。而黎道纲认为笔架山并不在暹罗湾西海岸，而是在东海岸的梭桃邑，与克兰岛相隔不远。

其二，《新图集》认为犁头山在暹罗湾西岸的塔基亚普山（即巴蜀府 Khao Takiap 筷子山），因陈公屿与犁头山在针路上基本是一起出现的，故陈公屿也应在附近，可能为三百峰以北的“Ko Khi Nok（巴蜀府的鸟粪岛）”，与“塔基亚普山”相隔约 2 海里。而黎认为陈公屿应为东海岸芭提雅海域的 Lan 岛或 Pai 岛，犁头山为附近 Bang La Mung。刘一方面认为陈公屿为东岸的 Pai 岛，另一方面又认为黎头山为西岸的塔基亚普山[④]，与实际不符。

其三，关于“龟山”，陈佳荣据《相送》“暹罗出浅，用丙午针十更取笔架山，……，用单丙五更取龟山”，认为其在今暹罗湾北部梭桃邑东南面的萨梅散（Same Sarn）角或萨梅散岛一带，亦说可能在泰国巴蜀府（Prachuab）东岸。[⑤]

相关地名的两种说法均与“笔架山”在东岸或西岸高度相关。也就是说，如果认为“笔架山”是指东岸的梭桃邑或克兰岛，则龟山、陈公屿、犁头山

---

① 陈佳荣、朱鉴秋：《中国历代海路针经》，广东科技出版社，2016，第 1221 页。

② 陈佳荣、朱鉴秋：《中国历代海路针经》，广东科技出版社，2016，第 1160 页。

③ 陈佳荣：《中国古代南海地名汇释》“筆架山”条，南冥网，http://www.world10k.com。

④ 刘义杰：《顺风相送研究》，大连海事大学出版社，2017，第 206 页。

⑤ 陈佳荣：《中国古代南海地名汇释》“龟山”条，南冥网，http://www.world10k.com。

考在东岸，如果是指西岸的三百峰，则考为西岸。所以，“笔架山”的位置成为关键。

但黎一方面说《海图》的“笔架山”为东岸的“梭桃邑”，另一方面又说“龟山”为西岸的“三百峰”，与针文针位描述极不吻合。他认为“从暹罗港到马六甲，是从东海岸的搁世浅或笔架山（色桃邑）向大海行到海西桂武里及三礼育山的。”他的依据是《指南正法》云：“（笔架山）下是龟山，长尖峰形似笔架。若见龟山，用壬亥取笔架。”描述的“正是从西海岸的龟山（三礼育山）越海到东海岸的笔架山（梭桃邑）。”但笔者以为，“壬亥”针位是337.5°，显然不是“东行”！表3相关针段数字化结果也显示其计算航向与针位航向偏差高达72.9°，极不合理。

下面按东岸、西岸两种“笔架”位置（分别用“笔架D”“笔架X”表示）对相关针路进行分析。表7列出与笔架有关的《相送》针路的两种位置数字化结果。其中《相送》小横到笔架针位有三段，为便于计算取中间值300°。

**表7 《相送》暹罗条及林诗仍簿与“笔架”有关针路段/更路的数字化分析**

| 更路段 | 起点俗称 | 讫点俗称 | 针位 | 更数 | 起点标准名 | 起点经度（°） | 起点纬度（°） | 讫点标准名 | 讫点经度（°） | 讫点纬度（°） | 平均里程（海里） | 平均航速（海里/更） | 计算航向（°） | 针位航向（°） | 航向与针位差（°） |
|---|---|---|---|---|---|---|---|---|---|---|---|---|---|---|---|
| 《相送》福建条 | 小横 | 笔架D | 单戌 | 30 | 威岛 | 102.93 | 9.92 | 梭桃邑 | 100.87 | 12.64 | 251.90 | 8.40 | 322.5 | 300.0 | 22.5 |
| | | 笔架X | | | 威岛 | 102.93 | 9.92 | 三百峰 | 99.99 | 12.25 | 222.29 | 7.41 | 309.0 | | 9.0 |
| | 笔架D | 陈公屿D | 壬亥 | 5 | 梭桃邑 | 100.87 | 12.64 | Ko Lan | 100.75 | 12.92 | 18.26 | 3.65 | 337.7 | 337.5 | 0.2 |
| | 笔架X | 陈公屿X | | | 三百峰 | 99.99 | 12.25 | Ko Khi Nok | 100.00 | 12.50 | 15.28 | 3.06 | 1.1 | | 23.6* |
| 《相送》大泥条（回针） | 暹罗浅 | 笔架D | 丙午 | 10 | 湄南河入海口 | 100.54 | 13.47 | 梭桃邑 | 100.87 | 12.64 | 53.62 | 5.52 | 159.1 | 172.5 | 13.4 |
| | | 笔架X | | | | 100.54 | 13.47 | 三百峰 | 99.99 | 12.25 | 81.14 | 8.01 | 203.5 | 172.5 | 31.0 |
| 《海国广记》往满剌加 | 竹屿 | 笔架D | 丙午 | 10 | 湄南河入海口 | 100.54 | 13.47 | 梭桃邑 | 100.87 | 12.64 | 53.62 | 5.36 | 159.1 | 172.5 | 13.4 |
| | 笔架D | 龟山D | 丙 | 5 | 梭桃邑 | 100.87 | 12.64 | 萨梅散 | 100.95 | 12.57 | 6.45 | 1.29* | 129.2 | 165.0 | 35.8* |
| | 竹屿 | 笔架X | 丙午 | 10 | 湄南河入海口 | 100.54 | 13.47 | 三百峰 | 99.99 | 12.25 | 80.14 | 8.01 | 203.5 | 172.5 | 31.0 |
| | 笔架X | 龟山X | 丙 | 5 | 三百峰 | 99.99 | 12.25 | 巴蜀府东岸 | 99.83 | 11.76 | 30.71 | 6.14 | 198.2 | 165.0 | 33.2 |

* 数据为下文内容对应处。

从表7标有＊数据可以看出，从越南往暹罗针路，一般是沿暹罗湾中部到暹罗湾北部，经过的“笔架山”及陈公屿等岛礁，解释为东岸比较合理，而从暹罗往马来西亚针路，一般是沿暹罗湾西岸航行，经过的“笔架山”及龟山解释为西岸比较合理。经对《洋考》《相送》《指南正法》《海国广记》等15条以上与“笔架”有关针路分析，结果基本吻合。

另外，《相送》越南往暹罗的针路出现的陈公屿、乌泥浅、竹屿之间的航向虽然比较正常，但平均航速严重偏低，具体数据见表8。这可能与泰国湾入海口处的浅滩较多、地形复杂有关，包括竹屿到曼谷港无法按直线距离计算航速也是其数值偏低的原因。

**表8　《相送》暹罗条陈公屿到暹罗港针路段数字化分析**
**（乌泥浅—竹屿更数参考柬埔寨至彭亨西针路）**

| 更路段 | 起点俗称 | 讫点俗称 | 针位 | 更数 | 起点标准名 | 起点经度（°） | 起点纬度（°） | 讫点标准名 | 讫点经度（°） | 讫点纬度（°） | 平均里程（海里） | 平均航速（海里/更） | 计算航向（°） | 针位航向（°） | 计算航向与针位差（°） |
|---|---|---|---|---|---|---|---|---|---|---|---|---|---|---|---|
| 《相送》暹罗条 | 陈公屿D | 乌泥浅 | 子午壬丙 | 3 | Ko Lan/Ko Phai | 100.75 | 12.92 | Ko Sichan | 100.74 | 13.15 | 14.27 | 4.76 | 357.5 | 352.5 | 5.0 |
| | 乌泥浅 | 竹屿 | 乾巽 | 5 | Ko Sichan | 100.74 | 13.15 | 湄南河入海口 | 100.54 | 13.47 | 22.30 | 4.46 | 328.5 | 315.0 | 13.5 |
| | 竹屿 | 暹罗港口 | 子午 | 5 | 湄南河入海口 | 100.54 | 13.47 | 曼谷港 | 100.49 | 13.70 | 13.75 | 2.75 | 348.0 | 360.0 | 12.0 |

## 5　结语

综合以上分析，黎道纲对《相送》中的大横、小横位置的考证很大程度上有误；而黎认定的笔架山在东岸的梭桃邑，针对东线针路，其合理性高于西岸的三百峰，但针对西线针路，其合理性不如三百峰；对于龟山、陈公屿（犁头山）位置，与笔架山位置认定高度一致，而黎一方面认为笔架山在东岸，另一方面又认为龟山在西岸，与针路记载针位不合（见图7相关部分）。

笔者虽认同黎对东线针路中的“笔架山”在东岸的认定，但亦认为调整为东岸的“克兰岛”更合适，因为《海国广记》安南国回暹罗针路及《指南正法》大担往暹罗针均记载有“小横……取笔架（山），在帆铺边……”，而“帆铺”指海船的“左舷”①，如果“笔架山”指梭桃邑，在这样的航行线路

① 刘义杰：《〈顺风相送〉研究》，大连海事大学出版社，2017，第202页。

上“梭桃邑”不应出现在左边。

如果只认定西岸“三百峰”一个笔架山，显然，《相送》暹罗条的“乌泥浅（与笔架山同在西岸）乾巽（315°）五更取竹屿”就无法解释了，当然，只认定东岸“克兰岛”一个笔架山，就有更多针路无法解释了。

经对大量暹罗湾针路文献的比较分析，鉴于《新图集》昆仑往暹罗针路来自《东西洋考》、暹罗往大泥针路来自《海国广记》，以及《顺风相送》昆仑往暹罗沿东岸航线针路与暹罗往大泥沿西岸航线针路并不是同一完整针路条，再结合暹罗湾北部的历史变化，我们认为两个“笔架山”可能都是“存在”的，但适用于不同针路条：一个以越南南部昆仑往暹罗针路为代表，经过大横、小横后，沿东岸的“笔架山—克兰岛”（可称为“东笔架”），并从暹罗浅入港；另一个以暹罗港往马来西亚方向针路为代表，经西岸的“笔架山—三百峰”（可称“西笔架”）前往目的地。这样，与“笔架”相关的针路航向与针位偏差均在30°以下，除近湄南河出海口附近的航段因海浅礁多而平均航速较低外，其余航速比较正常。如此解读之下，相关疑问基本都能得到较合理的解释。相关数据分析如表9所示，对应更路示意如图7所示。

**表9　两个“笔架山”同时存在的针路分析**

| 更路段 | 起点俗称 | 讫点俗称 | 针位 | 更数 | 起点标准名 | 起点经度（°） | 起点纬度（°） | 讫点标准名 | 讫点经度（°） | 讫点纬度（°） | 平均里程（海里） | 平均航速（海里/更） | 计算航向（°） | 针位航向（°） | 航向与针位差（°） |
|---|---|---|---|---|---|---|---|---|---|---|---|---|---|---|---|
| 《相送》彭亨西条 | 大横 | 小横 | 辛戌 | 5 | 土周岛 | 103.47 | 9.31 | 威岛 | 102.93 | 9.92 | 48.28 | 9.66 | 318.5 | 292.5 | 26.0 |
| 《相送》暹罗条 | 小横 | 笔架D | 辰戌 | 30 | 威岛 | 102.93 | 9.92 | 梭桃邑 | 100.87 | 12.64 | 251.9 | 8.40 | 322.5 | 300.0 | 22.5 |
| | 笔架D | 陈公屿D | 壬丙巳亥 | 5 | 梭桃邑 | 100.87 | 12.64 | Ko Lan/Ko Phai | 100.75 | 12.92 | 18.26 | 3.65 | 337.7 | 337.5 | 0.2 |
| | 陈公屿D | 乌泥浅 | 子午壬丙 | 3 | Ko Lan/Ko Phai | 100.75 | 12.92 | Ko Sichan | 100.74 | 13.15 | 14.27 | 4.76 | 357.5 | 352.5 | 5.0 |
| | 乌泥浅 | 竹屿 | 乾巽 | 5 | Ko Sichan | 100.74 | 13.15 | 湄南河入海口 | 100.54 | 13.47 | 22.30 | 4.46 | 328.5 | 315.0 | 13.5 |
| | 竹屿 | 暹罗港口 | 子午 | 5 | 湄南河入海口 | 100.54 | 13.47 | 曼谷港 | 100.49 | 13.70 | 13.75 | 2.75 | 348.0 | 360.0 | 12.0 |
| 《相送》大泥条（回针） | 佛屿 | 龟山X | 壬子 | 10 | 春蓬府Ko Phra | 99.3 | 10.39 | Ka Tao | 99.83 | 11.76 | 87.98 | 8.80 | 20.8 | 352.5 | 28.3 |
| | 龟山X | 笔架X | 壬子 | 5 | Ka Tao | 99.83 | 11.76 | 三百峰 | 99.99 | 12.25 | 30.72 | 6.14 | 18.4 | 352.5 | 25.9 |
| | 笔架X | 陈公屿X | 子 | 5 | 三百峰 | 99.99 | 12.25 | Ko Khi Nok | 100.00 | 12.50 | 15.28 | 3.06 | 1.1 | 0.0 | 1.1 |
| | 陈公屿X | 竹屿 | 子癸 | 5 | Ko Khi Nok | 100.00 | 12.50 | 湄南河入海口 | 100.54 | 13.47 | 66.26 | 13.3 | 28.5 | 7.5 | 21.0 |

但也有个别针路例外，如《指南正法》咬嚁吧往暹罗针路“……大小苏梅屿……壬子（352.5°）十更取孛丑（黎考为“春蓬府 Ko Phra”）……单壬（345°）十更平龟山，单壬（345°）五更取笔架，若收彭亨西，用乾亥（322.5°）收陇，若收暹罗，用单壬（345°）为妙”表示从西岸的“苏梅屿”向暹罗前行，但该针路最后从“笔架”开始“收港”的两个针位指证“笔架”在东部比在西部更加合理。① 笔者怀疑与该针路的“平龟山”只是远远“望”过“龟山”，并在此处已从西岸“越洋”到了东岸，图5给出航行示意图。

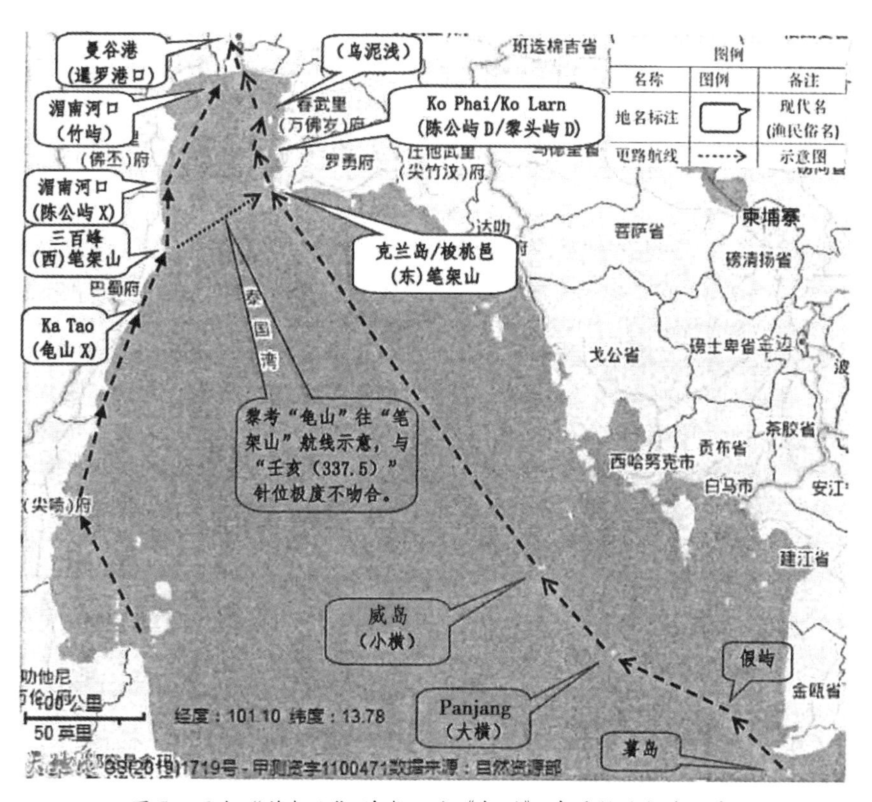


图5　两个“笔架山”并存下的《相送》有关针路航线示意

另外，从该针路最后的表述可以看出，彭亨西与暹罗在不同位置，且彭亨西应在暹罗的西边，这与刘义杰认为两者均指暹罗港②的说法不同，也与黎

---

① 经测算，“笔架”按东岸“克兰岛”理解，往彭亨西及暹罗的计算航向与针位航向偏差均在6°以下，而按西岸的“三百峰”理解，往彭亨西及暹罗的计算航向与针位航向偏差分别在50.4°及38.5°。

② 刘义杰：《〈顺风相送〉研究》，大连海事大学出版社，2017，第231－232页。

认为彭亨西在暹罗港东南岸的春武里府万佛岁相矛盾，陈佳荣等一说支持黎考结论，即指春武里府的 Bang Plasoi（万佛岁），但又有另一说指 Samut Sakhon（龙仔厝）[①]，林家海图在该处标记有“龙子宅”字样，其正在暹罗港入海口的西边，与《正法》针路描述完全吻合，比较可信。

由于“笔架”“龟山”“陈公屿”是渔民俗称，大部分地名是他们在航行中对经过的岛礁或望山的一种经验叫法，来自不同船队的渔民，有可能在传承过程中将位置不同但外形相近的岛礁或望山混淆，逐渐形成同一地名可能指不同的两处或多处。这种情况在西沙、南沙群岛的部分渔民俗称中是出现过的，如海南渔民将西沙和海南岛东岸外的两个岛礁都称为“双帆”，在陈佳荣的《地名汇释》中这种情况比较多见。

---

① 陈佳荣、朱鉴秋：《中国历代海路针经》，广东科技出版社，2016，第 1184 页。

# 林诗仍《更路简记》海南岛东线更路及地名的数字人文解读[①]

## ——兼论“乌头”“苦蜞”位置

李文化　陈　虹　李雷晗

## 1　林诗仍《更路简记》及更路簿数字人文研究概况

海口市演丰镇林诗仍（1938 年生）老船长捐赠给海南大学图书馆收藏的六套更路簿及航海资料中，有其父林树教（1888 年生）曾用过的三本更路簿、林诗仍亲自抄写的更路簿及航海资料三册和海图十余张。林父年轻时长年在东南亚为雇主开船谋生，他所使用的三本更路簿，均为毛笔、竖行自右向左顺序书写，右侧棉线装订，自左往右翻页。其中一本封面印有模糊的“癸亥年更流部”字样，应为 1923 年或更早的癸亥年抄写。[②] 该簿有非常明显的更路轨迹：从海南文昌的铺前港出发，经海南岛东线的急水门、铜鼓角、榆林港等，再到越南东岸的针笔罗、外罗等以及经昆仑往马来西亚、新加坡和泰国等航线。部分更路地名在林父使用过的海图中有简单标注。

林诗仍年少时曾随父开船去过泰国，后自己在海南岛近海驶船从事渔业活动。他于 20 世纪 70 年代抄写的 3 本航海资料中，有一本 1975 年抄录完成的《航海资料简记》，亦为线装书样，书写格式与祖传《癸亥年更流部》基本相同（图 1）。其内容除了记录从文昌铺前港出发，沿东线顺时针到三亚，再向西行至乐东八所港等，继续沿西线到海口白沙门港，再向北往湛江角尾墩、涠洲岛，最后到北海罐头岭结束的“更路简记”（图 2）外，还有大量流水日志、航海知识及配合理解相关知识的手绘图（图 3）等，整体保存完好。

---

① 本文原发表于《海南热带海洋学院学报》2022 年第 1 期。

② 李文化、高之国、黄乐：《〈癸亥年更流部〉暹罗湾地名的数字人文考证》，《地理研究》2021 年第 5 期，第 1531 页。

根据更路簿命名习惯，将其更路部分称为《林诗仍航海资料简记·更路简记》（下简称《更路简记》）。

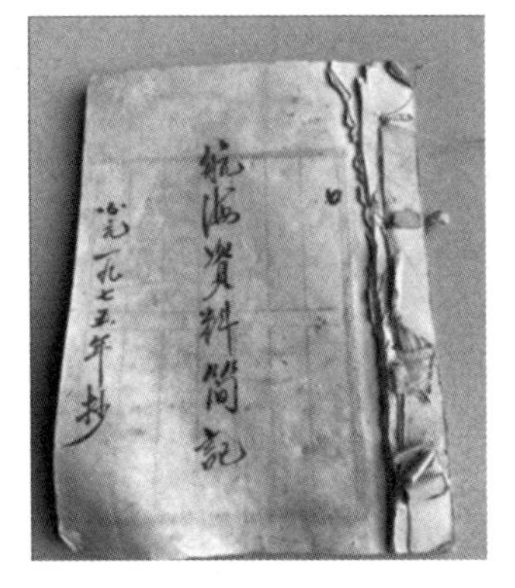


图 1 《航海资料简记》封面

图 2 《更路简记》首页

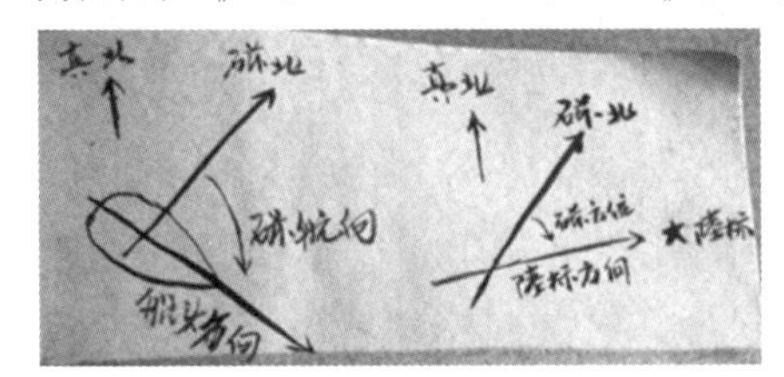


图 3 《航海资料简记》内手绘图

笔者综合运用航海学、地理学和应用数学等交叉学科的相关领域知识，用数字化全面解读南海更路，提出了更路系列计算模型；对《南海天书》① 所收 20 册更路簿近 3000 条更路，从多学科交叉融合的数字人文视角进行综合研究②，结论更为可信。在更路簿数字化的过程中，最为关键的是两点之间的航向与航程计算模型（公式），以及航向与航程的偏差估算模型③。这些模型同样适用于《更路简记》海南岛近海更路，下文用到该文献提出的岛礁之间的航向、航程计算公式如下：

航向计算公式：$K = \arctan(\Delta\theta / \Delta D)$ （1）

航程计算公式：$S = \sec K \times \Delta X$ （2）

式中，$\Delta\theta = \theta_2 - \theta_1$，$\Delta D = [\ln\tan(\pi/4 + \phi/2)]_{\phi_1}^{\phi_2}$，（$\theta_1$，$\phi_1$）是起点坐标，（$\theta_2$，$\phi_2$）是讫点坐标，$\Delta X = a \times (\phi_2 - \phi_1)$，$a$ 指地球半径，按平均值6371 km计。

需要注意的是，式（1）（2）中的起、讫点的经纬度，需要将标准的

---

① 周伟民、唐玲玲：《南海天书——海南渔民“更路簿”文化诠释》，昆仑出版社，2015。

② 李文化：《南海“更路簿”数字化诠释》，海南出版社，2019，第 11－14 页；李文化、陈虹、李冬蕊：《数字人文视域下的南海更路簿综合研究》，《大学图书馆学报》2020 年第 2 期，第 1 页。

③ 李文化：《南海“更路簿”数字化诠释》，海南出版社，2019，第 11－14 页。

“度分”格式转换为以“度”为单位的数值格式，如“甫前门（铺前港）”的坐标本是（110°34′E，20°1′N），在公式中应转换为（110.56°，20.02°），如果是西经、南纬则为负值。

《南海天书》近3000条更路的两个重要统计数据，对更路及地名的合理性分析将起到非常关键的作用：①每更约12.0海里（综合实际调整为12.5海里），这一结论得到了相关历史文献的佐证，从数字人文视角以更精确的数据重新诠释了更路簿的“更”义①，在海南渔民认为的“每更约10海里”的基础上提高了精度，为更路簿定量研究提供了依据，也相对统一了每更约10海里、40里、60里甚至100里等多种说法；②数字化后的针位角度与理论最短航程航向角平均偏差12.1°。其中苏承芬修正本89条更路用角度代替针位，这些更路的角度，与理论航向角度平均偏差3.9°②，说明随着航海技术的进步，航向的精确度也得到明显提高。

## 2 《更路简记》海南岛东线更路情况

《更路简记》共抄录有32条海南环岛更路和9条海南至湛江及北海更路，其中沿东线从铺前到三亚的更路15条，见表1。

**表1 《更路简记》海南岛东线更路一览**

| 编号 | 更路 | 起点俗称 | 讫点俗称 | 针位 | 更数 |
| --- | --- | --- | --- | --- | --- |
| ① | 甫前门对市尾角驶丑未一更 | 甫前门 | 市尾角 | 丑未 | 1 |
| ② | 市尾角对急水门驶寅申 | 市尾角 | 急水门 | 寅申 | — |
| ③ | 铺前门至急水门二更船 | 铺前门 | 急水门 | — | 2 |
| ④ | 抱虎门对茄椗角辰戌一更半船 | 抱虎门 | 加椗角 | 辰戌 | 1.5 |

① 李文化、夏代云、陈虹：《基于数字“更路”的“更”义诠释》，《南海学刊》2018年第1期，第48页。

② 李文化：《南海“更路簿”数字化诠释》，海南出版社，2019，第49、55页。

续表1

| 编号 | 更路 | 起点俗称 | 讫点俗称 | 针位 | 更数 |
|---|---|---|---|---|---|
| ⑤ | 茄椗对钢鼓驶壬丙二更半船 | 茄椗 | 钢鼓 | 壬丙 | 2.5 |
| ⑥ | 钢鼓对清兰门驶寅申一更半船 | 钢鼓 | 清兰门 | 寅申 | 1.5 |
| ⑦ | 铜鼓对房加东边卢角用艮坤寅申平二更船 | 钢鼓 | 房加东边卢角 | 艮坤寅申 | 2 |
| ⑧ | 钢鼓对北营艮坤加二线丑未四更船 | 钢鼓 | 北营 | 艮坤二线丑未 | 4 |
| ⑨ | 铜鼓对万宁用丑未加四线艮坤五更船 | 钢鼓 | 万宁 | 丑未四线艮坤 | 5 |
| ⑩ | 钢鼓对前畦马子用丑未五更半船 | 钢鼓 | 前畦马子 | 丑未 | 5.5 |
| ⑪ | 铜鼓对大洲用丑未六更半船 | 铜鼓 | 大洲 | 丑未 | 6.5 |
| ⑫ | 大洲对陵水角用艮坤加一线寅申三更 | 大洲 | 陵水角 | 艮坤一线寅申 | 3 |
| ⑬ | 双防对陵水东角丑未一更半船 | 双防 | 陵水角 | 丑未 | 1.5 |
| ⑭ | 陵水角对牙龙角用寅申二更半船 | 陵水角 | 牙龙角 | 寅申 | 2.5 |
| ⑮ | 牙龙片角对榆林角用甲庚卯酉平一更 | 牙龙角 | 榆林角 | 甲庚卯酉 | 1 |

## 2.1 位置基本可明确的更路地名

经查相关资料和渔民口述历史，结合现代港口地名，证实《更路简记》东线更路中的许多地名位置比较清晰。

（1）甫前门/铺前门

二地皆指现铺前港。《康熙文昌县志》中就有详细记载：“铺前港，县北一百里。源出琼山官隆、符离二都，与三江合流赴海。琼、文分界设巡检司，今特添设炮台。”[1] 在“海防险要”条记：“铺前港二十里至白峙屿，四十里至急水门，八十里至抱虎湾，一百里至抱陵港，数里至铜鼓角。以上诸处，若铺前港为郡咽喉，清澜港为县门户，俱系险要。”[2]《雍正广东通志·琼州府》记“雍正八年，将海口水师左营守备移驻铺前港，添设兵船。”[3]

又，《道光广东通志·琼州府》引《大清一统志》：“铺前港，在县西北一百五十里。水自琼山县流来，与三江水合流入海。商帆海舶多集于此，为县咽喉。”[4] 从以上文献可知，铺前港作为商贸繁荣的重要港口，其历史已经超过500年。铺前港港阔水深，背依铺前镇，向琼州海峡敞开，西侧跟琼山县曲口和北港岛湾相连，港内风平浪静，自然条件较优越。货运船只可从此港通往东南亚的越南、泰国、新加坡等地。

（2）急水门

如果将天地图放大到16级显示，可在文昌县最北端与是海南岛陆地最北端之处，发现显示有“海南角（木栏头/海南咀）”字样，在其北部海面显示有“急水门”字样。冯椿认为：“该处有个窄长的小半岛，伸入琼州海峡，阻住了潮涨潮落时部分潮水的流动，因此，海水在其顶端不远处形成了巨大的漩涡，四时波浪滚滚，水流湍急，故此处被称为急水门。急水门是琼北地区船舶出海往大陆、也是大陆沿海船舶进入北部湾的必经之地，号称海水流速为世界第二的急水门，海水流速仅次于英吉利海峡第一急水门。古往今来，航海人望而生畏，特别是在小木帆船航海技术落后的年代，这里常常发生沉船事故。”[5]

但是，《民国文昌县志》记载：“县北百三十里为铺前。自铺前东北十余里至白峙澳，三十里至木栏澳，三十里至急水门，八十里至抱虎港，一百里至抱陵港，又数里至铜鼓角。”[6] 此中的急水门与天地图标记的位置相距较远，疑有误，也有可能是另一处凶险海域。

其实，“急水门”是渔民对某些海域的形象叫法，如香港、珠江口均有被称之为“急水门”的海道。[7] 所以，对于急水门的解读，一定要根据更路条

---

① 〔清〕马日炳纂修《康熙文昌县志》，赖青寿、颜艳红点校，海南出版社，2003，第29页。

② 同上条，第144页。

③ 〔清〕郝玉麟总裁，鲁曾煜总辑《雍正广东通志·琼州府》，海南出版社，2006，第136页。

④ 〔清〕阮元总裁，陈昌齐总纂《道光广东通志·琼州府》，海南出版社，2006，第356页。

⑤ 冯椿：《文昌有个虎威区》，《南国都市报》2010年4月30日，第B24版，http://ngdsb.hinews.cn/html/2010-04/30/content_214286.htm。

⑥ 李钟岳等监修，林带英等纂修《民国文昌县志》上册，海南出版社，2003，第268页。

⑦ 章文钦：《明清广州对外交通的主要航道》，《广州文博》2015年，第134-136页。

文的上下关联来进行，这样才能做到准确无误。

（3）钢鼓/铜鼓

“钢鼓”是海南渔民早期对“铜鼓”的另一种写法，应是渔民们在抄写当中出现的别字，主要出现于当代的更路簿之中，均指文昌铜鼓岭。比如王诗桃某抄本更路簿也曾多次出现“钢鼓”一说。[①] 还有，有的渔民为了抄写简单，直接用同音字来记录，比如王诗光更路中记为“同古”，实为同一地名。现存最早的《广东通志》当数明代戴璟修的《嘉靖广东通志初稿》，其关于琼州府的山川条中记载道：“铜鼓山，在县（文昌县）东一百里。古传诸獠铸铜为大鼓，县于庭中，置酒以招同类。来者若富家女子，则以金银钗扣鼓，竟留以答主人；若仇相攻，则击此鼓，应者云集。后遗瘗此山，乡人掘得之。”[②] 此铜鼓山，即今铜鼓岭。在《康熙文昌县志》[③] 和《民国文昌县志》[④] 中也均有类似说法，即皆相传昔人在此掘得铜鼓而得名。

（4）清兰门

清兰门指今清澜港，陈泽明簿也称“青兰门”，郑庆能本称“清澜门”，苏承芬修改本等称为“清澜”。[⑤]

清澜港，位于海南岛东岸北部，属文昌市，是个深水良港，而且交通便利，可直通琼山、琼海、万宁、陵水等市县，但一直到民国时期才成为商港。《民国文昌县志》载：“清澜港，商埠，在县东南二十五里……港水深而阔，可容多舰达各港……民国二年，内地绅商偕华侨在此港组织商埠，省督准请立案。……船依码头，浪静波平，上落尤便，不惟邑人之利，尤交通琼、乐、万、崖、陵，商民咸赖之。”[⑥]。

（5）大洲

大州指位于海南岛万宁市东南的大州岛，又名燕窝岛，其名称在《更路簿》中出现的频率仅次于潭门港[⑦]。

---

① 李文化等：《不同版本〈王诗桃更路簿〉辨析》，《海南热带海洋学院学报》2019 年第 3 期，第 4 页。

② 〔明〕戴璟修，张岳等纂《嘉靖广东通志·琼州府》，海南出版社，2006，第 13 – 14 页。

③ 〔清〕马日炳纂修《康熙文昌县志》，赖青寿、颜艳红点校，海南出版社，2003，第 27 页。

④ 李钟岳等监修，林带英等纂修《民国文昌县志》上册，海南出版社，2003，第 10 页。

⑤ 李文化：《南海“更路簿”数字化诠释》，海南出版社，2019，第 118 页。

⑥ 同第四条，第 40 页。

⑦ 李文化：《南海“更路簿”数字化诠释》，海南出版社，2019，第 118 页。

## 2.2 需要进一步确认的更路地名

部分地名可根据渔民俗称的命名习惯先大致确定范围，再结合人文计算，推出更加可信的位置，如牙龙角指现牙龙湾东角更合理，榆林角指现榆林港东角，崖州角指崖州湾东角等。部分地名在其他更路簿中几乎从未出现过，其中某些地名非常少见，而有些虽很通俗，但其所指地域太大，需要更多的资料才能确认其具体位置。如市尾角、抱虎门、房加东边卢角、北营、万宁、前畦马子、双防、陵水角等。

# 3 《更路简记》中罕见地名位置分析

（1）市尾角

相关更路：①甫前门对市尾角驶丑未一更；②市尾角对急水门驶寅申。

《更路简记》中出现的市尾角，在此前所发现的更路簿中，未发现有相关表述。更路①是从铺前港出发，沿丑未航向（30°或 210°），因 210°方向是通往陆地，故在此取 30°，即向东北出发，行程 1 更左右至市尾角；更路②继续沿 60°角向急水门（海南角）前行，结合更路③从铺前港到急水门 2 更行程情况，很明显，市尾角处在铺前港与急水门之间，查看天地图，可以清楚地看到，铺前湾与海南湾之间的铺前镇，有一突出海面的新埠海（新埠港），其位置较为吻合。如图 4 所示。

王诗光更路簿[①]有一条“铺前北边门—急水门角寅申七海理（里）60 度”的更路记载，与更路②非常吻合，新埠海（新埠港）就在铺前的北面，与“铺前北边门”表述吻合。

前面解读“急水门”时提到的《民国文昌县志》记载的“白峙澳”（与新埠港接壤）位置与此处比较吻合。

（2）抱虎门

相关更路：④抱虎门对茄椗角辰戌一更半船。

---

① 记录于 20 世纪 70 年代的王诗光更路簿，是一本内容较为丰富的航海记录。它既记录了出海所获海产品及人员收入分配情况，也记录了“海口门流水”“南沙更路”“海南往西沙路线”“海南航行路线参考书”等。

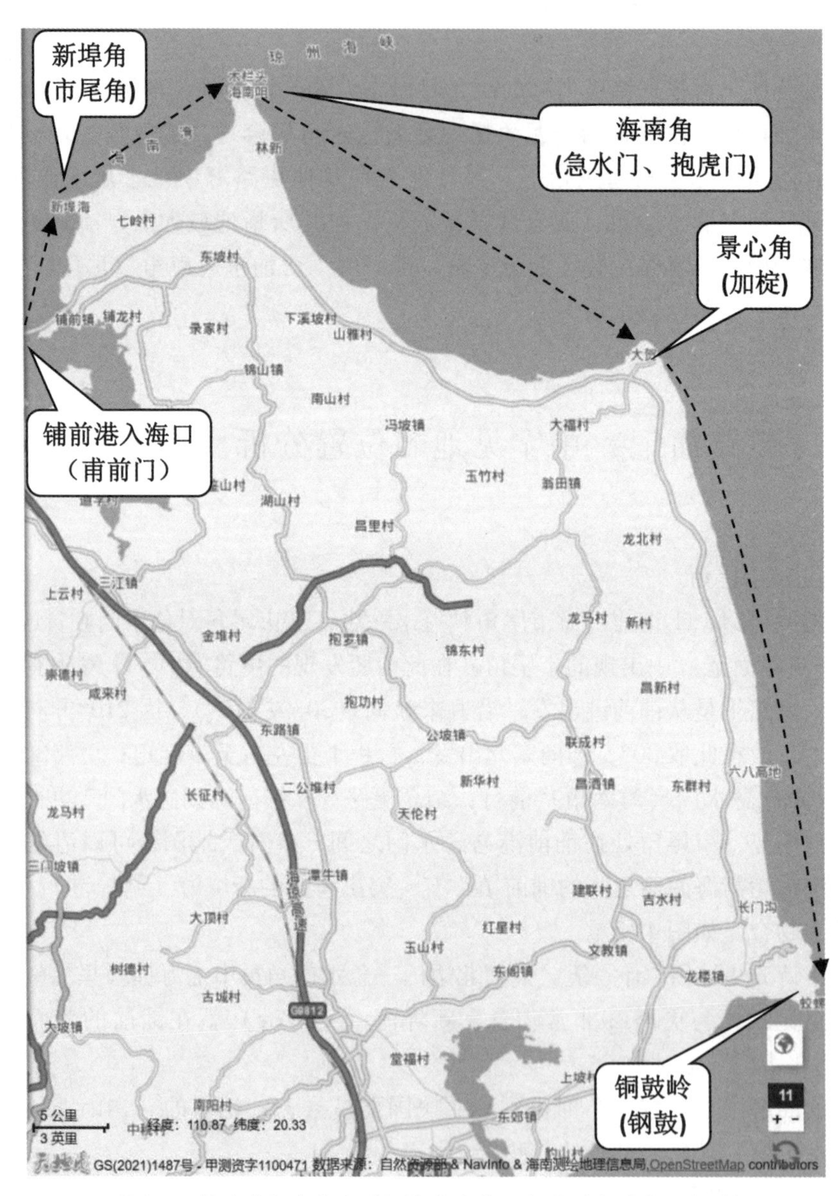


图4　从铺前港经海南角到铜鼓岭更路示意图（底图为天地图）

根据此部分更路的连续性特点，更路④的起点抱虎门一般与更路③的讫点急水门为同一地点或邻近。有些网友在网上留言说急水门附近的海南角形似老虎头，俗称虎威岭。天地图（放大到16级）和百度地图在此处标有“虎威岭”字样，而《南国都市报》曾在2010年刊文称“海南角有个虎威区，位于文昌市铺前镇，海南岛地图上标为海南角，从纬度上看是在海南岛陆地的最北端，对面隔着琼州海峡直指广东的雷州半岛。之所以称之为虎威区，乃此地之气象、海况和地貌威如虎也。”[①] 结合下一条更路对加椗角的位置分析，此更路的计算航向角122.2°与针位航向辰戌（120°）吻合度高，平均航速10.74海里/更也非常合理。故抱虎门应为海南角。

（3）加椗角/茄椗

相关更路：④抱虎门对茄椗角辰戌一更半船；⑤茄椗对钢鼓驶壬丙二更半船茄椗。

查看天地图，以更路⑤讫点“钢鼓”，即“铜鼓”为终点，以“壬丙”，即165°为航向角，行程约2.5更的起点，明显指向景心角附近。景心角西南边有一加丁村和加丁港，与《民国文昌县志》载“铜鼓北……有抱陵港……迤北一百里曰抱虎港，港内土名加定角”[②] 的“加定角”应指同一位置。即更路④与⑤的茄椗角、加椗应是指加丁村东面的景心角。经计算，更路⑤景心角到铜鼓，计算航向角163.7°与针位航向165°偏差极小，平均航速9.27海里/更也非常合理。

（4）房加东边卢角

相关更路：⑦钢鼓对房加东边卢角用艮坤寅申平二更船。

其中，钢鼓应是铜鼓，指铜鼓岭；根据此部分更路整体走向，本更路针位“艮坤寅申”指232.5°，“二更船”指航程2更。

以铜鼓岭为起点，以232.5°为航向，航程约2更，所到位置大致在会文镇盐僚村东的长记港（古称长岐港）至冯家湾东面的冯家湾灯桩一带。（图5）

冯家湾海湾长达15000米，是当地传统的出海口，常有渔船经过或停泊，至今每天仍有100多条渔船与上千渔民从这里出海，在这里上岸。[③]《道光广东通志·琼州府》[④] 记载有“冯家港”，且边上有“冯家墩”，疑是此处。

---

① 〔清〕马日炳纂修《康熙文昌县志》，赖青寿、颜艳红点校，海南出版社，2003，第29页。

② 〔清〕郝玉麟总裁，鲁曾煜总辑《雍正广东通志·琼州府》，海南出版社，2006，第136页。

③ 余加亮：《冯家湾有了救命灯》，《海口日报》2014年7月11日，第6版，http://szb.hkwb.net/szb/html/2014-07/11/content_13816.htm。

④ 〔清〕阮元总裁，陈昌齐总纂《道光广东通志·琼州府》，海南出版社，2006，第259页。

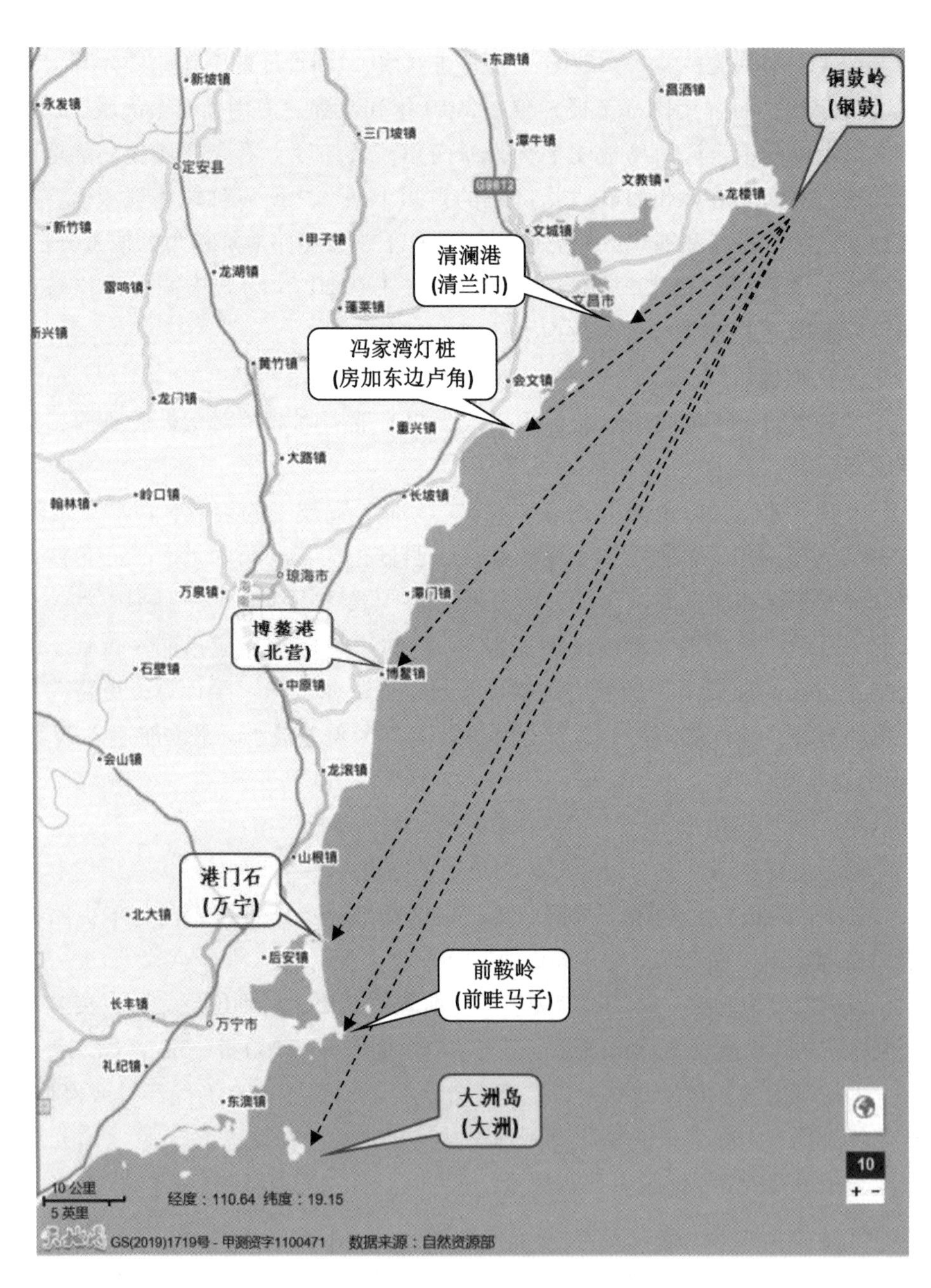


图 5 “铜鼓岭”至“北营”“前畦马子”等更路航线示意图（底图为天地图）

经测算，铜鼓至冯家湾灯桩航程约为 22. 59 海里，如果按 2 更计算，平均航速 11. 30 海里/更，计算航向为 231. 2°，与针位角艮坤寅申（232. 5°）相差 1. 3°，偏差极小；铜鼓至长记港口航程约为 19. 26 海里，如果按 2 更计算，平均航速 9. 63 海里/更，计算航向为 234. 4°，与针位艮坤寅申角相差 1. 9°，偏差也极小。

在琼海方言中，“冯家”与“房加”的读音是一样的。综合分析，笔者认为房加东边卢角或指冯家湾东面的冯家湾灯桩一带。

而王诗光更路簿有“仙茏门—同古要更二理淙（总）用寅申二更 60 度”记载，“同古”指“铜鼓岭”，针位寅申 60°与长记港口至铜鼓的计算航向 54. 4°相差不大，“仙茏门”或指长记港口。

（5）北营

相关更路：⑧钢鼓对北营艮坤加二线丑未四更船。

此更路的“艮坤加二线丑未”为 222°，“四更船”指航程 4 更。以铜鼓岭为起点，以 222°为航向，航程约 4 更，所到位置大致在琼海潭门港至博鳌港一带，经测算，铜鼓岭至博鳌港的理论航向约 221. 7°，与针位航向相差 0. 3°，偏差极小，航程约为 39. 72 海里，平均航速约为 9. 86 海里/更，测算结果比较合理。

古时为加强海防驻军，海口的东营和乐东的九所、十所等地都是古时驻军的称号。海南东部沿海一带的出海口是古海防重地，博鳌港和南面新潭港是古琼海两个大港口，博鳌镇在北，又名北营。① 故此更路中的北营应指博鳌港。

（6）万宁

相关更路：⑨铜鼓对万宁用丑未加四线艮坤五更船。

根据此部分更路整体走势，针位“丑未加四线艮坤”应指 216°，再结合航程“五更”记录，本更路的“万宁”应指万宁沿海的某港口或望山，其中万宁市和乐镇海边的港北港（港门石）位置比较吻合。港北港位于万宁市和乐镇，是海南著名渔港，被万宁人民誉为母亲港。港北港曾经是广东对外开放的港口之一，过去外国的大商船都是从该港口开进小海的溪门位置停靠进行贸易，可见以前港口的水是非常深的。清末民初，万宁人就是从此处乘着外轮漂洋过海到南洋的。

---

① kingwei：《博鳌的名称：北营　博敖　博鳌》，South Civil 网站，2021 年 4 月 19 日，http://www.southcivil.com/2735.html。

经测算，铜鼓岭至港北港（港门石）的理论航向 213. 3°，与针位航向相差 2. 7°，偏差极小，航程约为 54. 50 海里，平均航速约为 10. 90 海里/更，测算结果非常合理。故“万宁”应指港北港（港门石）。

（7）前畦马子

相关更路：⑩钢鼓对前畦马子用丑未五更半船。

根据此部分更路的整体走势情况，本更路的针位“丑未”应指 210°，结合本更路的“五更半”航程，前畦马子或指万宁的某港口或望山，则和乐镇的港门石以南的前鞍岭一带比较吻合。

经测算，铜鼓岭至前鞍岭的理论航向 209. 2°，与针位航向相差 0. 8°，偏差极小，航程约为 58. 81 海里，平均航速约为 10. 69 海里/更，测算结果非常合理。故前畦马子或指万宁境内的前鞍岭。

（8）陵水角与鸟头

相关更路：⑫大洲对陵水角用艮坤加一线寅申三更；⑭陵水角对牙龙角用寅申二更半船。

大洲指大洲岛（燕窝岛），牙龙角应指亚龙湾一角，位置基本可以确定，而陵水角可能指陵水县境内最凸出海上的一角，渔民又称其为大头、鸟仔角；针位“艮坤加一线寅申”应是 226. 5°，针位“寅申”应指 240°。

经计算，大洲岛（燕窝岛）至陵水角（大头）的理论航向 235. 7°，与针位航向 226. 5°相差 9. 2°，偏差不大，航程约为 29. 55 海里，平均航速约为 9. 85 海里/更；陵水角至亚龙湾东边角的理论航向 237. 9°，与针位航向相差 2. 1°，偏差极小，航程约为 22. 75 海里，平均航速约为 9. 10 海里/更，测算结果均较合理。

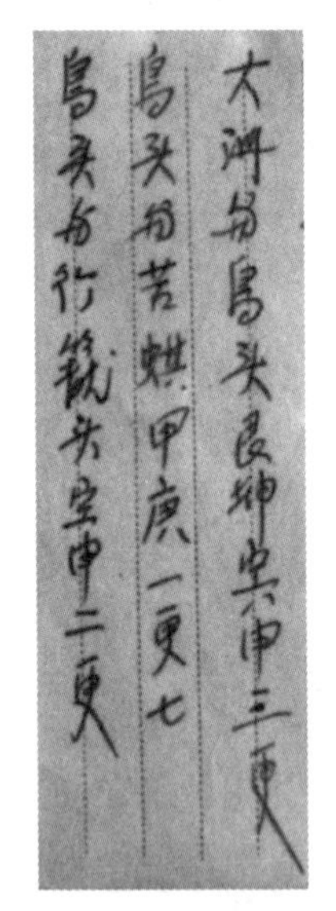


图 6　王诗桃某簿“鸟头”更路

夏代云曾将吴淑茂更路簿中的“鸟头”考证为“铁炉港”。[①] 如果仅根据吴淑茂本的“鸟头与下屿乾巽巳亥对十五更”“鸟头与上屿辰戌兼一线乾巽对十五更”及王诗桃记录于 20 世纪 60 年代的更路簿中的“鸟头去老粗用乾巽巳亥十四更收”等 7 条与“鸟头”有关的更路进行数值计算，将鸟头按铁炉港解读，这 7 条更路的平均航速均在 11. 0 海里/更左右，计算航向角与针位航向角偏差也均在 10°以下，合理性较高。

---

① 夏代云：《卢业发、吴淑茂、黄家礼〈更路簿〉研究》，海洋出版社，2016，第 260 页。

但在王诗桃抄本更路簿中出现的“大洲与鸟头艮坤寅申三更”“鸟头与苦蜞甲庚一更七”“鸟头与行龙头寅申二更”（图6）等更路，如果鸟头仍按铁炉港解读，大洲至鸟头及鸟头至行龙头（亚龙湾）两条更路的平均航速分别为16.19海里/更与3.09海里/更，航速异常。

据陈虹介绍，她曾在2019年9月就鸟头位置咨询过苏承芬老船长，得到的回复是“未知鸟头标准地名，但在航海时，船一过鸟头就到三亚”，并补充说，海南渔民都知道，过了陵水角就到了三亚境内。

而将鸟头解读为陵水角，则这两条更路的平均航速分别为10.0/更、12.4海里/更，航速正常，针位角度与计算航向角度偏差为3.8°与2.6°，也低于按铁炉港理解的航行偏差7.8°与11.4°。另外，如果将鸟头按铁炉港解读，更路“鸟头与苦蜞甲庚一更七”当中的“苦蜞”，在海图上都找不到其合理的地理位置。也就是说，鸟头解读为陵水角是合理的，也吻合苏老船长的说法。两者比较如图7所示。

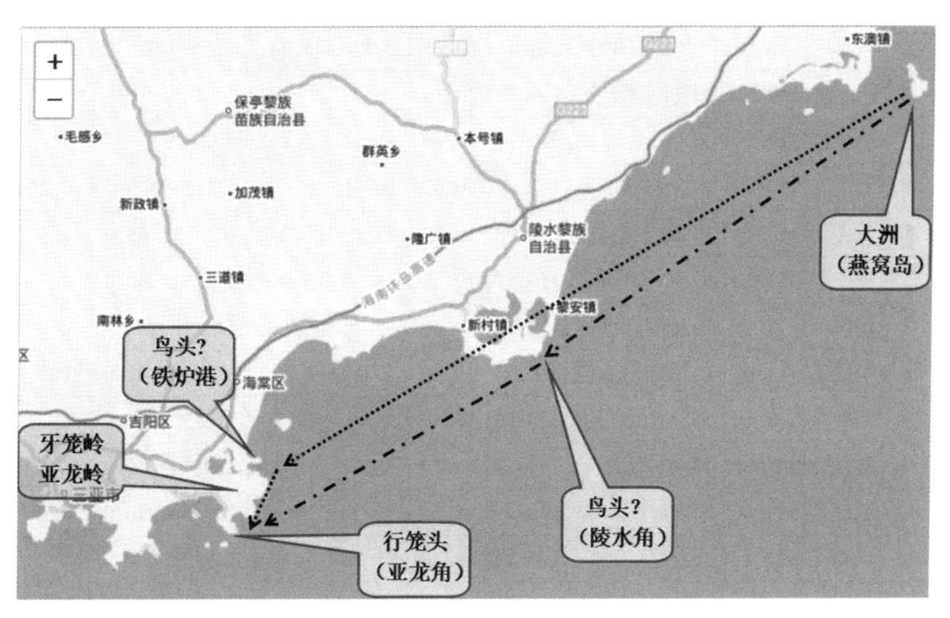


图7　两种可能的“鸟头”位置的示意图（底图为天地图）

（9）双防

相关更路：⑫双防对陵水东角丑未一更半船。

“双防”所指暂无相关文献资料可证，但应在大洲岛到陵水角之间；针位“丑未”应指210°，“一更半船”指航程1.5更。

以陵水角为讫点，以210°为航向角，搜寻航程约为1.5更的起点，从地图上看，陵水县的分界洲岛比较吻合。

经计算，分界洲岛至陵水角的理论航向 217.4°，与针位航向相差 2.6°，航程约为13.83 海里，平均航速约为9.22 海里/更，测算结果较为合理。故双防疑为分界洲岛。

林诗仍《更路简记》海南岛东线更路数字化计算结果如表 2 所示。更路①与更路③的平均航速均为 6 海里/更以下，严重偏低，这可能与渔船从铺前港启航并逆风且转向角度较大有关，而其他更路的平均航速均在 10 海里/更左右，与渔民普遍表述的“一更约 10 海里”接近，略低《南海天书》近 3000 条更路的平均值 12.0 海里/更，也应与近海更路航速相对较慢有关，属正常现象。

**表 2　《更路简记》海南东线更路数字化一览**

| 编号 | 起点标准名 | 起点经度（°） | 起点纬度（°） | 讫点标准名 | 讫点经度（°） | 讫点纬度（°） | 平均里程（海里） | 平均航速（海里/更） | 计算航向（°） | 针位航向（°） | 计算与针位差（°） |
|---|---|---|---|---|---|---|---|---|---|---|---|
| 1 | 铺前港 | 110.56 | 20.02 | 新埠港 | 110.61 | 20.11 | 5.94 | 5.94 | 25.9 | 30.0 | 4.1 |
| 2 | 新埠港 | 110.61 | 20.11 | 木兰湾 | 110.70 | 20.16 | 5.91 | — | 61.0 | 60.0 | 1.0 |
| 3 | 铺前港 | 110.55 | 20.03 | 木兰湾 | 110.70 | 20.16 | 11.62 | 5.81 | 47.8 | — | — |
| 4 | 木兰湾 | 110.70 | 20.16 | 景心角 | 110.94 | 20.02 | 16.11 | 10.74 | 122.2 | 120.0 | 2.2 |
| 5 | 景心角 | 110.94 | 20.02 | 铜鼓角 | 111.06 | 19.65 | 23.16 | 9.27 | 163.7 | 165.0 | 1.3 |
| 6 | 铜鼓角 | 111.06 | 19.65 | 清澜港 | 110.84 | 19.56 | 13.35 | 8.90 | 246.3 | 240.0 | 6.3 |
| 7 | 铜鼓角 | 111.06 | 19.65 | 冯家湾 | 110.78 | 19.46 | 19.21 | 9.60 | 233.4 | 232.5 | 0.9 |
| 8 | 铜鼓角 | 111.06 | 19.65 | 博鳌港 | 110.59 | 19.16 | 39.42 | 9.86 | 221.7 | 222.0 | 0.3 |
| 9 | 铜鼓角 | 111.06 | 19.65 | 港门石 | 110.53 | 18.89 | 54.50 | 10.90 | 213.3 | 216.0 | 2.7 |
| 10 | 铜鼓角 | 111.06 | 19.65 | 前鞍岭 | 110.55 | 18.79 | 58.81 | 10.69 | 209.2 | 210.0 | 0.8 |
| 11 | 铜鼓角 | 111.06 | 19.65 | 燕窝岛 | 110.49 | 18.68 | 66.50 | 10.23 | 209.0 | 210.0 | 1.0 |
| 12 | 燕窝岛 | 110.49 | 18.68 | 大头 | 110.06 | 18.40 | 29.55 | 9.85 | 235.7 | 226.5 | 9.2 |
| 13 | 分界洲岛 | 110.21 | 18.58 | 大头 | 110.06 | 18.40 | 13.83 | 9.22 | 217.4 | 210.0 | 7.4 |
| 14 | 大头 | 110.06 | 18.40 | 亚龙湾东角 | 109.72 | 18.20 | 22.75 | 9.10 | 237.9 | 240.0 | 2.1 |
| 15 | 亚龙湾东角 | 109.72 | 18.20 | 榆林港东角 | 109.58 | 18.16 | 8.11 | 8.11 | 255.7 | 262.5 | 6.8 |

# 4 相关《更路簿》中的“苦蜞/苦蚼”位置考证

如前图6所示，王诗桃簿有更路“鸟头与苦蜞甲庚一更七”，其针位“甲庚”应指255°航向，结合下一条更路“鸟头（陵水角）”到“行笼头（亚龙湾）”为2更且航向为232.5°的情况，根据更路计算模型，按每更10海里左右测算，本条更路的讫点大约在蜈支洲岛及铁炉港范围内，即如图8圆圈所示范围。

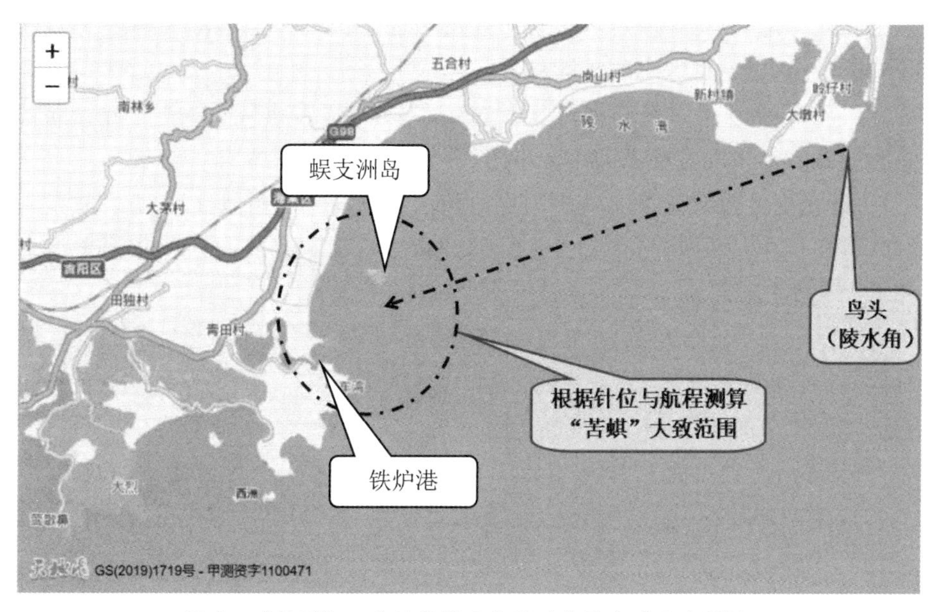


图8 “苦蜞”可能的位置示意图（底图为《天地图》）

表3列示了“鸟头”到蜈支洲与铁炉港的测算数据，从表中可以看出，将苦蜞解读为蜈支洲更合理一些。

**表3 王诗桃抄本《更路簿》的“苦蜞”分别按“蜈支洲”与“铁炉港”解读的测算数据**

| 起点俗称 | 讫点俗称 | 针位 | 更数 | 起点标准名 | 起点经度（°） | 起点纬度（°） | 讫点标准名 | 讫点经度（°） | 讫点纬度（°） | 平均里程（海里） | 平均航速（海里/更） | 计算航向（°） | 针位航向（°） | 针位差（°） |
|---|---|---|---|---|---|---|---|---|---|---|---|---|---|---|
| 鸟头 | 苦蜞 | 甲庚 | 1.7 | 陵水角 | 110.1 | 18.4 | 蜈支洲 | 109.78 | 18.32 | 16.26 | 9.56 | 252.4 | 255 | 2.6 |
| | | | | | | | 铁炉港 | 109.75 | 18.28 | 18.74 | 11.02 | 246.7 | | 8.3 |

据有关资料记载，蜈支洲岛古称古崎洲岛、牛奇洲岛[①]（其中“古崎”与“苦蜞”的海南琼海方言音近，专业上称为“对音”）。这一奇特的名字来自一个古老的传说。相传，三亚有一条河，由于上游山民刀耕火种，破坏了植被。每逢山洪暴发，山上的泥土经藤桥河流入大海，将清澈透明的海水弄脏。龙王将此事报告玉帝。于是，玉帝用神剑将距此地7公里的琼南岭角的山岭截去一段，令两头神牛拖去堵住河口。谁知途中被一人发现，点破了天机，神牛就拖不动了。山岭变成岛，神牛变成两块大石头。因此奇事，此岛得名古奇洲岛，两块大石头人称姐妹石。后来海南成立三亚市后，三亚市政府有关部门又将该岛重新定名，工作人员认为它像一种当地渔民称之为“蜈支”的海洋动物，遂改名蜈支洲岛，并延续至今。

综合以上数字人文分析可知，“苦蜞”或为“古蜞”，与“古崎”同音（这种同音异字情况在更路簿中大量出现），指“蜈支洲岛”。

王诗光更路簿有三条“鸟头”更路与王诗桃本非常相似（图9），只是其增加了航向角度，并将与有关“苦蜞”更路抄写为“鸟头与苦蚼申庚七海理（里）255度”。

笔者认为：王诗光的这条更路传抄可能存在多处错误，一是“蚼”可能是“蜞”字的异体字，而“苦蜞”即“蜈支洲岛”；二是“申庚（247.5度）”应为“甲庚”之笔误，因为其后的角度“255度”就是“甲庚”的针位；三是“七海理（里）”可能是“十七海里”的笔误，因为从表2计算可以看出，陵水角到蜈支洲约为16.26海里，与17海里非常接近。

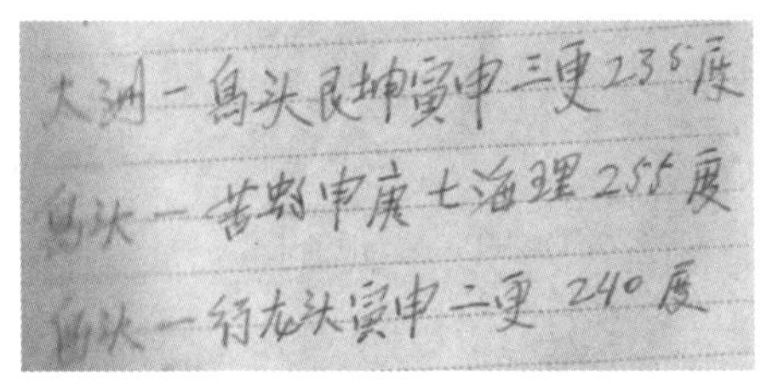

图9　王诗光簿有关“鸟头”更路

## 5　结语

近年来，学界对更路簿的研究热情不减，特别是在海南大学更路簿研究中心持续多年举办更路簿学术研讨会的推动下，更路簿研究队伍越来越壮大，

---

① 《蜈支洲岛名字由来》，中国海口政府门户网站，2008年4月14日，http://www.haikou.gov.cn/sq/lsmc/mcms/yccs/201103/t20110306_177745.html。

成果越来越丰富，研究视角和技术手段也更加多样化。对更路簿的研究，其更路地名的研究始终是基础和根本。

对更路地名的研究，绝大部分学者的研究视角主要以南海岛礁为主，有部分学者对外洋更路地名比较关注，如李彩霞对苏承芬的外洋地名进行了较详细的考证；[①] 有学者对琼粤更路地名进行了研究，如吴绍渊对南海更路簿中粤琼航路进行了研究。[②] 但总体看来，学者们对海南岛环海更路的研究还不够深入和广泛，这可能与当下的大环境有关。一方面，也许是因为完整记录环海南岛航线的更路簿不多见，不能对其进行一个系统而全面的研究；另一方面，可能认为海南岛近海地名大家都很了解，研究价值不高，没有深入探索的必要。从本文的研究结果看，很多地名虽然在相关文献资料中出现的频率不高，甚至有些还是首次出现，但如果不对其中潜在的问题进行深入且严谨的调查和探究，不仅会对以后有关近海地名的研究有所影响，而且会对南海更路簿的文献价值造成一定的伤害。

笔者对《南海天书》近3000条更路的数值统计结果显示，平均每更约12.0海里，而近来研究的多个《更路簿》的近海更路数值统计结果，平均每更在10海里左右甚至更低，如《癸亥年更流部》暹罗湾近海更路大部分每更在10海里以下[③]，《顺风相送》暹罗湾近泰国的大部分更路航速在8.0海里/更以下[④]。由于“更”是一个复合概念：既表时间，也表航程。表时间，不管是每更2.4小时或2小时[⑤]，都是相对不变的；表航程，则在相同的时间内，可能因天气、海域、航向变化，而造成航程可能大不一样。近海航行因航程普遍较短，启停航速会明显偏低，平均每更的航程会比南海海域要低，这是可以理解的。

---

① 李彩霞：《苏承芬本〈更路簿〉外洋地名考证》，《海南大学学报（人文社会科学版）》2019年第2期，第10页。

② 吴绍渊、曾丽洁：《南海〈更路簿〉中粤琼航路研究》，《中国海洋大学学报（社会科学版）》2021年第2期，第28页。

③ 李文化、高之国、黄乐：《〈癸亥年更流部〉暹罗湾地名的数字人文考证》，《地理研究》2021年第5期，第1531页。

④ 李文化、袁冰：《数字人文方法下的〈郑和航海图〉暹罗湾地名考证》，《图书馆杂志》2021年8月，第91页。

⑤ 李文化、夏代云、陈虹：《基于数字“更路”的“更”义诠释》，《南海学刊》2018年第1期，第48页。